工业和信息化普通高等教育"十三五"规划

21 世纪高等学校计算机规划教材

21st Century University Planned Textbooks of Computer Science

C语言程序设计

The C Programming Language

陈维 曹惠雅 鲁丽 杨有安 编

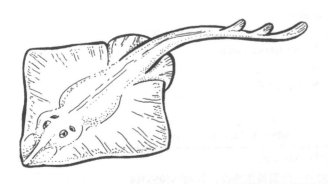

高校系列

人民邮电出版社

北　京

图书在版编目（CIP）数据

C语言程序设计 / 陈维等编. -- 北京 ：人民邮电出
版社，2018.1
21世纪高等学校计算机规划教材
ISBN 978-7-115-35863-9

Ⅰ. ①C… Ⅱ. ①陈… Ⅲ. ①C语言－程序设计－高等
学校－教材 Ⅳ. ①TP312.8

中国版本图书馆CIP数据核字(2017)第300356号

内 容 提 要

本书根据全国高等学校计算机基础教育研究会发布的"中国高等院校计算机基础教育课程体系2014"中有关"程序设计基础（C语言）"课程的教学要求及人才培养的新要求编写而成。全书共11章，主要内容包括C语言概述、基本数据类型和运算符、顺序和选择结构程序设计、循环结构程序设计、数组、函数和模块设计、指针、结构体与联合体、预处理和标准函数、文件、数据结构和数据抽象。

本书内容全面，由浅入深，详略得当，注重实践，实例丰富，面向应用。各章附有适量的习题，便于自学。另外，针对书中各章内容和上机实验，本书还配有辅导教材《C语言程序设计实训教程》，引导读者学习和掌握各章节的知识。

本书为高等学校非计算机专业"C语言程序设计"课程的教材，也可以作为初次学习C语言程序设计的读者、准备计算机二级考试的考生和计算机工程技术人员的参考书。

♦ 编　　　　陈　维　曹惠雅　鲁　丽　杨有安
　　责任编辑　刘向荣
　　责任印制　沈　蓉　彭志环

♦ 人民邮电出版社出版发行　　北京市丰台区成寿寺路 11 号
　　邮编　100164　　电子邮件　315@ptpress.com.cn
　　网址　http://www.ptpress.com.cn
　　北京七彩京通数码快印有限公司印刷

♦ 开本：787×1092　1/16
　　印张：18.5　　　　　　2018 年 1 月第 1 版
　　字数：477 千字　　　　2025 年 8 月北京第 20 次印刷

定价：54.00 元

读者服务热线：(010)81055256　印装质量热线：(010)81055316
反盗版热线：(010)81055315

前　言

　　计算机基础教育是培养大学生综合素质和创新能力不可或缺的重要环节，是培养复合型人才的重要组成部分。"C 语言程序设计"是高等院校计算机基础教育中的重要课程之一。该课程可以让学生了解程序设计的思想和方法，掌握高级语言程序设计的知识，提高问题求解和程序语言的应用能力。因此，本书旨在实现"以人为本、传授知识、培养能力、提高素质、协调发展"的教育理念，使学生的计算机知识、技能、能力和素质得以协调发展。

　　本书针对高等院校学生的特点和认知规律，全面、系统地介绍 C 语言程序设计及应用知识，包括 C 语言概述、基本数据类型和运算符、顺序和选择结构程序设计、循环结构程序设计、数组、函数和模块设计、指针、结构体与联合体、预处理和标准函数、文件、数据结构和数据抽象等内容。编者结合多年从事程序设计教学和研究的经验，参考了大量同类教材，并吸收其优点，在编写过程中以夯实学生程序设计的理论基础、培养学生程序设计的能力和养成良好的程序设计风格为宗旨，充分体现"教师易用，学生易学"的特点。

　　全书分为 11 章，其中第 1 章、第 2 章和第 4 章由曹惠雅编写，第 3 章、第 8 章和第 10 章由鲁丽编写，第 7 章、第 9 章、第 11 章由陈维编写，第 5 章、第 6 章由杨有安编写。陈维负责全书的统稿工作。本书在编写的过程中得到文华学院各级领导的大力支持，在此表示衷心的感谢。

　　本书同时出版了一本配套辅导教材《C 语言程序设计实训教程》，两者互为补充，相辅相成。辅导教材按本书的章节顺序，对各章重点及难点进行总结，对重、难点题型进行分析，并附有大量练习，对读者掌握程序设计的基本知识、提高程序设计的应用能力十分有益。

　　由于编者水平有限，加之时间仓促，书中难免有不足之处，敬请读者批评指正。

编　者

2017 年 12 月

目 录

第1章
C 语言概述

C 语言（Combined Language）是一门通用计算机编程语言，应用广泛。C 语言的设计目标是提供一种能以简易的方式编译、处理低级存储器、产生少量的机器码以及不需要任何运行环境支持便能运行的编程语言。尽管 C 语言提供了许多低级处理的功能，但仍然保持着良好跨平台的特性，以一个标准规格写出的 C 语言程序可在许多计算机平台上进行编译，甚至包含一些嵌入式处理器（单片机或称 MCU）以及超级计算机等作业平台。

对于将 C 语言作为第一门编程语言（Programming Language）的读者来说，最关心的问题无疑是如何能尽快学会用 C 语言进行程序设计。要做到这一点，首先需要对程序设计语言有所了解，其次还要通过不断的编程实践，去领会和掌握程序设计的基本思想和方法。在此，建议读者先从看懂书中的程序做起，而后再模仿书中的程序试着改写或编写程序，循序渐进，直到能独立地编写程序并解决一些较复杂的问题。

为了使读者能逐步地从简单的模仿中体会到程序设计的基本思想和方法，本章将简要介绍程序设计语言的功能、语法要素，C 语言的特点、词汇以及 C 语言程序的结构和运行环境等知识。

1.1　程序与程序设计语言

计算机程序（Program）是人们为解决某种问题用计算机可以识别的代码编排的一系列加工步骤。计算机能够严格按照这些步骤去执行，包括计算机对数据的处理。程序的执行过程实际上是对程序所表示的数据进行处理的过程。一方面，程序设计语言提供了一种表示数据与处理数据的功能；另一方面，编程人员必须按照语言所要求的规范（即语法规则）进行编程。

1.1.1　程序与指令

程序最根本的功能是对数据的处理，计算机最基本的处理数据的单元就是计算机指令。单独的一条指令本身只能完成计算机的一个最基本的功能，那么，计算机能实现的指令的集合则成为计算机的指令系统，而一系列计算机指令的有序组合就构成了程序。

程序在计算机中是以 0、1 组成的指令代码来表示的，即程序实际上是 0、1 的有序组合，这个序列能够被计算机直接识别。程序和数据一样，共同存放在存储器中。当程序要运行时，当前准备运行的指令从内存被调入 CPU 中，由 CPU 处理这条指令。

如果程序设计者直接用 0、1 的代码来编写计算机指令，那将无疑是一件非常令人难以忍受的事情，所以，程序设计语言就应时而生。用程序设计语言来描述程序，同时应用一种软件（如编译系统）将其描述的程序转换成计算机能够直接识别的指令序列。

总的来说，计算机程序是人们为了解决某种问题，用计算机可以识别的代码编排的一系列数据处理步骤，计算机将严格按照这些步骤去做。

1.1.2 程序设计语言的功能

程序设计语言，通常简称为编程语言，它是一种被标准化的交流技巧，是一组用来定义计算机程序的语法规则，用来向计算机发出指令，它可以让程序员准确地定义计算机所需要使用的数据，并精确地定义在不同情况下所应当采取的行动。

程序设计语言必须具有数据表达和数据处理（也称为流程控制）的能力。

1. 数据表达

数据种类多种多样，而语言本身的描述能力总是有限的。为了使程序设计语言能充分、有效地表达各种各样的数据，一般将数据抽象为若干种类型。数据类型（Data Type）就是对某些具有共同特点的数据集合的总称。比如大家常说的整数、实数等就是数据类型的例子。数据类型涉及两方面的内容：该数据类型代表的数据是什么（即数据类型的定义域）？能在这些数据上做什么（即操作，或称运算）？比如，整数类型所包含的数据有 2，-2，0，100，…，而+，-，*，/等就是作用在整数上的运算。

在程序设计语言中，一般都需事先定义几种基本的数据类型，以供程序员直接使用，如整型、实型、字符型等。同时，为了使程序员能更充分地表达各种复杂的数据，程序设计语言还提供了构造新的数据类型的手段，如数组（Array）、结构（Structure）、指针（Pointer）等。

程序设计语言提供的基本数据类型以及构造复杂类型的手段，为有限能力的程序设计语言表达客观世界中的多种多样的数据提供了良好的基础。

2. 流程控制

程序设计语言除了能表达各种各样的数据外，还必须提供一种手段来表达数据处理的过程，即程序的控制过程。程序的控制过程通过程序中的一系列语句来实现。

当要解决的问题比较复杂时，程序的控制过程同样会变得十分复杂。一种常用的程序设计方法是：将复杂程序划分成若干个相对独立的模块（Module），使完成每个模块的工作变得单纯而明确，在设计一个模块时不受其他模块的制约。同时，通过现有模块积木式的扩展就可以形成复杂的、更大的程序模块或程序。这种程序设计方法就是结构化的程序设计方法（Structured Programming）。C 语言就是支持这种设计方法的典型语言。

在结构化程序设计方法中，一个模块可以是一条语句（Statement）、一段程序或一个函数等。一般来说，从程序流程的角度看，模块只有一个入口和一个出口。这种单入单出的结构为程序的调试（Debug，又称查错）提供了良好的条件。

按照结构化程序设计的特点，任何程序都可以将模块通过三种基本的控制结构进行组合来实现。这三种基本的控制结构分别是：顺序结构、分支结构和循环结构。

顺序结构（Sequential Structure）：按照程序的书写先后顺序，执行完一个程序模块后，再顺序执行下一个模块。

分支结构（Branch Structure）：又称选择结构。在程序执行过程中，根据不同的条件来选择所要执行的模块，即判断某种条件，若条件满足就执行某个模块，否则就执行另一个模块。

循环结构（Loop Structure）：是指反复执行某个模块的过程。当然，重复执行这些模块通常是有条件的，只有条件满足时才会去重复执行相应的模块。

1.1.3 程序设计语言的语法

一般把用程序设计语言编写的未经编译的程序称为源程序（Source Code，又称源代码），而源程序的编写必须符合相应语言的语法（Grammar）。那么，从语法的角度来说，源程序实际上是一个字符序列。这些字符序列按顺序分别组成了一系列的"单词"。这些"单词"是为了按照一定的语法规则构成语言的各种成分而规定的。下面分别介绍 C 语言中的一些常用词汇和语法单位。

1. C 语言的词汇

（1）C 语言字符集。组成 C 语言源程序代码的基本字符称为 C 语言字符集，它是构成 C 语言的基本元素。C 语言允许使用的基本字符有如下几种。

① 大小写英文字符：A～Z，a～z；

② 数字字符：0～9；

③ 特殊字符： + = _(下划线) ( ) * & ^ % # ! , . ; : ? ' " ~ \ | / < > { } [ ] ;

④ 不可打印的字符：空格、换行符、制表符、响铃符。

一般的 C 语言源程序仅仅包含以上字符集中的字符，在具体的 C 语言编译系统中可对上述字符集加以扩充。

（2）关键字。关键字是具有特定含义的、专门用来说明 C 语言的特定成分的一类单词。例如，关键字 int 用来定义整型变量，而关键字 float 则用来定义浮点型变量。C 语言的关键字都用小写字母书写，不能用大写字母书写。例如，关键字 int 不能写成 Int。由于每个关键字都有特定的含义，所以不能作为用户程序中的变量名和函数名等，否则会产生编译错误。

在 C89 标准中共有 32 个关键字：

```
auto       break    case      char     const      continue  default
do         double   else      enum     extern     float     for
goto       if       int       long     register   return    short
signed     sizeof   static    struct   switch     typedef   union
unsigned   void     volatile  while
```

在新的 C99 标准中，又增加了 5 个关键字：

```
_Bool      _Complex   _imaginary   inline    restrict
```

（3）标识符。计算机程序处理的对象是数据，程序用来描述数据处理的过程。在程序中，通过名字建立对象定义与使用的关系。为了满足这种需要，每种程序语言都规定了在程序中名字描述的规则。在 C 语言中用于标识名字的有效字符序列称为标识符，对标识符做了如下规定。

① 标识符的第一个字符必须是英文字母或下划线(_)。

② 如果第一个字符后面还有字符序列，则它应是英文字母、下划线或数字组成的序列。标识符中的英文字母大小写是有区别的，如标识符 abc 与标识符 ABC 不相同。为了便于读者对标识符有进一步的认识，下面列举若干正确的标识符和不正确的标识符。

正确的标识符：

```
Abc      abc      _Abc      _4a5
```

不正确的标识符：

```
A?          （含有不合法字符"?"）
2abc        （第一个字符不允许为数字）
a b         （标识符中不允许有空格）
yes/no      （含有不合法字符"/"）
πr          （"π"为不合法字符）
```

标识符中有效字符个数（也称长度）视系统不同而不同。例如，Turbo C 规定前 32 个字符有效，超过的部分忽略。比如，对于 8 个字符有效的标识符而言，identifi 与 identifier 被视为同一标识符，因后者中的 er 已被忽略。

以后将会看到，标识符用来为变量、符号常量、数组、函数等取名。使用时，标识符的选择由程序员自定，但是不能与关键字相同。另外，为了增加程序的可读性，选择标识符时应遵循"见名知义"的原则，即选择描述性的标识符，标识符应尽量与所要命名的对象间有一定的联系，以助于识别和记忆。例如：

```
longth    （表示长度）
time      （表示时间）
pi        （表示圆周率π）
```

（4）保留标识符。保留标识符是系统保留的一部分标识符，通常用于系统定义和标准库函数的名字。例如，以下划线开始的标识符通常用于定义系统变量。虽然它们也是合法的标识符，但用作一般标识符时可能会出现运行错误，因此不能使用这些标识符来定义自己的变量。

（5）注释。在 C 语言程序中，注释部分的格式是：

    /*注释内容*/   或   //注释内容

注释不是程序代码，是对程序解释说明的标注，它可以是任何可显示的字符，不影响程序的编译和运行，程序编译时编译程序把注释作为空白符跳过而不予处理。另外，注释不允许嵌套。
例如：/*学生成绩管理程序*/、//My c program
在程序中插入适当的注释，可以使程序容易被人理解。

2. C 语言的主要语法单位

（1）变量定义。不同的变量有数据类型之分，在声明变量的时候一定要对其类型加以说明。变量类型的不同，说明其在计算机内存中所占的存储空间大小也不同。声明变量的一般格式为：

    类型说明符 变量名；
    例如：int i； /*声明了一个整型变量i*/

（2）表达式。由运算符及其运算对象可以组成形形色色的表达式。如：3.14*3*sin(x)。表达式中的运算符有运算优先级，如：表达式 2+3*4-4/4 中，应先执行运算符*和/，再执行运算符+和-。

（3）语句。语句是程序最基本的执行单位，程序的功能就是通过执行一系列的语句来实现的。C语言提供了多种语句，大致可分为五类：表达式语句、函数调用语句、控制语句、复合语句、空语句。

① 表达式语句。表达式语句由表达式末尾加上分号";"组成。其一般形式为：表达式；
执行表达式语句就是计算表达式的值。例如：

```
m=2;     赋值语句
m+n;     算术表达式语句
m>n;     关系表达式
i++;     增量表达式
```

② 函数调用语句。由函数名、实际参数加上分号";"组成。其一般形式为：函数名（实际参数表）；
执行函数调用语句就是调用函数并把实际参数赋予函数定义中的形式参数，然后执行被调函数体中的语句，求取函数值。
调用库函数，输出字符串。
例如：

```
printf("%d",m);    /*调用名为printf的标准库函数*/
```

③ 控制语句。控制语句用于控制程序的流程，以实现程序的各种结构方式。它们由特定的语句定义符组成。C 语言有九种控制语句，分成以下三类。

   ❑ 条件判断语句
条件判断语句包括：if 语句、switch 语句。
   ❑ 循环执行语句
循环语句包括：for 语句、while 语句、do while 语句。

❏　跳转语句

跳转语句包括：break 语句、continue 语句、return 语句和 goto 语句。（其中，goto 语句应尽量少用，因为这不利于结构化程序设计，滥用它会使程序流程无规律、可读性差）。

④ 复合语句。把多个相关语句用一对花括号"{}"括起来，组成的一个语句就称为复合语句。在程序中，应把复合语句当作是单条语句，而不是多条语句。例如：

```
{
    temp=x;        /*将 x 的值赋予 temp*/
    x=y;           /*将 y 的值赋予 x*/
    y=temp;        /*将 temp 的值赋予 y*/
}
```

这就是一条复合语句。复合语句内的各条语句都必须以分号";"结尾，但是在花括号"}"外却不能加分号。

⑤ 空语句。只有分号";"组成的语句称为空语句。空语句是什么也不执行的语句，在程序中空语句可用来作空循环体。

例如：while(getchar()!='\n'); 本语句的功能是，只要从键盘输入的字符不是回车则重新输入。这里的循环体为空语句。

（4）函数定义。函数是完成特定任务的独立模块，是 C 语言唯一的一种子程序形式。函数的目的通常是接收 0 个或多个数据（称为函数的参数），并返回 0 个或 1 个结果（称为函数的返回值）。函数的使用主要涉及函数的定义与调用。

函数定义的主要内容是通过编写一系列语句来规定其所完成的功能。完整的函数定义涉及函数头和函数体。其中，函数头包括函数的返回值类型、函数名、参数类型；而函数体是一个程序模块，规定了该函数所具有的功能。函数调用则通过传递函数的参数并执行函数定义所规定的程序过程，以实现相应的功能。以下是函数定义的一个简单例子。

```
int max(int m,int n)    /*函数头：函数类型说明符 函数名(函数参数列表)*/
{                        /*函数体的开始*/
    int x;               /*声明一个整型变量 x*/
    if(m>n)
        x=m;
    else                 /*判断 m、n 的大小，将其中的较大者值赋予变量 x*/
        x=n;
    return x;            /*结束函数调用，并返回变量 x 的值*/
}        /*函数体的结束*/
```

（5）输入与输出。C 语言没有输入输出语句，它通过调用系统库函数中的有关函数［如：printf()、scanf()函数等］实现数据的输入和输出，这种处理方式为 C 语言在不同硬件平台上的可移植性提供了良好的基础。相关的输入、输出函数的使用及其功能将会在后面陆续做讲解。

1.2　C 语言的发展和优缺点

C 语言作为计算机编程语言，具有功能强、语句表达简练、控制和数据结构丰富灵活、程序时空开销小等特点。它既具有 Pascal、FORTRAN、COBOL 等通用程序设计语言的特点，又具有汇编语言（Assemble Language）中位（bit）、地址（Address）、寄存器（Register）等概念，拥有其他许多高级语言所没有的低层操作能力；既适合于编写系统软件，也可用来编写应用软件。C

语言的这些特点与其发展过程是密不可分的。

1.2.1　C 语言的发展

C 语言之所以命名为 C,是因为 C 语言源自 Ken Thompson 发明的 B 语言,而 B 语言则源自 BCPL。

1967 年, 英国剑桥大学的 Martin Richards 对 CPL 进行了简化, 于是产生了 BCPL（Basic Combined Programming Language）。

20 世纪 60 年代,美国 AT&T 公司贝尔实验室（AT&T Bell Laboratory）的研究员 Ken Thompson 闲来无事, 手痒难耐, 想玩一个他自己编的、模拟在太阳系航行的电子游戏——Space Travel。他背着老板, 找到了台空闲的机器——PDP-7。但这台机器没有操作系统, 而游戏必须使用操作系统的一些功能, 于是他着手为 PDP-7 开发操作系统。后来, 这个操作系统被命名为——UNIX。

1970 年, 还是这位 Ken Thompson, 以 BCPL 为基础, 设计出很简单且很接近硬件的 B 语言（取 BCPL 的首字母）。并且他用 B 语言写了第一个 UNIX 操作系统。

1971 年,同样酷爱 Space Travel 的 Dennis M. Ritchie 为了能早点儿玩上游戏,加入了 Thompson 的开发项目, 合作开发 UNIX。他的主要工作是改造 B 语言, 使其更成熟。

1972 年, 美国贝尔实验室的 Dennis M. Ritchie 在 B 语言的基础上最终设计出了一种新的语言, 他取了 BCPL 的第二个字母作为这种语言的名字, 这就是 C 语言。

1973 年初, C 语言的主体完成。Thompson 和 Ritchie 迫不及待地开始用它完全重写了 UNIX。此时, 编程的乐趣使他们已经完全忘记了那个"Space Travel", 一门心思地投入到了 UNIX 和 C 语言的开发中。随着 UNIX 的发展, C 语言自身也在不断地完善。直到今天, 各种版本的 UNIX 内核和周边工具仍然使用 C 语言作为最主要的开发语言, 其中还有不少继承 Thompson 和 Ritchie 之手的代码。

在开发中, 他们还考虑把 UNIX 移植到其他类型的计算机上使用。C 语言强大的移植性（Portability）在此显现。机器语言和汇编语言都不具有移植性, 为 x86 开发的程序, 不可能在 Alpha、SPARC 和 ARM 等机器上运行。而 C 语言程序则可以使用在任意架构的处理器上, 只要那种架构的处理器具有对应的 C 语言编译器和库, 然后将 C 源代码编译、连接成目标二进制文件之后即可运行。

1977 年, Dennis M. Ritchie 发表了不依赖于具体机器系统的 C 语言编译文本《可移植的 C 语言编译程序》。

C 语言继续发展, 在 1982 年, 很多有识之士和美国国家标准协会为了使这个语言健康地发展下去, 决定成立 C 标准委员会, 建立 C 语言的标准。委员会由硬件厂商、编译器及其他软件工具生产商、软件设计师、顾问、学术界人士、C 语言作者和应用程序员组成。1989 年, ANSI 发布了第一个完整的 C 语言标准——ANSI X3.159—1989, 简称 "C89", 不过人们也习惯称其为 "ANSI C"。C89 在 1990 年被国际标准组织 ISO（International Organization for Standardization）一字不改地采纳, ISO 官方给予的名称为 ISO/IEC 9899, 所以 ISO/IEC9899: 1990 也通常被简称为 "C90"。1999 年, 在做了一些必要的修正和完善后, ISO 发布了新的 C 语言标准, 命名为 ISO/IEC 9899：1999, 简称 "C99"。在 2011 年 12 月 8 日, ISO 又正式发布了新的标准, 称为 ISO/IEC9899: 2011, 简称为 "C11"。

C 语言是 C++的基础, C++语言和 C 语言在很多方面是兼容的。因此, 掌握了 C 语言, 可为将来学习 C++打下坚实的基础。本教材使用 Visual C++6.0 作为 C 语言程序的运行环境。

1.2.2　C 语言的优缺点

1. C 语言的优点

C 语言既可用来编写系统软件, 又可用来开发应用软件, 已成为一种通用程序设计语言, 主要具备以下优点。

（1）简洁紧凑、灵活方便。C 语言一共只有 32 个关键字、9 种控制语句，程序书写形式自由，区分大小写。把高级语言的基本结构和语句与低级语言的实用性结合起来。C 语言可以像汇编语言一样对位、字节和地址进行操作，而这三者是计算机最基本的工作单元。

（2）运算符丰富。C 语言的运算符包含的范围很广泛，共有 34 种运算符。C 语言把括号、赋值、强制类型转换等都作为运算符处理。从而使 C 语言的运算类型极其丰富，表达式类型多样化。灵活使用各种运算符可以实现在其他高级语言中难以实现的运算。

（3）数据类型丰富。C 语言的数据类型有整型、实型、字符型、数组类型、指针类型、结构体类型、共用体类型等，能用来实现各种复杂的数据结构的运算，并引入了指针概念，使程序效率更高。

（4）表达方式灵活实用。C 语言提供多种运算符和表达式求值的方法，对问题的表达可通过多种途径获得，其程序设计更主动、灵活。它语法限制不太严格，程序设计自由度大，如对整型量与字符型数据及逻辑型数据可以通用等。

（5）允许直接访问物理地址，对硬件进行操作。由于 C 语言允许直接访问物理地址，可以直接对硬件进行操作，因此它既具有高级语言的功能，又具有低级语言的许多功能，能够像汇编语言一样对位（bit）、字节和地址进行操作，而这三者是计算机最基本的工作单元，可用来写系统软件。

（6）生成目标代码质量高，程序执行效率高。C 语言描述问题比汇编语言迅速，工作量小、可读性好，易于调试、修改和移植，而代码质量与汇编语言相当。C 语言一般只比汇编程序生成的目标代码效率低 10%～20%。

（7）可移植性好。C 语言在不同机器上的 C 编译程序，86% 的代码是公共的，所以 C 语言的编译程序便于移植。在一个环境上用 C 语言编写的程序，不改动或稍加改动，就可移植到另一个完全不同的环境中运行。

（8）表达力强。C 语言有丰富的数据结构和运算符。包含了各种数据结构，如整型、数组类型、指针类型和联合类型等，用来实现各种数据结构的运算。C 语言的运算符有 34 种，范围很宽，灵活使用各种运算符可以实现难度极大的运算。C 语言能直接访问硬件的物理地址，能进行位（bit）操作，兼有高级语言和低级语言的许多优点。C 语言具有强大的图形功能，支持多种显示器和驱动器，且计算功能、逻辑判断功能强大。

2. C 语言的缺点

当然，C 语言也有缺点，主要表现在如下几点。

（1）C 语言的缺点主要表现在数据的封装性上，这一点使得 C 在数据的安全性上有很大缺陷，这也是 C 和 C++ 的一大区别。

（2）C 语言的语法限制不太严格，对变量的类型约束不严格，影响程序的安全性，对数组下标越界不做检查等。从应用的角度，C 语言比其他高级语言较难掌握。也就是说，对用 C 语言的人，要求对程序设计更熟练一些。

1.3　C 程序的结构

用 C 语言编写的程序称为 C 语言源程序，简称为 C 程序。为了说明 C 语言源程序的结构特点，先看以下几个程序。这几个程序由简单到复杂，虽然有关内容还未介绍，但可以从中了解到 C 语言源程序在基本组成结构上的特点及其书写风格。

1.3.1 简单C程序举例

【例 1-1】编写一个 C 语言程序，输出 "Good Luck!"。

程序如下：

```
/*c1_1.c*/
#include <stdio.h>    /*为文件包含，其扩展名为.h, 称为头文件*/
void main()
{
    printf("Good Luck! \n");   /*通过显示器输出 Good Luck!*/
}
```

说明：

① C 语言程序中可以随时使用注释，但注释内容不参与编译。

② #include 称为文件包含命令或编译预处理命令，#include <stdio.h>是文件包含，其意义是把尖括号<>或引号""内指定的文件包含到本程序来，成为本程序的一部分。被包含的文件通常是由系统提供的，其扩展名为.h，称为头文件或首部文件。C 语言的头文件中包括了各个标准库函数的函数原型。因此，凡是在程序中调用一个库函数时，都必须包含该函数原型所在的头文件。需注意：编译预处理命令的末尾不加分号。详细内容将在后面章节介绍。

③ main 是主函数的函数名，表示这是一个主函数。每个完整的 C 语言源程序都必须有主函数，且只能有一个主函数(main 函数)，程序总是从 main 函数开始执行，并终止于 main 函数。函数体由一对大括弧 "{}" 括起来，其间一般包括程序的说明部分和执行部分。

④ printf 函数是一个由系统定义的标准函数，可在程序中直接调用。其功能是将输出的内容送到显示器显示。

该程序正确执行后，会在显示器上显示输出：

```
Good Luck!
```

【例 1-2】从键盘输入两个整数 yw 和 sx，将两数之平均值显示输出。

```
/*c1_2.c*/
#include<stdio.h>
void main()
{
    int yw,sx,sum;                    /*定义 3 个整型变量*/
    printf("Input two numbers:");     /*显示提示信息*/
    scanf("%d%d",&yw,&sx);            /*输入 yw, sx 值*/
    sum=yw+sx;                        /*求出 yw 与 sx 之和，并把它赋予变量 sum*/
    printf("average=%d\n",sum/2);     /*输出语文和数学的平均成绩*/
}
```

程序分析：

① 该程序中使用了 yw、sx 和 sum 3 个变量，所有变量在使用之前必须先定义。

② scanf 函数是一个由系统定义的标准函数，可在程序中直接调用。它的功能是输入变量 yw 和 sx 的值。&yw 和&sx 中 "&" 的含义是 "取变量地址"，表示将从键盘输入的两个值分别存放到地址标志为 yw 和 sx 的存储单元中。

③ "%d" 是输入/输出数据的 "格式说明"，用来指定输入/输出时的数据类型和格式，%d 表示 "十进制整数类型"，在执行输出时，屏幕上显示一个十进制整数值。

④ sum=yw+sx 为赋值表达式，表示将 x+y 之和赋值给 sum 变量所标识的存储单元。

该程序正确执行后，会在显示器上显示输出：

```
Input two numbers:80    90
average=85
```

【例 1-3】从键盘输入两个整数 a 和 b，进行比较后将较大值输出。

```
/*c1_3.c*/
#include<stdio.h>
void main()
{
    int x,y,z;                  /*定义三个整型变量*/
    int max(int a,int b);       /*函数类型说明*/
    printf("Input two number:"); /*显示提示信息*/
    scanf("%d%d",&x,&y);        /*输入 x, y 值*/
    z=max(x,y);                 /*调用 max 函数*/
    printf("max=%d\n",z);       /*将较大数输出*/
}

int max(int a,int b)           /*定义 max 函数*/
{
    int c;                     /*定义一个整型变量*/
    c=a>b?a:b;                 /*求出变量 c 的值*/
    return c;                  /*将 c 的值返回到主调函数*/
}
```

程序分析：

① 本程序包括两个函数：主函数 main 和自定义函数 max。max 函数的作用是将 a 和 b 中较大者的值赋予变量 c；return 语句将 c 的值返回主调函数。

② 在调用 max 函数时，将实际参数 x 和 y 的值分别对应传给 max 函数中的形式参数 a 和 b。

③ a>b?a:b 是一个条件表达式，当 a>b 成立时，a>b?a:b 表达式的值为 a 的值；反之则为 b 的值。详细内容将在第 2 章介绍。

该程序正确执行后，会在显示器上显示输出：

```
Input two numbers:10 20
max=20
```

本例中涉及函数调用、实际参数和形式参数等概念，如果读者对此不大理解，可先不予以深究，第 6 章中将会有详尽介绍。

1.3.2 C 语言程序的结构特点

通过上面 3 个 C 语言源程序，可以看出其基本结构具有以下几个特点。

（1）C 语言源程序的基本组成单位是函数。所有的 C 语言程序都由一个或多个函数构成，其中 main 函数必须有且只能有一个。

（2）main() 函数可以出现在 C 源程序的任何位置，程序执行时总是从 main() 函数开始，又在 main() 函数结束。主函数可以调用标准库函数 ［如 printf()、scanf() 等］和用户自定义函数，但标准库函数和用户自定义函数却不能调用主函数。

（3）源程序中的预处理命令通常放在源文件或源程序的最前面。

（4）分号 ";" 是 C 语句的必要组成部分。每个语句或每个变量说明都必须以分号结尾。但预处理命令、函数头和花括号"｛"和"｝"后面不能加分号。

（5）标识符、关键字之间必须至少加一个空格以示分隔。

（6）可以在程序的任何位置用"/*注释内容*/"或"//注释内容"的形式对程序或语句进行注释，以增加程序的可读性。

1.3.3　书写程序时应遵循的规则

C 语言程序的书写格式非常自由，但从书写清晰，便于阅读、理解、维护的角度出发，建议在书写 C 语言程序时遵循以下几个规则。

（1）一个说明或一条语句占一行。

（2）用{}括起来的部分，通常表示程序的某一层次结构（如函数体、循环体、复合语句等）。{}一般与该结构语句的第一个字母对齐，并单独占一行。

（3）低一层次的语句或说明比高一层次的语句或说明向后缩进若干格后书写，同一层次的语句或说明左对齐，以增强程序编写的层次感，增加程序的可读性。

（4）函数块与函数块之间加一空行分隔，以便清楚地分出程序中有几个函数。

编程时应力求遵循上述规则，以养成良好的编程习惯。

1.4　Visual C++ 6.0 上机简介

Visual C++（简称 VC++）是美国 Microsoft 公司开发的 Microsoft Visual Stutio 的一部分，是一个基于 Windows 操作系统的可视化、面向对象且使用广泛的 C/C++集成开发环境（Integrated Development Environment，IDE）。它成功地将面向对象和事件驱动编程概念联系起来，并得到了很好的配合，使得编写 Windows 应用程序的过程变得简单、方便且代码量小。VC++ 6.0 集程序的代码编辑、编译、连接、调试于一体，给编程人员提供了一个完整、方便的开发界面和许多有效的辅助开发工具。

VC++ 6.0 的编辑环境包含了许多独立的组件，它们是：文本编辑器、资源编辑器、C/C++编译器、连接器、调试器、AppWizard、ClassWizard、源程序浏览器以及联机帮助。所有这些构件的功能都隐藏在 VC++ 6.0 的菜单和工具条中。通过该集成环境，程序员可以观察和控制整个开发过程。

1.4.1　Visual C++ 6.0 集成开发环境简介

在已安装 Visual C++的计算机上，可以直接从桌面双击 Microsoft Visual C++图标，进入 Visual C++ 集成开发环境，或者单击【开始】|【程序】菜单，选择 Microsoft Visual Studio 6.0 中的 Microsoft Visual C++ 6.0 菜单项，进入 Visual C++ 6.0 集成开发环境。

Visual C++集成开发环境主要由标题栏、菜单栏、工具栏、项目工作区、编辑区、输出区等组成，如图 1-1 所示。

1. 项目工作区

Visual C++集成开发环境以项目工作区来组织应用程序的工程，项目工作区文件扩展名为.dsw，这种类型的文件在 Visual C++中级别是最高的。项目工作区含有工作区的定义和工程中所包含文件的所有信息。所以，要打开一个工程，只需打开对应的项目工作区文件（*.dsw）即可。

项目工作区窗格位于屏幕左侧，包含ClassView（类视图）、ResourceView（资源视图）和FileView（文件视图）3 种视图。

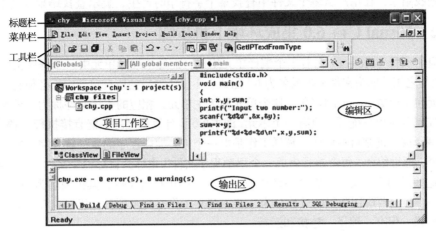

图 1-1　Microsoft Visual C++集成开发环境

（1）ClassView。ClassView 用于显示工程中定义的类。展开文件夹将显示工程中所有的类，包括系统生成的和用户自定义的。单击类名左边的"+"图标，就可以看到类的数据成员和成员函数。

在 ClassView 视图中，双击某个类，可以打开声明该类的头文件（*.h），且光标会停留在该类的声明处。双击某个成员变量，光标会停留在所属类的头文件（*.h）中该变量的声明处。双击某个成员函数，光标会停留在所属类的实现文件（*.cpp）中该成员函数的实现处。在一个类的头文件中，可以依据 Visual C++的语法直接修改类的成员函数、数据成员、全局变量、函数、类定义等，并反映到 ClassView 视图中。此外，右击某个类名或成员，选择快捷菜单项，可以进行该类数据成员或成员函数的浏览、添加、删除等操作。

（2）ResourceView。ResourceView 用于显示工程中所包含的资源文件。展开文件夹可显示所有的资源类型。显示的资源类型包括 Accelerator（加速键）、Dialog（对话框）、Icon（图标）、Menu（菜单）、StringTable（串表）、Toolbar（工具条）、Version（版本）等。双击底层某个图标或资源文件名，可以打开相应的资源编辑器。

（3）FileView。FileView 用于显示所创建的工程。展开文件夹后可以看到工程中所包含的文件，除了查看，还可以管理文件，包括增加、删除、移动、重命名、复制文件等。单击文件类型左边的"+"图标，可看到工程中该种类型的所有文件，双击一个文件即可打开该文件。一个应用程序工程主要包含实现源文件（*.cpp）、头文件（*.h）、资源文件（*.rc）等文件类型。

2．编辑区

编辑区为开发者提供了编辑文件和资源的手段。通过编辑窗口，开发者可以编辑和修改源程序和各种类型的资源。

资源是以文本的形式存放在资源定义文件中，并由编译器编译为二进制代码。资源包括菜单、对话框、图标、字体、快捷键等。VC++提供了一个资源编辑器，开发者可以在图形方式下对各种资源进行编辑，进而定义 Windows 程序的界面部分。

3．输出区

输出区用于输出一些用户操作后的反馈信息，它由一些页面组成，每个页面输出一种信息，输出的信息种类主要有如下几类。

（1）编译信息：在编译时输出，主要是编译时的错误和警告。

（2）调试信息：在对程序进行调试时输出，主要是程序当前的运行状况。

（3）查找结果：在用户从多个文件中查找某个字符串时产生，显示查找结果的位置。

1.4.2 Visual C++ 6.0 集成环境上机步骤

一个应用项目（Project）由若干个编译单元组成，而每个编译单元由一个程序文件（扩展名为.cpp）及与之相关的头文件（扩展名为.h）组成。在组成项目的所有单元中，必须有一个且只能有一个单元包含函数 main() 的定义，这个单元称为主单元，相应的程序文件称为主程序文件。一个简单的控制台应用系统可以只有一个单元，即主单元。计算机硬件不能直接执行 C 语言源程序，必须将其翻译成二进制目标程序。翻译工作是由一个称为编译程序的系统软件完成的，翻译的过程称为编译。通过编译，每个单元生成一个浮动程序文件（也称为目标程序文件，扩展名为.obj）。通过连接这些浮动程序文件，整个系统生成一个唯一的可执行文件，其扩展名为.exe。

建立一个控制台应用项目的过程分为 3 步：建立工作空间及项目，建立主程序文件，C 语言源程序的编辑、保存、编译、连接和运行。

1. 建立工作空间及项目

工作空间（Workspace）是一个包含用户的所有相关项目和配置的实体。由若干个关系密切的项目构成一个工作空间，工作空间在建立时会自动生成扩展名为.dsw 的工作空间文件及其他文件。

项目（Project）为一个配置和一组文件，用以生成最终的程序或二进制文件。一个工作空间可以包含多个项目，这些项目既可以是同一类型的项目，也可以是不同类型的项目（如 Visual C++ 和 Visual J++ 项目）。

建立工作空间及项目的操作步骤如下。

（1）启动 Visual C++ 后，选择 "File" 菜单下的 "New" 命令，屏幕上即出现新建对话框，其中包括 Files、Projects、Workspaces 和 Other Documents 4 个标签。一般当前标签是 "Projects"，如果不是，则单击 "Projects" 标签，使之成为当前标签，如图 1-2 所示。

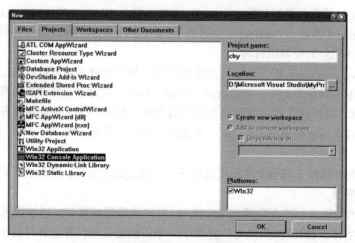

图 1-2　新建工程对话框

（2）选择 "Win32 Console Application（32 位控制台应用程序）"，在 "Project name" 文本框中输入要建立的项目名称 "chy"，在 "Location" 文本框输入工程所在的路径，然后单击 "OK" 按钮，即弹出如图 1-3 所示的应用程序生成向导界面。

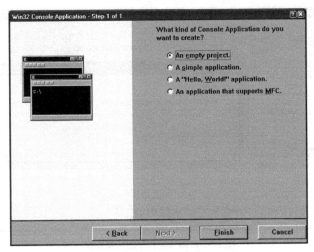

图1-3   应用程序生成向导界面

（3）应用程序生成向导界面用于确定要生成的项目类型。在此，选择"An empty project（空项目）"，然后单击"Finish"按钮，检查无误后再单击"OK"按钮即可实现项目和工作空间的建立。

2. 建立主程序文件

选择"File"菜单下的"New"命令，在弹出的新建对话框中选择"Files"标签，从窗口选择"C++ Sourse File（C++源程序）"，在窗口右侧"File"后的文本框中输入文件名为"chy"，在"Location"文本框中输入该文件存放的路径，然后单击"OK"按钮，弹出如图1-4所示的窗口。在VC++ 6.0窗口右侧出现的一个空文件，即为源程序的编辑区域。

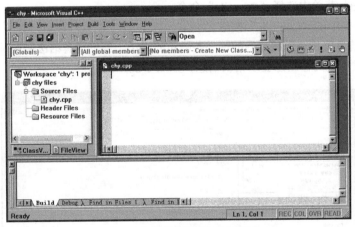

图1-4   主程序文件建立后的界面

3. C语言源程序的编辑、保存、编译、连接和运行

（1）编辑程序

所谓编辑，就是对文件内容进行输入、修改、删除等操作。在VC++ 6.0窗口的文件编辑区光标闪烁处输入源程序的内容，如图1-5所示。

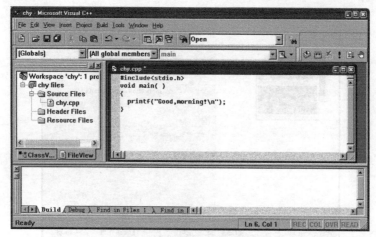

图 1-5　C 语言源程序的编辑界面

（2）保存程序

为便于日后重复使用或防止意外事故丢失程序，源程序代码编辑完毕最好将其存储到磁盘中。保存源程序的操作：在编辑窗口下，单击工具栏中的"Save"按钮或选择"File"菜单中的"Save"命令或按"Ctrl+S"组合键将文件存盘。

（3）编译程序

编译是指把用高级语言编写的源程序（例如：*.c）翻译成二进制代码的目标程序（*.obj）的过程。

对 C 语言源程序进行编译有如下 3 种方法。

① 直接按"Ctrl+F7"组合键。

② 在"Build"菜单中选择"Compile"命令。

③ 单击工具栏中的"Compile"按钮。

编译时，系统首先检查源程序中的每一条语句的语法，当发现有语法错误时，就会在 Visual C++ 6.0 集成开发环境的输出区显示错误信息，如图 1-6 所示。

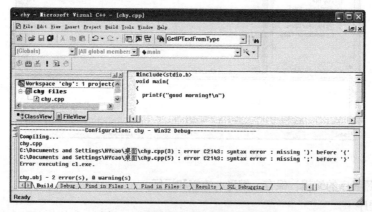

图 1-6　C 语言源程序编译出错示例图

此时，必须返回到编辑窗口对源程序进行查错修改。修改后的源程序必须重新编译，直到修改完所有的语法错误，并在 Visual C++ 6.0 窗口的输出区出现如图 1-7 所示的编译信息，则表示编译成功。

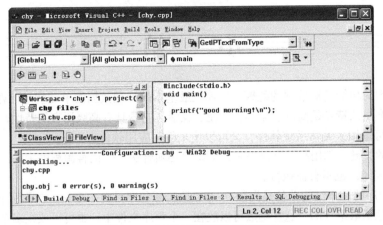

图 1-7 C 语言源程序编译成功示例图

编译后生成的目标文件是可重定位的程序模块，不能直接运行，因为每个模块往往是单独编译的。

（4）连接程序

连接是把目标文件和其他编译生成的目标程序模块（如果有）与系统提供的标准库函数连接在一起，生成可执行文件（*.exe）的过程。

C 语言源程序经编译无误后，便可进行连接。连接程序可以使用以下 3 种方法操作。

① 直接按 F7 键。

② 在"Build"菜单中选择"Build"命令。

③ 单击工具栏中的"Build"按钮。

当出现连接错误时，系统会在 Visual C++ 6.0 集成开发环境的输出区显示错误信息，提醒用户及时修改，直至连接出现以下连接信息：

link…
chy.exe - 0 error(s), 0 warning(s)

则表示连接成功。

（5）运行程序

运行程序是指在操作系统的支持和管理下执行一个通过编译和连接的可执行文件。C 语言源程序经编译、连接无误后，可以投入运行。运行程序可以使用以下 3 种方法操作。

① 按"Ctrl+F5"组合键或直接按 F5 键。

② 在"Build"菜单中选择"Execute"命令。

③ 单击工具栏中的"Execute programe"按钮或"Go"按钮。

在新弹出的屏幕上显示"goodmorning！"字样，如图 1-8 所示。按任意键，即可返回 Visual C++ 6.0 主界面。

图 1-8 C 语言源程序运行结果示例图

小　结

程序最根本的功能是对数据的处理，计算机最基本的处理数据的单元就是计算机指令。

C 语言最突出的特点是简洁、紧凑、方便、灵活，它既具有高级语言的特性，又具有低级语言的功能；既可以用来编写系统软件，又可以用来编写应用软件。

C 语言中的关键字都用小写字母书写，标识符必须合法。C 语言源程序中的注释部分在程序运行时不参与编译，也不会被执行。

C语言源程序的基本结构单位是函数。一个 C 语言源程序是由一个 main() 函数，或者一个 main() 函数和多个其他函数组成的。这些函数可以放在一个程序文件中，也可以放在多个程序文件中，但是整个程序的执行总是从 main() 主函数开始。

上机是检验算法和程序的重要手段，也是学好程序设计的最好方法。

习　题

1.1　请从以下的 4 个选项中选择一个正确答案。

（1）以下说法正确的是（　　　）。

A. 一个 C 语言程序中的主函数可以有多个

B. 一个完整的 C 语言源程序中可以没有主函数

C. C 语言中合法标识符的第一个字符必须是字母

D. 每个完整的 C 语言源程序中都必须有且只能有一个主函数

（2）下列可用作 C 语言用户标识符的是（　　　）。

A. x-y　　　　　　B. mπ　　　　　　C. student　　　　　D. for

（3）以下不是 C 语言关键字的是（　　　）。

A. do　　　　　　B. Goto　　　　　　C. break　　　　　D. return

（4）以下描述错误的是（　　　）。

A. C 语言程序的注释行对程序的运行不起作用，所以注释应尽可能少写

B. 预处理命令行的最后不能以分号表示结束

C. #define P 是合法的宏定义命令行

D. C 语言程序的一条语句可以写在不同的行上

（5）以下说法正确的是（　　　）。

A. C 语言程序总是从第一个的函数开始执行

B. 在 C 语言程序中，要调用函数必须在 main() 函数中定义

C. C 语言程序总是从 main() 函数开始执行

D. C 语言程序中的 main() 函数必须放在程序的开始部分

（6）C 语言规定：在一个源程序中，主函数的位置（　　　）。

A. 必须在最开始　　　　　　　　　B. 必须在最后

C. 可以任意　　　　　　　　　　　D. 必须在系统调用的库函数后面

（7）C 语言程序的执行是（　　　）。

A.　从程序的主函数开始，到程序的主函数结束

B.　从程序的主函数开始，到程序的最后一个函数结束

C.　从程序的第一个函数开始，到程序的最后一个函数结束

D.　从程序的第一个函数开始，到程序的主函数结束

1.2　填空。

（1）C 语言程序的执行在　　　　　　函数中开始，在　　　　　　函数中结束。

（2）在 C 语言程序中，每个语句的后面都要加上一个　　　　　　，它是一个语句的结束标志。

（3）在 C 语言中，合法标识符的第一个字符必须是　　　　　　。

（4）在 Visual C++ 6.0 集成开发环境下，C 语言源程序的扩展名是　　　　　　，目标程序文件的扩展名是　　　　　　，可执行程序文件的扩展名是　　　　　　。

1.3　请指出以下哪些是合法的标识符，哪些又是合法的用户标识符。

```
101      int    3ip    x_1     x+1     count   1234
Xy       x%y    if     while   a.bc    x&y     _ _
1_112    Abc    name   x       break   for     x=y
```

1.4　简述上机调试运行 C 程序的操作步骤。

1.5　参照本章例题，编写一个 C 语言源程序，输出以下信息：

```
Wellcome to Wenhua College!
Nice to meet you!
```

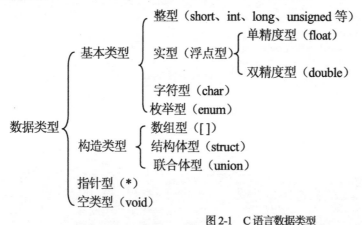

第2章
基本数据类型和运算符

通过前面的学习，读者已经了解了 C 语言的基本内容，并且能编写一些简单的小程序，从而实现对数据的处理。在用 C 语言编程时需要考虑：计算机能处理哪些数据？对这些数据能做哪些操作？通过怎样的操作步骤才能完成给定的工作？这三个问题分别对应数据类型、运算符及其表达式、流程控制的认识。本章主要介绍基本数据类型和基本的运算符及其构成的表达式。其中，基本数据类型中以介绍整型、浮点型和字符型为主，其他知识点将在后面章节中陆续介绍。

2.1 基本数据类型

程序是计算机对数据进行操作的步骤，数据与操作构成了程序的两个要素。数据既是程序的必要组成部分，也是程序处理的对象。在程序中，经常会使用各种数据，而 C 语言提供了非常丰富的数据类型。

数据类型用来描述程序中的数据结构、数据表示范围、数据在内存中的存储等性质。在程序中，不同类型的数据既可以常量形式出现，也可以变量形式出现。C 语言提供的数据类型，如图2-1 所示。

图 2-1　C 语言数据类型

2.1.1 常量和变量的概念

在 C 语言中，数据有常量和变量之分，且它们都具有一定的数据类型，常量的数据类型通常由书写格式决定，比如：123 是整型常量（整数），3.14 是实型常量（实数），变量的类型是在定义时指定。不同类型的常量或变量有不同的取值范围和使用方法。但应当注意的是，在计算机中所有数值的取值范围均受限于计算机所能表示的范围，不同的计算机系统对数据的存储有具体的规定，在编程时务必要注意这一点。

1. 常量的概念

常量，就是在程序执行的整个过程中，其值不变的量。在程序中出现的具体数值和内存单元中的地址都是常量，例如 12、3.14 和&m 等。通常情况下，C 语言中的常量分为两种：一种是直接以值的形式出现的常量，称为字面常量；另一种是用标识符命名的常量，称为符号常量。

【例 2-1】编写一个求圆面积的 C 语言程序。

源程序如下：

```
/*c2_1.c*/
#include<stdio.h>          /*文件包含*/
#define PI 3.14            /*宏定义*/
void main()
{
    float r,s;
    scanf("%f ",&r);       /*通过键盘输入半径 r 的值*/
    s=PI*r*r;              /*求圆面积值*/
    printf("%f\n",s);     /*在显示器上输出圆面积值*/
}
```

程序分析：程序中用#define 命令行定义标识符 PI 代表常量 3.14，此后凡是在其作用域中出现的 PI 均代表 3.14，符号常量 PI 可以和字面常量一样参与运算。有关#define 命令行的详细用法参见后面章节。

符号常量不同于变量，它的值在其作用域（本例中为主函数）内不能改变，也不能再被赋值。

2. 变量的概念

变量，就是在程序执行过程中其值可以改变的量。例如【例 2-1】中的语句：

```
s=PI*r*r;
```

在此，s 和 r 就是变量，其中 r 的值可以不同，s 的值会因 r 值的改变而改变。

C 语言中的变量在使用之前必须先声明。声明变量时要确定变量的名字和数据类型。C 语言规定：每个变量必须有一个合法的名字（变量名）作为标识。一个变量对应一个存储单元，变量名是这个存储单元的符号标识，该单元中存放的值就是该变量的值，变量的值在程序运行中可随时被改变，而该存储单元的大小则由变量的类型决定。

例如：声明一个整型变量 m 的 C 语句：

```
int m;
```

说明：int 是类型名关键字，指明其后的变量类型为基本整型。m 是变量名，代表内存中的一个存储单元，该单元有 4 个字节的空间，用来存放整数。（备注：整型变量所需存储空间与编译系统有关，在 Visual C++中，int 型变量占用 4 个字节。）用分号（；）表示声明语句的结束，类型名与变量名之间至少要加一个空格以示分开。

例如：声明两个整型变量 i 和 j 的 C 语句：

```
int i,j;
```

说明：相同类型的多个变量可以同时声明，但变量名之间需用逗号隔开，最后以分号结束。

当然，相同类型的多个变量也可分别声明，这里的语句"int i,j;"等价于语句"int i; int j;"。

切记：不允许在程序的同一处将同一变量声明为不同类型。比如下面的声明语句就是错误的：

```
int m;
float m;
```

C 语言中每一数据类型都有与之相对应的类型名关键字，表 2-1 是基本数据类型与类型名关键字的对应表。

表 2-1　　　　　　　　　　　基本数据类型和类型名关键字对应表

类　　别	类　　型	类型名关键字	简写形式
字符型	字符型	char	char
	有符号字符型	signed char	signed char
	无符号字符型	unsigned char	unsigned char
整型	基本整型	int	int
	有符号基本整型	signed int	signed
	短整型	short int	short
	有符号短整型	signed short int	signed short
	长整型	long int	long
	有符号长整型	signed long int	signed long
	无符号整型	unsigned int	unsigned
	无符号短整型	unsigned short int	unsigned short
	无符号长整型	unsigned long int	unsigned long
实型	单精度实型	float	float
	双精度实型	double	double
	双精度长实型	long double	long double

3. 变量初始化

变量的初始化是指在声明变量的同时给它赋一个初始值。当一个变量赋初值之后，其值即存在该变量分配的内存单元中，直到重新给该变量赋值为止。初始化的值必须为常量表达式。例如：

```
int a=9,b=9;
float c=1.25;
int d='a'+'b';
```

说明：

（1）当几个不同变量（如：整型变量 a 和 b）赋相同初值时，不可写成 int a=b=9;

（2）初值必须是常量或操作数是常量的算术表达式；

（3）初始化不是在编译阶段完成的，是在程序运行中执行本函数时赋以初值的。

2.1.2　整型

整型是指不存在小数部分的数据类型。

1. 整型常量

在 C 语言中，整型常量有十进制整型常量、八进制整型常量和十六进制整型常量 3 种表示形式。

（1）十进制整型常量。十进制整型常量没有前缀，可带正、负号，其数码取值为 0～9 之间的数字，但多位数的十进制整型常量不能以 0 开头，与数学上的整数相同。例如：

```
0   12   1230   -1234
```

（2）八进制整型常量。八进制整型常量必须以数字 0 开头（即以 0 作为八进制数的前缀），其数码取值为 0～7 之间的数字。例如：

0110（十进制 72）　012（十进制 10）　0120（十进制 80）

（3）十六进制整型常量。十六进制整型常量必须以 0x 或 0X 开头（即以 0x 或 0X 作为前缀）的十六进制数字串，其数码取值为 0～9、a～f 或 A～F 中的数字或英文字母。例如：

0x2（十进制 2）　0Xa2（十进制 162）　0x2a（十进制 42）

以上 3 种进制的常量可用于不同的场合。习惯上，大多场合中采用十进制整型常量，编写系统程序时常用八进制或十六进制整型常量表示地址。

当在整型常量后跟有字母 l 或 L 时，表示该整型常量为长整型常量。例如：-123L、0123L、0x23ABL 等。

2. 整型变量

整型变量是用于存放整数值的变量，例如：人数、编号等，均应声明为整型变量。整型变量一旦声明，计算机将为其在内存中分配相应大小的存储空间，以便存储变量的值。

（1）整型变量的类型。C 语言的整型变量分为基本整型、短整型、长整型和无符号型。整型变量的基本类型说明符为 int，在 int 之前可以根据需要加上适当的修饰符：long（长）、short（短）、signed（有符号）或 unsigned（无符号），以表示不同类型的整型变量。表 2-2 列出了在 Visual C++6.0 上机环境中 C 语言所规定的整型变量的类型及其数值范围，供读者参考。

表 2-2　　　　　在 Visual C++6.0 上机环境中 C 语言所规定的整型变量数值范围

类　别	类　型	类型名关键字	简写形式	数据长度	取值范围
整型	基本整型	int	int	32 位	-2^{31}～2^{31}-1
	有符号基本整型	signed int	signed	32 位	-2^{31}～2^{31}-1
	短整型	short int	short	16 位	-32768～32767
	有符号短整型	signed short int	signed short	16 位	-32768～32767
	长整型	long int	long	32 位	-2147483648～2147483647
	有符号长整型	signed long int	signed long	32 位	-2147483648～2147483647
	无符号整型	unsigned int	unsigned	32 位	0～4294967295
	无符号短整型	unsigned short int	unsigned short	16 位	0～65535
	无符号长整型	unsigned long int	unsigned long	32 位	0～4294967295

变量所占的字节个数决定其存储值范围。在选择变量类型时，必须考虑该变量能存放的最大值和最小值。如果变量的取值可能超过它的最大范围，则要考虑选择其他类型，否则可能发生溢出错误。

（2）整型变量的声明。整型变量声明的一般格式：

类型说明符　变量名标识符，变量名标识符，...;

例如：

```
int a;         /*声明 a 为整型变量*/
int a,b,c;     /*声明 a,b,c 为整型变量*/
```

```
        long a,b;        /*声明a,b为长整型变量*/
        unsigned a,b;    /*声明a,b为无符号整型变量*/
```

在书写变量说明时，应注意以下几点。

❑ 允许在一个类型说明符后，说明多个相同类型的变量，但各变量名之间须用逗号分隔。类型说明符与变量名之间至少应用一个空格间隔。

❑ 最后一个变量名之后必须以 ";" 号结尾。

❑ 变量说明必须放在变量使用之前，一般放在函数体的开头部分。

【例 2-2】执行如下 C 源程序。

```
/*c2_2.c*/
#include <stdio.h>
void main( )
{
    int a=2,b=3,c;                /*声明三个整型变量，并为a、b两个变量分别初始化赋值为2、3*/
    c=a+b;                        /*将表达式a+b的和赋值于变量c*/
    printf("c=%d\n",c);           /*将变量c的值以十进制整数的格式输出*/
}
```

程序运行结果：

```
c=5
```

2.1.3 实型

实数类型又称为浮点型，指存在小数部分的数。

1. 实型常量

实型常量又称为浮点型常量，是实数的集合。C 语言中，实型常量通常有两种表示形式：一种是十进制小数形式实型常量，另一种是指数形式实型常量。

十进制小数形式实型常量：由整数和小数两部分组成，为包含一个小数点的十进制数字串。小数点前或后可以没有数字，但不能同时没有数字。例如：

```
3.14, 314.0, .314, 314., -314.0
```

指数形式实型常量：由尾数和指数两部分组成。尾数在前，指数(整数)在后，尾数形式上与十进制小数形式相同，指数由代表 10 的符号 e/E 以及阶码组成，阶码必须是整数，通常用于表示很大或很小的数。

指数形式实型常量由数字、小数点、正（或负）号和字母 e（或 E）组成。格式为：

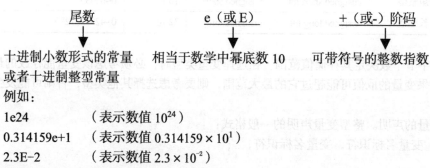

十进制小数形式的常量 相当于数学中幂底数 10 可带符号的整数指数
或者十进制整型常量

例如：

1e24　　　　　　（表示数值 10^{24}）

0.314159e+1　　（表示数值 0.314159×10^1）

2.3E-2　　　　　（表示数值 2.3×10^{-2}）

下面是不正确的指数形式实型常量：

e2　　　　　　　（缺少十进制小数形式部分）

3E　　　　　　　　（缺少阶码）

4.e4.1　　　　　　（不是整数阶码）

2. 实型变量

实型变量是用于存放实数值的变量。例如：圆周率、圆面积等，均应声明为实型变量。实型变量一旦声明，计算机将为其在内存中分配相应大小的存储空间，以便存储变量的值。

（1）实型变量的类型。C 语言的实型变量分为单精度实型（float）和双精度实型（double）。在 double 之前可以根据需要加上修饰符：long（长），以表示不同类型的实型变量。表 2-3 列出了在 Visual C++6.0 上机环境中 C 语言所规定的实型变量的类型及其数值范围，以供参考。

表 2-3　　　　　　在 Visual C++6.0 上机环境中 C 语言所规定的实型变量数值范围

类　别	类　型	类型名关键字	简写形式	数据长度	取值范围
实型	单精度实型	float	float	32 位	约 $\pm(10^{-38} \sim 2^{38})$
	双精度实型	double	double	64 位	约 $\pm(10^{-308} \sim 2^{308})$
	双精度长实型	long double	long double	64 位	约 $\pm(10^{-308} \sim 2^{308})$

（2）实型变量的声明。实型变量声明的一般格式：

　类型说明符 变量名标识符, 变量名标识符, ...;

例如：

```
    float m,n;              /*声明 m, n 为单精度实型变量*/
    double a,b,c;           /*声明 a, b, c 为双精度实型变量*/
```

【例 2-3】执行如下 C 源程序：

```
/*c2_3.c*/
#include <stdio.h>
void main( )
{
  float a;
  a=30.456;
  printf("a=%f  a=%5.2f  a=%e",a,a,a);
}
```

程序分析：使用 printf 函数输出实型变量时，实型变量格式说明为"%f"，而不论是双精度还是单精度。实型变量用"%f"格式输出时，其输出的小数位数占六位。也可以指定输出总宽度和小数位数，例如本程序中的"%5.2f"，其中，5 表示数的输出总宽度（占几个字符的位置，包括小数点在内），2 表示该数的小数位数。若按指数形式输出一个实型变量的值，则输出格式说明应是"%e"。关于格式输出的详细介绍请参阅后面章节的相关内容。

程序运行结果：

```
  a=30.456000  a=30.46  a=3.045600e+01
```

2.1.4　字符型

1. 字符常量

字符常量有两种，一种是普通字符常量，另一种是转义字符。

（1）普通字符常量。普通字符常量是指用一对单引号（''）括起来的一个字符，如'a'、'A'、'T'、'y'。普通字符常量中的单引号只起定界作用并不表示字符本身。特别注意：单引号中的字符不能是单引号（'）、双引号（"）和反斜杠（\），因为这些字符已经被赋于特殊的含义，关于单引号、双引号和反斜杠的特有表示法将在转义字符中介绍。

在 C 语言中，字符是按其对应的 ASCII 码值来存储的，一个字符占一个字节。例如，字符常量'0'的 ASCII 码值是十进制数 48；字符常量'a'的值 ASCII 码值是十进制数 97；字符常量'A'的 ASCII 码值是十进制数 65。

ASCII 字符集中列出了所有可以使用的字符，共 256 个，它们具有以下特性：

❑ 每个字符都有一个唯一的次序值，即 ASCII 值；

❑ 数字字符'0', '1', '2', …, '9'的 ASCII 值按升序连续排列；

❑ 大写字母'A', 'B', 'C', …, 'Z'的 ASCII 值按升序连续排列；

❑ 小写字母'a', 'b', 'c', …, 'z'的 ASCII 值按升序连续排列。

备注：数字和数字字符是有区别的，比如：2 是整型数字，而'2'是数字字符。

（2）转义字符。转义字符是 C 语言中表示字符的一种特殊形式，通常用来表示 ASCII 码字符集中不可打印的控制字符和特定功能的字符。如回车符、退格符等控制码，它们不能在屏幕上显示，也无法从键盘输入，只能用转义字符来表示。转义字符由反斜杠加上一个字符或数字组成，它把反斜杠后面的字符或数字转换成别的意义。虽然转义字符形式上由多个字符组成，但它是字符常量，只代表一个字符，它的使用方法与普通字符常量一样。表 2-4 给出了 C 语言中常用的转义字符。

表2-4   C 语言中常用的转义字符

转义字符	意　　义	ASCII 码值（十进制）
\a	响铃（BEL，turbo C 2.0 不支持）	007
\n	换行，将当前光标移到下一行行首	010
\t	横向跳格，光标跳到下一个制表位	009
\v	竖向跳格	011
\b	退格，光标移到前一列	008
\r	回车，光标移到本行的行首	013
\f	换页，将光标移到下一页的页首	012
\\	反斜杠字符"\"	092
\'	单引号字符"""	039
\"	双引号字符"""	034
\?	问号字符"?"	063
\0	空字符（NULL）	000
\ddd	任意字符（1～3 位八进制数所代表的字符）	
\xhh	任意字符（1～2 位十六进制数所代表的字符）	

说明：

❑ 字符常量中使用单引号（'）、双引号（"）和反斜杠（\）时，必须使用转义字符表示，即在这些字符前加上反斜杠（\）；

❑ 转义字符中只能用小写字母，每个转义字符只看作一个字符；

❑ \v 竖向跳格和\f 换页符对屏幕没有任何影响，但会影响打印机执行响应操作；

❑ 在 C 语言程序中，使用不可打印字符时，通常用转义字符表示。

【例 2-4】利用转移字符打印人民币符号"¥"。

源程序如下：

```
/*c2_4.c*/
  #include <stdio.h>
  void main( )
  {
   printf("Y\b=\n ");
  }
```

说明：这一程序的运行结果只能在打印机上实现，而不能通过显示器显示输出。

【例 2-5】程序举例。

```
/*c2_5.c*/
#include <stdio.h>
void main( )
{
   printf("I can say \101B\x43.\n");
   printf("\tyou!\rThank\n");
}
```

程序运行后的输出结果为：

```
I can say ABC.
Thank  you!
```

2. 字符型变量

字符型变量的类型说明符是 char。字符型变量声明的格式如下：

char 变量名,变量名,……;

例如：

```
char m;                  /*声明 m 为字符型变量*/
char m,n,k;              /*声明 m,n,k 为字符型变量*/
```

字符型常量实质上是整型常量。每个字符型数据在内存中占用一个字节,用于存储它的 ASCII 码。所以,C 语言中的字符具有数值特征,不但可以写成字符型常量的形式,还可以用相应的 ASCII 码表示,即可以用整数来表示字符。

例如：char ch='A'; /*声明一个字符型变量 ch,并为它初始化赋值为'A'*/

在这条 C 语句中，字符型常量'A'的 ASCII 码值是 65，则 ch='A'等价于 ch=65。

既然字符型变量的值可以是字符或整数，它就可以被定义成整型变量；同时整型变量的值也可以是字符型数据，即它也可以被定义成字符型变量。也就是说，整型变量和字符型变量的定义和值可以互相交换，但需注意的是，互换整型变量和字符型变量的定义和值时，整型数据的取值范围必须是有效的 ASCII 码。字符型变量的取值范围如表 2-5 所示。

表 2–5　　　　　　　在 Visual C++6.0 上机环境中 C 语言所规定的字符变量数值范围

类　别	类　型	类型名关键字	简写形式	数据长度	取值范围
字符型	字符型	char	char	8 位	0~255
	有符号字符型	signed char	signed char	8 位	-128~127
	无符号字符型	unsigned char	unsigned char	8 位	0~255

在 ASCII 码值范围中的字符型变量的值通常以两种形式输出，一种是以字符本身的形式输出，另一种是以整型量形式输出。它们都可以使用 printf()函数实现。以字符本身的形式输出时，使用

格式转换说明 "%c"; 以整型量的形式输出时, 使用格式转换说明 "%d", 输出的是该字符相应的 ASCII 码值。

【例 2-6】 执行如下 C 源程序。

```
/*c2_6.c */
#include <stdio.h>
void main( )
{
  char c1,c2,c3;
  unsigned char c4;
  c1='a';
  c2='A';
  c3=98;
  c4=66;
  printf("c1=%c,c2=%c,c3=%c,c4=%c\n",c1,c2,c3,c4);      /*以字符本身形式输出*/
  printf("c1=%d,c2=%d,c3=%d,c4=%d\n",c1,c2,c3,c4);      /*以十进制整数形式输出 ASCII 码值*/
}
```

程序运行结果:

```
c1=a,c2=A,c3=b,c4=B
c1=97,c2=65,c3=98,c4=66
```

此外, 被 char 数据类型说明的数据与被 int 数据类型说明的数据间还可进行算术运算。例如:

```
m='A';                /*等价于 m=65; */
n='a'+2;              /*等价于 n=97+2; */
k='D'+'1'             /*等价于 k=68+49; */
```

【例 2-7】 执行如下 C 源程序:

```
/*c2_7.c */
 #include <stdio.h>
#define PI 3.14
void main()
{
    int r=3;
    float s;
    char ch1,ch2='A';
    s=PI*r*r;
    ch1=ch2-'A'+'a';
    printf("s=%f,ch1=%d,ch1=%c\n",s,ch1,ch1);
}
```

程序运行结果:

```
s=28.260000,ch1=97,ch1=a
```

在 C 语言中, 由于字符型变量的位数总是不能大于等于 int 类型的位数, 所以, 用字符型变量只能存放小整数。可以将一个字符型变量的字符值赋给 int 型的变量。例如:

```
char ch='b';
int a;
a=ch;
```

| 0 | 98 |

则变量 a 的低 8 位部分用来存放字符'b'的值 98, 其高位部分各位全为零值, 相当于扩充了字符的存储空间, 如图 2-2 所示, 因此 int 型变量也可以用来存放字符。

图 2-2 int 型变量存储 char 字符

2.1.5 字符串

1. 字符串常量

字符串常量是用一对双引号（" "）括起来的字符序列。例如，"c language"、"program"、"I"、"12345"、"0"等都是合法的字符串常量。其中，字符串两端的双引号是字符串常量的定界符，并不是字符串常量的组成部分。如果字符串常量中本身包含双引号，则要用转义字符"\""来表示。

字符串常量在内存中存储时，除了一个字符占一个字节外，还会自动在其尾部增加一个转义字符"\0"，作为字符串结束的标志。例如，字符串"good morning!"包含 13 个字符，实际上在内存中占用 14 个字节。

g	o	o	d		m	o	r	n	i	n	g	\0

字符串的结束标志非常重要，当输出字符串时，按字符一个一个输出，直到遇到结束标志"\0"就终止输出（不输出"\0"）。

【例 2-8】一个 C 源程序举例。

```
/*c2_8.c*/
#include <stdio.h>
void main( )
{
    printf("Good morning!\n");
    printf("Good\0morning!\n");
}
```

程序运行后的输出结果为：

```
Good morning!
Good
```

在写字符串时不必额外加"\0"，系统会自动在字符串的末尾加上。

C 语言中没有字符串变量，如果需要将字符串存放在内存单元中，必须使用字符数组，这将在第 5 章详细介绍。

2. 字符型常量与字符串常量的比较

字符串常量和字符型常量是两种不同的数据类型，它们之间主要有以下区别。

（1）从形式上，字符型常量使用单引号括起来，而字符串常量使用双引号括起来。

（2）字符型常量只能是单个字符，字符串常量则可以含一个或多个字符。

（3）可以把一个字符型常量赋予一个字符型变量，但不能把一个字符串常量赋予一个字符型变量。在 C 语言中没有相应的字符串变量，但可以用一个字符数组来存放一个字符串常量，具体使用将在数组中介绍。

（4）从内部存储来看，字符型常量占一个字节的内存空间，字符串常量占的内存字节数等于字符串中字符数加 1，增加的一个字节中存放空字符 NULL（即"\0"）。

2.2 数据的存储

2.2.1 整型数据的存储

计算机处理的所有信息都以二进制形式表示，即数据的存储和计算都采用二进制。而 C 语言标准并没有具体规定为整型变量分配的存储空间（字节数）的最大字节数，对于 int 类型变量，有的是 2 字节，有的是 4 字节等。在此，不妨假设每个基本整型数据在内存中占用两个字节的存储空间，最左边的一位（最高位）是符号位，0 代表正号，1 代表负号。

数值可以采用原码、反码和补码等不同的表示方法。为了便于计算机内的计算，一般以补码表示数值。

（1）正数的原码、反码和补码相同，即符号位是 0，其余各位（下面以 15 位为例）表示数值。
例如：

十进制数 10 的补码是：　　　　`00000000`　　`00001010`

两个字节的存储单元能表示的最大正数是 $2^{15}-1$，即 32767。

十进制数 32767 的补码是：　　　　`01111111`　　`11111111`

（2）负数的原码、反码和补码不同。
① 原码：符号位是 1，其余各位表示数值的绝对值。
② 反码：符号位是 1，其余各位对原码按位取反，即 0 变 1，1 变 0。
③ 补码：反码末位加 1。
例如：

十进制数-10 的原码是：　　　　`10000000`　　`00001010`

十进制数-10 的反码是：　　　　`11111111`　　`11110101`

十进制数-10 的补码是：　　　　`11111111`　　`11110110`

2.2.2 实型数据的存储

实型数据分为单精度实型（float）和双精度实型（double）两大类，分别占 4、8 个字节，即32、64 位。

IEEE754 标准中规定，存储实型数据时，分为符号位、阶码和尾数三部分，如图 2-3 所示。

符号位（S）	阶码（E）	尾数（M）

图 2-3 实型数据的存储形式

例如：实数-1.23456e+02 是负数，阶码是 2，尾数是 1.23456。
小数部分占的位（bit）数越多，数的有效数字越多，精度越高。
指数部分占的位数越多，则能表示的数值范围越大。
实际上，小数部分是一个二进制纯小数，指数部分以补码存放。

2.2.3　字符型数据的存储

每个字符在内存中占用一个字节，用于存储它的 ASCII 码。也就是说，当字符型变量被赋予一个字符型常量值时，这个字符型常量值的 ASCII 码值就存储于这个字符型变量的内存单元中。例如执行赋值语句 m='A';后，字符型常量'A'的 ASCII 码值 65 就存储于变量 m 的存储空间，如图 2-4 所示（注意：内存单元中是以二进制形式存放）。

```
┌ ─ ─ ─ ─ ─ ─ ─ ─ ┐
    0 1 0 0 0 0 0 1
└ ─ ─ ─ ─ ─ ─ ─ ─ ┘
```

图 2-4　字符型变量 m 的 ASCII 码值存放

2.3　运算符和表达式

运算符是具有运算功能的符号，如+、−、*、/等。C 语言中的运算符很丰富，范围也很宽，除了控制语句和输入/输出以外的所有基本操作几乎都作为运算符处理。比如，将大于号"＞"作为关系运算符，将逗号"，"作为逗号运算符等。参与运算的数据（运算对象）可以是常量、变量，也可以是函数调用等。运算符和运算对象连接在一起就构成了表达式，它的值和类型由参加运算的运算符和运算对象决定。不同的表达式，规定了不同的求值规则，这些规则是通过表达式中的运算符来实现的。丰富的运算符和表达式为编写程序带来了极大的灵便，使程序简洁而高效。但另一方面，C 语言中运算符和表达式的多样性，无疑会带来记忆难、应用难等问题，所以初学者一定要注意掌握运算符和表达式的使用规则。

按照运算符的作用不同，可将 C 语言中的运算符分为以下几类。

（1）算术运算符：＋　−　*　/　%

（2）赋值运算符：＝

（3）增减量运算符：++　−−

（4）逻辑运算符：&&　‖　！

（5）关系运算符：＞　＜　＞=　＜=　==　!=

（6）条件运算符：？：

（7）逗号运算符：，

（8）指针运算符：*　&

（9）位运算符：|　^　&　＜＜　＞＞　~

（10）长度运算符：sizeof

（11）类型转换运算符：(type)

（12）下标运算符：[ ]

（13）分量运算符：·　−>

另外，按照运算符在表达式中连接运算对象个数的不同，可将运算符分为以下几类。

（1）单目运算符：一个运算符连接一个运算对象。

（2）双目运算符：一个运算符连接两个运算对象。

（3）三目运算符：一个运算符连接三个运算对象。

表 2-6 所示为 C 语言中各运算符的优先级与结合规则。本节只介绍部分运算符及其表达式，

其余运算符及其表达式将在后续章节中介绍。

表 2-6　　　　　　　　　　　C 语言中运算符的优先级与结合规则

优 先 级	运算符类型	含　义	要求运算对象的个数	结合规则	举　例
1	( )	圆括号		自左至右	(a+b)*c
	[ ]	下标运算符			stu[30]
	→	指向结构体成员运算符			pt→name
	.	结构体成员运算符			stu·name
2	!	逻辑非运算符		自右至左	!x
	~	按位取反运算符			~x
	++	自增运算符			i++,++i
	—	自减运算符			i—,—i
	-	负号运算符	（单目运算符）		-x
	(type)	类型转换运算符			(float)x
	*	指针运算符			i=*p
	&	地址与指针运算符			p=&i
	sizeof	长度运算符			sizeof(float)
3	*	乘法运算符	2（双目运算符）	自左至右	a*b
	/	除法运算符			a/b
	%	求余运算符			a%b
4	+	加法运算符	2（双目运算符）	自左至右	a+b
	-	减法运算符			a-b
5	<<	左移运算符	2（双目运算符）	自左至右	a<<4
	>>	右移运算符			a>>4
6	<　<=	关系运算符	2（双目运算符）	自左至右	a<b, a<=b
	>　>=				a>b, a>=b
7	==	等于运算符	2（双目运算符）	自左至右	a==b
	!=	不等于运算符			a!=b
8	&	按位与运算符	2（双目运算符）	自左至右	0377&a
9	^	按位异或运算符	2（双目运算符）	自左至右	~2^a
10	|	按位或运算符	2（双目运算符）	自左至右	~0|a
11	&&	逻辑与运算符	2（双目运算符）	自左至右	(a<b)&&(x>y)
12	||	逻辑或运算符	2（双目运算符）	自左至右	(a<b)||(x>y)
13	? :	条件运算符	3（三目运算符）	自右至左	max=(a>b)?a:b
14	=、+=、-=、*=、/=、%=、>>=、<<=、&=、^=、|=	赋值运算符	2（双目运算符）	自右至左	a=b a+=b(同 a=a+b) a*=b(同 a=a*b)
15	,	逗号运算符		自左至右	a=1,b=2,c=3

2.3.1　算术运算符与算术表达式

C 语言提供了 5 种算术运算符，用于各种数值的运算。

（1）+：加法运算符，属于双目运算符，它的功能是进行求和运算，如 a+b。

（2）-：有两种用法，一种是用作减法运算符，属于双目运算符，它的功能是进行求差运算，如 a-b；另一种是用作取负值运算符，属于单目运算符，如-a。

（3）*：乘法运算符，属于双目运算符，它的功能是进行求积运算，如 a*b。在 C 语言中，"*（乘号）"不能省。

（4）/：除法运算符，属于双目运算符，它的功能是进行求商运算，如 a/b。在 a/b 中，如果 a 和 b 都是整型量，则其商也为整型量，小数部分被舍去，如 5/2 结果为 2，2/3 结果为 0。由此可见，两个整数相除时，如果不能整除，将产生极大的误差，所以应尽量避免两个整数直接相除，除非特殊需要。如果 a、b 中有一个或都是实型量，则 a 和 b 都转换为实型量，然后再相除，结果为实型量，如 5.0/2，结果为 2.5。注意，在数学上是同样一个数，但在 C 语言算术表达式中因运算对象类型不同，其结果可能不相同。

（5）%：求余运算符，属于双目运算符，它的功能是进行求余数的运算，如 a%b，其结果为 a 除以 b 后的余数。运算符"%"要求它的两个运算对象都必须是整型量，其结果也是整型量，如 5%2 的结果为 1。另外，余数的符号与第 1 个操作数的符号一致。

正如数学中的四则运算符号具有优先级和结合规则一样，C 语言中也规定了上面 5 个运算符的优先级及其结合规则。算术运算符的优先级分为三级，下面是从高到低的优先级级别：

一级：负号(-)

二级：*　/　%

三级：+　-

在算术运算符中，取负值运算符的优先级最高，结合性为右结合性。乘法运算符、除法运算符和求余运算符的优先级高于加法和减法运算符，但它们的结合性相同，都是左结合性。当相同的优先级的运算符同时出现在表达式中，就必须使用结合性规定它们的运算规则。例如，计算表达式 1.2+3.4-5.0，因为"+"和"-"运算符属同一优先级且其结合性为左结合性（即从左到右），所以运算的顺序是从左到右进行运算。当然，也可以通过圆括号改变这种优先关系，因为圆括号具有最高的运算级别。

用算术运算符和括号将运算对象连接起来的式子称为算术表达式，运算对象可以是常量、变量、函数调用等，其基本形式与数学表达式相似。

【例 2-9】将下列数学表达式改写为符合 C 语言规则的算术表达式。

（1）$\dfrac{\pi r^2}{2.0}$

改写成 C 语言表达式为：3.14159*r*r/2.0

（2）$\dfrac{mn + m^n}{\sin x + \cos y}$

改写成 C 语言表达式为：(m*n+pow(m,n))/(sin(x)+cos(y))

使用算术表达式时，除了有些运算符的写法与数学上的习惯写法不同外，还要注意以下几点。

① 双目运算符两侧运算对象的类型如果相同，所得结果的类型将与运算对象的类型一致。如果类型不同，系统将按自动转换规则进行类型转换，然后再进行相应的运算。

② 括号可以改变表达式的运算顺序，但切记左右括号务必配对，多层括号都用圆括号"( )"表示，运算时先计算内括号中表达式的值，再计算外括号中表达式的值。

③ 当算术表达式中的运算对象为函数调用时，被调用的函数既可以是系统提供的标准库函数，也可以是用户自己编写的函数。

2.3.2 赋值运算符与赋值表达式

如果没有赋值运算符及其表达式，C 语言源程序中的变量则无法参与运算，那么变量也就失去了其存在的意义。因此，在 C 语言程序设计中，赋值运算符和赋值表达式的重要性不言而喻。赋值运算符分为简单赋值运算符和复合赋值运算符。

1. 简单赋值运算符及其表达式

在 C 语言中，符号"="被称为赋值运算符，它是一个双目运算符。由赋值运算符将一个变量和一个表达式连接起来的式子称为赋值表达式。赋值表达式的一般格式为：

变量=表达式

说明：

（1）赋值运算符左边必须是单一变量而不能是常量或表达式。例如，i+1=i 是错误的。

（2）求解时，先计算赋值号"="右边表达式的值，然后将结果赋予赋值运算符左边的变量。整个赋值表达式的值就是被赋值的变量的值，也即赋值号右边表达式的值。

（3）当赋值运算符"="两侧的类型不一致时，赋值时会自动进行类型转换，即将表达式值的类型转换为与变量一致的类型。类型转换有时候可能会发生存储单元的扩展或截断。如果赋值号右边的类型低于左边的类型，则将右边的类型值扩展后赋值左边，这将是一个等值的转换，如果赋值号右边的类型高于左边的类型，则赋值时右边的类型值截断后赋值予左边，这可能会造成数据的丢失。

（4）从形式上看，赋值运算符与数学上的等号是一样的，但含义不同，因为赋值运算符的操作是将赋值号右边的表达式的值赋予左边的变量，它是单方向的传递操作。因此，尽管代数中 i=i+1 不成立，但赋值表达式 i=i+1 却是允许的。

（5）赋值表达式的值与变量值相等，且可嵌套，即赋值运算符"="右侧的表达式仍然可以是一个赋值表达式。例如，赋值表达式 a=b=c=8。由于赋值号具有从右向左的结合特性，因此，这个表达式等价于 a=(b=(c=8))。经过连续赋值以后，a、b、c 的值都是 8，但最后整个表达式的值是赋予变量 a 的值。

2. 复合赋值运算符及其表达式

复合赋值运算符（又称为自反赋值运算符），它们把算术/位运算和赋值运算两者结合在一起作为一个复合赋值运算符，具有计算和赋值的双重功能，以达到简化书写程序和提高编译效率的目的。

复合赋值运算符又分为复合算术赋值运算符和复合位赋值运算符，共有 10 个，如表 2-7 所示。

表 2-7   复合赋值运算符

分　类	运　算　符	名　　称	等价关系
复合算术赋值运算符	+=	加赋值	a+=exp 等价于 a=a+exp
	-=	减赋值	a-=exp 等价于 a=a-exp
	*=	乘赋值	a*=exp 等价于 a=a*exp
	/=	除赋值	a/=exp 等价于 a=a/exp
	%=	取余赋值	a%=exp 等价于 a=a%exp
复合位赋值运算符	<<=	左移赋值	m<<=n 等价于 m=m<<n
	>>=	右移赋值	m>>=n 等价于 m=m>>n
	&=	位逻辑与赋值	m&=n 等价于 m=m&n
	|=	位逻辑或赋值	m|=n 等价于 m=m|n
	^=	位逻辑异或赋值	m^=n 等价于 m=m^n

注：exp 代表表达式；m、n 为整型或字符型数据。

复合运算符在书写时，两个运算符之间不能有空格，否则就会出错。复合赋值运算符在使用时，分两步计算，即对左右两个运算量先进行左边运算符的运算，然后把运算结果赋予左边的变量。

【例 2-10】执行如下 C 源程序：

```
/*c2_10.c */
#include <stdio.h>
void main()
{
  int m;
  m=2;
  m+=m-=m*m;
  printf("m=%d \n",m);
}
```

程序分析：表达式 m+=m-=m*m 是连续赋值，首先进行右边的赋值：m-=m*m，即该表达式等价于 m=m-m*m，结果将 2-2*2 的值-2 给 m；然后再计算左边的赋值运算：m=m+(-2)，结果将-2-2 的值-4 赋给 m。

程序运行结果：

```
m=-4
```

3. 赋值语句

在赋值表达式的末尾加上一个分号，就构成了一个赋值语句。例如：

```
a=b*c+d/e;      /*一般算术赋值语句*/
a=b=c=5;        /*连续赋值语句*/
a+=b;           /*复合赋值语句*/
```

赋值语句执行赋值操作，获取赋值运算符 "=" 右侧变量或表达式的值，并将该值赋予运算符左侧的变量。

【例 2-11】执行如下 C 源程序：

```
/*c2_11.c */
#include <stdio.h>
void main()
{
  int m,n;                  /*定义两个整型变量m、n */
  m=2;                      /*将数值2赋予变量m */
  n=m;                      /*将变量m的值赋予变量n */
  printf("n=%d \n",n);      /*通过终端设备输出变量n的值*/
}
```

程序执行结果：

```
n=2
```

赋值语句可以作为一个独立的语句出现在 C 语言程序中，而赋值表达式却不能作为一个语句出现，只能作为语句中的一个成分出现在语句中。因此，两者所处的地位不一样。

【例 2-12】写出下面 C 源程序的输出结果。

```
/*c2_12.c */
#include <stdio.h>
void main( )
{
```

```
int a,b,c;                          /*声明3个整型变量a、b、c */
a=1;                                /*将数值1赋予变量a */
b=a;                                /*将变量a的值赋予变量b */
printf("(1)  b=%d\n",b);           /*通过终端设备输出变量b的值*/
b=a+1;                              /*将表达式a+1的值赋予变量b */
printf("(2)  b=%d\n",b);           /*通过终端设备输出变量b的值*/
a=b+1;                              /*将表达式b+1的值赋予变量a */
printf("(3)  a=%d\n",a);           /*通过终端设备输出变量a的值*/
c=(a+b)/2;                         /*将表达式(a+b)/2的值赋予变量c */
printf("(4)  c=%d\n",c);           /*通过终端设备输出变量c的值*/
b=c+b;                              /*将表达式c+b的值赋予变量b */
printf("(5)  b=%d\n",b);           /*通过终端设备输出变量b的值*/
}
```

变量在赋值的过程中不断更新其值，赋值号右边表达式中的变量值应是最新的值。经分析，程序的运行结果为：

（1）b=1

（2）b=2

（3）a=3

（4）c=2

（5）b=4

【例2-13】阅读下面的C源程序，写出运行结果。

```
/*c2_13.c */
#include <stdio.h>
void main( )
{
  char ch1,ch2;                          /*声明两个字符型变量ch1、ch2 */
  ch1='B';                               /*将字符'B'赋予变量ch1 */
  ch2='b';                               /*将字符'b'赋予变量ch2 */
  printf("ch1=%c,ch2=%c\n",ch1,ch2);    /*通过终端设备输出变量ch1、ch2的值*/
  ch1+=1;                                /*将表达式ch1+1的值赋予变量ch1 */
  ch2-=1;                                /*将表达式ch2-1的值赋予变量ch2 */
  printf("ch1=%d,ch2=%d\n",ch1,ch2);    /*通过终端设备输出变量ch1、ch2的值*/
  ch1+=ch2;                              /*将表达式ch1+ch2的值赋予变量ch1 */
  ch2+=ch1;                              /*将表达式ch2+ ch1的值赋予变量ch2 */
  printf("ch1=%d,ch2=%d\n",ch1,ch2);    /*通过终端设备输出变量ch1、ch2的值*/
}
```

程序分析：ch1、ch2 定义为 char 类型变量，并分别赋值为'B'和'b'，当其值以"%c"的格式输出时，第 1 个 printf()语句的输出结果为：ch1=B,ch2=b；然后 ch1 的值加 1，ch2 的值减 1，也就是 ch1 中的字符'B'的 ASCII 码值 66 加 1，ch2 中的字符'b'的 ASCII 码值 98 减 1，因而 ch1 中的值为 67，ch2 中的值为 97。以"%d"的格式输出时，ch1 和 ch2 的值分别变成字符'C'和字符'a'的 ASCII 码值。所以，第 2 个 printf()语句输出结果为：ch1=67,ch2=97，然后将 ch1 的值 67 与 ch2 的值 97 求和得到 164，赋予 ch1；将 ch2 的值 97 与 ch1 的值 164 求和得到 261，赋予 ch2。由于变量 ch1 和 ch2 均声明为字符型变量，那么，计算机则为其分别提供了一个字节的存储空间（取值范围为-128～127）。由于十进制的 164 和 261 均超出了此范围，且数值在计算机中是按照二进制形式存储的，所以需将十进制的 164 和 261 分别转换为二进制，高位超出部分数据丢失，仅仅保留低 8 位。计算机规定：一个字节的第 8 位为符号位，"1"代表负号，"0"代表正号，对于整型数据，计算机均按照二进制补码形式存储。根据这一系列原则，第 3 个 printf()语句应输出：

ch1=−92,ch2=5。

程序运行结果：

```
ch1=B,ch2=b
ch1=67,ch2=97
ch1=-92,ch2=5
```

4．表达式值的输出

使用 printf()函数可以将表达式的值直接输出。输出表达式的值与输出变量类似，只需将表达式直接写入 printf()函数的输出数据列表中即可，输出格式控制应该与表达式值的类型对应。例如，下面程序段：

```
int a,b;
a=1;
b=2;
printf("sum=%d\n",a+b);
printf("c=%d\n",a+=b/=b);
```

程序执行结果：

```
sum=3
c=2
```

2.3.3　位运算符及其表达式

位运算是 C 语言与其他高级语言相比较，一个比较有特色的地方，利用位运算可以实现许多汇编语言才能实现的功能。

所谓位运算是指进行二进制位的运算。C 语言提供的位运算符如表 2-8 所示。

表 2–8　　　　　　　　　　　　　　复合赋值运算符

位运算符	名　　称
&	按位"与"
|	按位"或"
^	按位"异或"
~	取反
<<	左移
>>	右移

在使用位运算符时，要注意以下几点。

（1）　位运算符中除~是单目运算符以外，其余均为双目运算符。

（2）　位运算符所操作的操作数只能是整型或字符型的数据以及它们的变体。

（3）　操作数的移位运算不改变原操作数的值。

C 语言的位运算符分为位逻辑运算符和移位运算符两类。下面将分别介绍。

1．位逻辑运算符及其表达式

位逻辑运算符有四种：~（取反）、&（按位"与"）、|（按位"或"）、^（按位"异或"），二进制位逻辑运算的真值表如表 2-9 所示。

表2-9　　　　　　　　　　　　　　　　　　　二进制位逻辑运算真值表

A	B	~A	A|B	A&B	A^B
0	0	1	0	0	0
0	1	1	1	0	1
1	0	0	1	0	1
1	1	0	1	1	0

位逻辑运算符的运算规则：先将两个操作数（整型或 char 类型）转化为为二进制数，然后按位运算。

例如：位非运算~，将操作数按二进制数逐位取反，即 1 变为 0，0 变为 1。

例如：有两个操作数 a、b，其中 a=75，b=50，试分析 a&b 的值。

分析：首先将 a 与 b 的值分别转换为二进制数：01001011 和 00110010，然后按照表 2-9 的运算规则逐位求与，得二进制数，即是十进制数。具体求解过程如下：

$$01001011（75 的二进制数）$$
$$\&)\quad 00110010（50 的二进制数）$$
$$\overline{00000010（2 的二进制数）}$$

故此，表达式 a&b 的结果为 2。

　　二进制位逻辑运算和普通的逻辑运算是有区别的。例如：x=0，y=28，则 x&y 等于 0，x|y 等于 28，而 x&&y 等于 0，x||y 等于 1。

对于位"异或"运算符^有几个特殊的操作：

（1）a^a=0

（2）a^~a=二进制全 1（如果 a 以 16 位二进制表示，则为 65 535）

（3）~(a^a)=0

除此以外，位"异或"运算符^还有一个很特别的应用，即通过使用位"异或"运算而不需要临时变量就可交换两个变量的值。假设 m=12，n=34，若想将 m 和 n 的值交换，可执行语句：
m^=n^=m^=n;

该语句等效于下述两步：

n^=m^=n;

m=m^n;

第一步：n^=m^=n;可解释为：

n=n^(m^n) $\Longleftrightarrow$ m^n^n $\Longleftrightarrow$ m^0=m

因为操作数的位运算并不改变原操作数的值，除第 1 个 n 外，其余的 m、n 都是指原来的 m、n，即 n 得到 m 原来的值。

第二步：m=m^n;可解释为：

m=m^n $\Longleftrightarrow$ (m^n)^(n^m^n) $\Longleftrightarrow$ m^m^n^n^n=n

最初两步之一的"n^=m^=n;"中"m^=n"使 m 改变，n 也已经改变，分别将原来的式子代入最后的 m=m^n，m 得到 n 原来的值。

2. 移位运算符及其表达式

移位运算是指对操作数以二进制位为单位进行左移或右移的操作。移位运算符有两种：>>（右移）和<<（左移）。

a>>b 表示将 a 的二进制值右移 b 位，a<<b 表示将 a 的二进制值左移 b 位。要求 a 和 b 都是整

型，b 只能为正数，且不能超过机器字所表示的二进制位数。

移位运算具体实现有三种方式：循环移位、逻辑移位和算术移位（带符号）。

（1）循环移位：移入的位等于移出的位。

（2）逻辑移位：移出的位丢失，移入的位取 0。

（3）算术移位：移出的位丢失，左移入的位取 0，右移入的位取符号位，即最高位代表数据符号，保持不变。

C 语言中的移位运算方式与具体的 C 语言编译器有关，通常实现中，左移位运算后右端出现的空位补 0，移至左端之外的位则舍弃；右移运算与操作数的数据类型是否带有符号位有关，不带符号位的操作数右移位时，左端出现的空位补 0，移至右端以外的位则舍弃，带符号位的操作数右移位时，左端出现的空位按符号位复制，其余的空位补 0，移至右端之外的位则舍弃。

例如：假设 m=$(50)_{10}$=$(00110010)_2$，m<<2 的值为：

$\leftarrow\underline{00}$ 110010$\leftarrow$00=11001000=$(200)_{10}$=$(50*4)_{10}$

在数据可表达的范围里，通常左移 1 位相当于乘以 2，左移 2 位相当于乘以 4。

同样，假设 m=$(50)_{10}$=$(00110010)_2$，m>>1 的值为：

$0\rightarrow$0011001 $\underline{0}\rightarrow$=00011001=$(25)_{10}$=$(50/2)_{10}$

在数据可表达的范围里，通常右移 1 位相当于除 2，右移 2 位相当于除以 4。

　　　　操作数的移位运算并不改变原操作数的值。即经过上述移位运算后，m 的值仍为 50，除非通过赋值 m=m>>1，才能改变变量 m 的值。

2.3.4　增减量运算符与增减量表达式

C 语言提供了两种增减量运算符：++（自增运算符）和—（自减运算符）。++的作用是使变量的值加 1，—的作用是使变量的值减 1。

增减量运算符既可以放在变量的前面，也可以放在变量的后面。增减量运算符放在变量之前时称之为前置运算，如++i，—i；当增减量运算符放在变量之后时称之为后置运算，如 i++，i—。所谓前置运算就是在运算时先将变量的值加（或减）1，然后再将该变量的新值用于表达式中。而后置运算就是在运算时先将变量的值用于表达式中，然后再将该变量的值加（或减）1，即

i++：先使用 i，再把 i 的值加 1。

i—：先使用 i，再把 i 的值减 1。

++i：先把 i 的值加 1，再使用 i。

—i：先把 i 的值减 1，再使用 i。

【例 2-14】自增运算符和自减运算符功能的实现。

源程序如下：

```
/*c2_14.c */
#include <stdio.h>
void main( )
{
    int x=5,y,z;                        /*声明 3 个整型变量 x、y、z，并对变量 x 进行初始化*/
    y=x++;                              /*将变量 x 原来的值 5 赋予变量 y 后变量 x 的值加 1*/
    printf("x=%d,y=%d\n",x,y);          /*通过终端设备输出变量 x、y 的值*/
    z=++x;                              /*将变量 x 的值加 1 后赋予变量 z */
    printf("x=%d,y=%d,z=%d\n",--x,y++,z); /*通过终端设备输出变量 x、y、z 的值*/
    printf("x=%d\n",-x++);              /*通过终端设备输出变量-x 的值*/
    printf("x=%d,y=%d \n",x,y);         /*通过终端设备输出变量 x、y 的值*/
}
```

程序分析：

① 程序首先定义了 3 个变量 x，y，z，并为变量 x 赋初值为 5。

② 第 2 条语句的含义是先引用 x 的值，再将 x 加 1，等价于"y=x;x=x+1;"。

③ 第 4 条语句的含义是先将 x 加 1，再引用 x 的值，等价于"x=x+1;z=x;"。

④ 对于第 2 条输出语句中的—x 表达式，是先将 x 的值 7 减 1，然后再使用 x 的值 6；而对于 y++ 表达式，则是先使用 y 的值 5，而后使 y 加 1 变为 6。

⑤ 第 3 条输出语句中，表达式"—x++"相当于"—(x++)"即先引用 x 的值 6，则—x 等于—6，结果输出—6，之后 x 的值加 1，所以该语句执行完毕后 x 的值已变为 7。

程序运行结果：

```
x=6,y=5
x=6,y=5,z=7
x=-6
x=7,y=6
```

使用增减量运算符时要注意以下几点。

（1）增减量运算符只能用于变量，而不能用于常量或表达式，如 ++5 或（i+j)++ 都是不合法的。因为 5 为常量，其值是不能改变的。同样，（i+j)++ 也不可能实现，假如 i+j 的值为 2，那么自增后得到的 3 放在哪个变量的存储单元呢？

（2）增减量运算符的优先级是 2 级，高于所有双目运算符。但切记：在确定一个包含增减量运算符的表达式的运算次序时，既要考虑运算符的优先级和结合性，也要考虑增减量运算符的前置和后置运算。

（3）增减量运算符均为单目运算符，其结合方向为自右向左（即右结合性）。

2.3.5 关系运算符与关系表达式

关系运算也称为比较运算，是逻辑运算中比较简单的一种，主要用于 C 语言的控制结构中。

1. 关系运算符

关系运算符是双目运算符，它的功能是将两个操作数进行比较，判断其比较结果是否符合给定的条件。C 语言提供了 6 种关系运算符，如表 2-10 所示。

表 2-10　　　　　　　　　　　　　关系运算符

运算符	<	<=	>	>=	==	!=
名称	小于	小于等于	大于	大于等于	等于	不等于
优先级	高				低	

关系运算符的优先级低于算术运算符，高于赋值运算符和逗号运算符，它的结合方向是自左向右（即左结合型）。

例如：假设 a、b、c 均为整型变量，ch 是字符型变量，则：

（1）a>b==c　　等价于　　(a>b)==c

（2）c=a>b　　等价于　　c=(a>b)

（3）ch>m+1　　等价于　　ch>(m+1)

（4）d=a+b<c　　等价于　　d=((a+b)<c)

（5）12<=x>=23　　等价于　　(12<=x)>=23

（6）m-2==n!=j　　等价于　　((m-2)==n)!=j

2. 关系表达式

用关系运算符将两个表达式（可以是任意表达式）连接起来的式子称为关系表达式。其一般形式为：

表达式1　关系运算符　表达式2

关系表达式的值反映了关系运算（比较）的结果，它是一个逻辑量，取值"真"或"假"。如果关系表达式成立，其值为逻辑真，用整数常量 1 表示；如果关系表达式不成立，则其值为逻辑假，用整型常量 0 表示。在 C 语言中，凡是非 0 的值都是"真值"，都用 1 表示；0 值表示"假值"。

例如：已知 a=2，b=5，c=1，d=6，求以下关系表达式的值。

a>b　　　　　其值为 0
d<=(a+b)　　　其值为 1
a==b>c>=5　　　其值为 0

【例 2-15】 关系运算符的使用。

源程序如下：

```
/*c2_15.c */
#include <stdio.h>
void main( )
{
    int a=7,b=8,c=9,m;          /*声明 4 个整型变量 a、b、c、m，并为前三个变量初始化赋值*/
    char n='A';                 /*声明一个字符型变量 n，并为 n 初始化赋值为'A'*/
    m=a>b;                      /*将关系表达式 a>b 的值赋予变量 m*/
    printf("%d,",c==a>b);       /*通过终端设备输出表达式 c==a>b 的值*/
    printf("%d,",n>='a'-32);    /*通过终端设备输出表达式 n>='a'-32 的值*/
    printf("%d,",b-1==a!=c);    /*通过终端设备输出表达式 b-1==a!=c 的值*/
    printf("%d\n",0<=m>=23);    /*通过终端设备输出表达式 0<=m>=23 的值*/
}
```

程序分析：程序中第 3 条语句的含义是：先求出关系表达式 a>b 的值，然后赋予变量 m。因为 a 被赋为 7，b 被赋为 8，则 a>b 的值就为 0（假），m 的值因而被赋为 0。第 4 条语句中表达式 c==a>b 的含义是：先求出关系表达式 a>b 的值，然后再与变量 c 的值进行比较。第 6 条语句中表达式 b-1==a!=c 的含义是：先求出算术表达式 b-1 的值 7，然后再用 7 与变量 a 的值进行比较得出结果为 1，最后将 1 与变量 c 的值比较，结果为 1。第 7 条语句中表达式 0<=m>=23 的含义是：先求出关系表达式 0<=m 的值为 1，然后再与 23 进行比较得出结果为 0。

程序运行结果：

```
0,1,1,0
```

【例 2-16】 关系运算符的使用。

源程序如下：

```
/*c2_16.c */
#include <stdio.h>
void main( )
{
    int a,b,c;                  /*声明 3 个整型变量 a、b、c */
    a=3;                        /*将数值 3 赋予变量 a */
    b=7;                        /*将数值 7 赋予变量 b */
    c=(a+1)==(b-3);             /*将关系表达式(a+1)==(b-3)的值赋予变量 c */
    printf("c=%d",c);           /*通过终端设备输出变量 c 的值*/
}
```

程序分析：

① 由于算术表达式 a+1 和 b–3 的值分别为 4 和 4，所以关系表达式(a+1)==(b–3)的等于关系成立，表达式的值应为 1。故 c 的值为 1，输出结果也为 c=1。

② 从运算符的优先级可知，关系运算符的优先级低于算术运算符而高于赋值运算符，因此，赋值表达式 c=(a+1)==(b–3)中的括号可以省略，写成 c=a+1==b–3。通常，为了使得表达式容易阅读，在不影响表达式求值的情况下，适当增加一些圆括号是必要的。例如，将 c=a+1==b–3 写为 c=((a+1)==(b–3))要更直观些。

③ 前面曾指出，字符型常量和字符型变量是特殊的整型量，因此可以使用关系运算符进行大小比较。对字符的比较实际上是对其 ASCII 码值的比较，如关系表达式'b'>'a'的值为 1，因关系表达式 98>97 的值为 1。

程序运行结果：

```
c=1
```

在 C 语言中，一定不能把赋值运算符"="与关系运算符"=="混为一谈。

2.3.6 逻辑运算符与逻辑表达式

在 C 语言中，关系运算符用来比较各值之间相等或不等的关系，而逻辑运算符则用来对各种关系执行逻辑判断操作，两种运算符经常结合使用。

1. 逻辑运算符

C 语言提供了 3 种逻辑运算符。

（1）!：逻辑非，是单目运算符，结合方向为右结合型，作用在单个运算对象上，如!a。"!"的运算法则是：若 a 为非 0，则!a 为 0；若 a 为 0，则!a 为 1。在 C 语言中，非 0 表示"真"，0 表示"假"。

（2）&&：逻辑与，是双目运算符，结合方向为左结合型，作用在前、后两个运算对象上，如 a&&b。"&&"的运算法则是：只有当两个运算对象的值都为非 0 时，结果才为 1；否则，只要其中有一个运算对象为 0，则结果就为 0。例如，7&&5 为 1，6&&0 为 0。

（3）‖：逻辑或，是双目运算符，结合方向为左结合型，作用在前、后两个运算对象上，如 a‖b。"‖"的运算法则是：只有当两个运算对象的值同时为 0 时，结果才为 0；否则，结果为 1。例如，5‖6 为 1，5‖0 为 1，0‖5 为 1，而 0‖0 为 0。

表 2-11 所示为逻辑运算符真值表，它反映了逻辑运算的规则。

表 2–11 逻辑运算真值表

a	b	!a	!b	a&&b	a‖b
非 0（真）	非 0（真）	0	0	1	1
非 0（真）	0（假）	0	1	0	1
0（假）	非 0（真）	1	0	0	1
0（假）	0（假）	1	1	0	0

当多个逻辑运算符同时出现时，必须考虑它们的优先级别。C 语言规定：逻辑非"!"高于逻辑与"&&"；逻辑与"&&"高于逻辑或"‖"。"!"的优先级高于算术运算符；"&&"和"‖"的优先级低于算术运算符，高于赋值运算符。图 2-5 所示为逻辑运算符的优先级别。

！（非）　　　　　　　高
算术运算符
关系运算符
&&（与）和||（或）
赋值运算符　　　　　　低

图 2-5　逻辑运算符的优先级别

2. 逻辑表达式

用逻辑运算符将逻辑量（值）或表达式（可以是任意表达式）连接起来的式子称为逻辑表达式。逻辑表达式的值为逻辑值，逻辑真用 1 表示，逻辑假用 0 表示。当判断一个量的真假时，C 语言把任何“非 0”的数值都作为“真”，而仅把“0”值作为“假”。

例如：5>3&&8<4-!6　等价于　(5>3)&&(8<(4-!6))

分析：在这个表达式中，“!”运算符的优先级最高，首先计算!6，其值为 0；然后计算 4–0，其值为 4（算术运算符优先级高于关系运算符）；接着计算 5>3（关系运算符高于逻辑运算符），其值为 1；再计算 8<4，其值为 0；最后进行 1&&0 的运算，其结果为 0。

但值得注意的是，逻辑运算符并不严格按照规定的优先级计算。在逻辑表达式的求值过程中，如果从“&&”或“‖”左边的运算对象部分已经能够确定整个逻辑表达式值的时候，则不再求右边运算对象的值，这样做提高了运算速度。具体地说：若“&&”的左运算对象值为 0，则不再对右运算对象求值，因整个式子的结果必定为 0。若“‖”的左运算对象值为非 0，则不再对右运算对象求值，因整个式子的结果必定为 1。

以上所说的这种运算的规则是 C 语言对逻辑运算的特殊处理规则，它严格地执行从左到右运算的规则，不受运算符优先级所影响。例如，表达式 a||b&&c，它不会因为“&&”的优先级高于“||”的优先级而先求 b&&c，然后再求“||”运算，而是先求最左边的 a，若 a 为非 0，就不需计算右边的“&&”运算，否则就要进行“&&”运算。

【例 2-17】逻辑运算符的使用。

源程序如下：

```
/*c2_17.c */
#include <stdio.h>
void main( )
{
   int a,b,c;                         /*声明 3 个整型变量 a、b、c*/
   a=b=c=1;                           /*为 3 个变量均赋值为 1*/
   ++a&&++b||--c;                     /*进行逻辑运算*/
   printf("%d,%d,%d\n",a,b,c);        /*通过终端设备输出变量 a、b、c 的值*/
   --a||++b&&c++;                     /*进行逻辑运算*/
   printf("%d,%d,%d\n",a,b,c);        /*通过终端设备输出变量 a、b、c 的值*/
}
```

程序分析：

① 第 3 条语句中的表达式++a&&++b||—c 等价于((++a)&&(++b))||(—c)，结合方向为左结合型。先运算++a，因为 a 为 1，执行++a 后变量 a 的值为 2，即为非 0；再运算++b，因 b 的值为 1，故执行++b 的变量 b 值为 2，也为非 0，因此(++a)&&(++b)运算结果为 1；最后运算 1||(—c)，因为逻辑或“||”的运算法则是只要有一个表达式为真则整个表达式即为真，到此已经能够确定整个

表达式的值，所以—c 不需要执行，变量 c 的值保持不变。

② 第 5 条语句中的表达式—a||++b&&c++等价于(—a)||((++b)&&(c++))，结合方向为左结合型。因"‖"左边的运算对象—a 值（"1"）为非 0，已经能够确定整个逻辑表达式的值，故(++b)&&(c++)不需要执行运算，变量 b 和变量 c 的值没有改变，仍分别为 2 和 1。

程序运行结果：

```
2,2,1
1,2,1
```

2.3.7 条件运算符与条件表达式

对于比较简单的分支情况，C 语言提供了条件运算符"? :"。条件运算符要求有 3 个操作对象，故称三目运算符，这是 C 语言中唯一的一个三目运算符，其优先级别较低。

由条件运算符及其操作对象构成的式子称为条件表达式。其一般形式为：

表达式 1?表达式 2:表达式 3

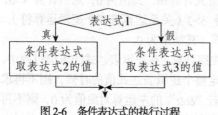

图 2-6 条件表达式的执行过程

条件表达式的执行过程如图 2-6 所示。

说明：

（1）若表达式 1 的值为非 0，则将表达式 2 的值作为整个条件表达式的值。

（2）若表达式 1 的值为 0，则将表达式 3 的值作为整个条件表达式的值。

（3）条件运算符的优先级高于赋值运算符，但低于关系运算符。

例如：min=(a<b)?a:b 表达式中的括号可以省去不写，等价于 min=a<b?a:b。

例如：a<b?a:b+2 表达式等价于 a<b?a:(b+2)，而不等价于(a<b?a:b) +2。

（4）条件运算符的结合方向为右结合型。

例如：a<b?a:c>d?c:d 表达式等价于 a<b?a:(c>d?c:d)。

（5）条件表达式中，表达式 1 的类型可以与表达式 2 和表达式 3 的类型不同。

例如：

```
int x;
scanf("%d",&x);
x? 'a': 'b';
```

x 是整型变量，若 x=0，则条件表达式的值为'b'；若 x 的值为非 0，则条件表达式的值为'a'。

表达式 2 和表达式 3 的类型也可以不同，此时条件表达式的值的类型为二者中较高的类型。

例如：

```
int x,y;
scanf("%d%d",&x,&y);
x>=y?2:2.5;
```

如果 x>=y 不成立，条件表达式的值为 2.5；如果 x>=y 成立，条件表达式的值应为 2，但由于 2.5 是实型，比整型高，因此需将 2 转换成实型值 2.0。

（6）条件表达式不能取代一般的 if 语句，只有在 if 语句中内嵌的语句为赋值语句（且两个分支都给同一个变量赋值）时才能代替 if 语句。

【例 2-18】通过键盘输入一个字符，判断它是否为大写字母，如果是，将它转换成小写字母，如果不是，则不转换，最终将结果输出。

源程序如下：

```
/*c2_18.c */
#include <stdio.h>
void main( )
{
    char ch;                                /*声明一个字符变量 ch */
    scanf("%c",&ch);                        /*通过键盘输入一个字符 */
    ch=(ch>='A'&&ch<='Z')?(ch+32):ch;      /*进行条件表达式运算后将其值赋予变量 ch*/
    printf("%c\n",ch);                      /*通过终端设备输出变量 ch 的值*/
}
```

程序分析：在计算机中处理英文字母时，其实就是处理它的 ASCII 码值。将大写字母变成小写字母，就是将大写字母的 ASCII 码值变为相应的小写字母的 ASCII 码值。大写字母的 ASCII 码值与其对应的小写字母的 ASCII 码值的差值为 32，故将大写字母的 ASCII 码值加 32 就转换成了对应的小写字母。

程序运行结果：

```
A✓
a
```

灵活地使用条件表达式，不但可以使 C 语言程序简单明了，而且还能提高运算效率。

2.3.8　逗号运算符与逗号表达式

到目前为止，读者接触到的逗号都是作为标点符号出现的，它起分隔作用。例如：

```
int a,b,c;
printf("%d%d%d",a,b,c);
```

在 C 语言中，逗号还有另一个作用——逗号运算符。用逗号运算符把两个或多个独立的表达式连接起来，便构成了逗号表达式。逗号表达式的一般形式如下：

表达式 1,表达式 2,表达式 3,……,表达式 n

例如：a=1,b=2,c=3 就是逗号表达式。

逗号运算符的优先级最低，结合方向是自左向右（即左结合型），整体求值时一般均需加圆括号。逗号表达式的运算过程是：依次求表达式 1 的值，表达式 2 的值，表达式 3 的值，……最后求表达式 n 的值，并将表达式 n 的值作为整个逗号表达式的值，将表达式 n 的类型作为逗号表达式的类型。

例如：假设 a、b、c、d 均为整型变量，试求表达式 a=1,b=a%2+3,c=b/3,d=c*4 的值。

分析：先求第 1 个表达式 "a=1" 的值为 1，再求第 2 个表达式 "b=a%2+3" 的值为 4，接着求第 3 个表达式 "c=b/3" 的值为 1，最后求第 4 个表达式 "d=c*4" 的值为 4。所以，整个逗号表达式 "a=1,b=a%2+3,c=b/3,d=c*4" 的值为第 4 个表达式的值 4。

【例 2-19】阅读下面的 C 源程序，写出运行结果。

```
/*ch2_19.c*/
#include <stdio.h>
void main()
{
    int x,y=7, z=4;
```

```
x=(y=y+6,y/z);
printf("x=%d\n",x);
}
```

程序分析：程序第 3 条语句中 x=(y=y+6,y/z)为赋值表达式，该表达式中括号内的 y=y+6,y/z 为逗号表达式，运行时先运算括号内的逗号表达式 y=y+6,y/z 值，然后再将其值 3 赋予变量 x。

程序运行结果：

```
x=3
```

2.3.9　其他运算符

1．长度运算符

长度运算符 sizeof 是一个单目运算符，用来返回变量或数据类型的字节长度。使用长度运算符可以增强程序的可移植性，使之不受具体计算机数据类型的长度限制。

【例 2-20】输出所使用的计算机的 C 语言中的 int 和 long int 类型变量分配的字节数。

分析：C 语言中的 sizeof 运算符可以用来求系统中每一种数据类型分配的字节数，如 sizeof(int)，sizeof(long int)等。使用时通常用"%u"作为输出控制，因为 sizeof 求得的值是无符号整型数类型。

源程序如下：

```
/*c2_20.c*/
#include <stdio.h>
void main( )
{
  printf("Type int has a size of %u byte,",sizeof(int));
  printf("Type long int has a size of %u byte.",sizeof(long));
}
```

程序运行结果：

```
Type int has a size of 4 byte, Type long int has a size of 4 byte.
```

2．特殊运算符

C 语言中，还有一些比较特殊的、有专门用途的运算符。例如：

（1）( )括号：用来改变运算顺序。

（2）[ ]下标：用来表示数组元素，详见本书数组内容介绍。

（3）*和&：与指针运算有关，详见本书指针内容介绍。

（4）->和.：用来表示结构分量，详见本书结构体内容介绍。

2.3.10　运算符的优先级与结合性

当多种运算符在一个表达式里混合使用时，为了确定各种运算的先后顺序，C 语言规定了各种运算符的优先级和结合性。

1．运算符的优先级

运算符的优先级是指在含有多个运算符的表达式中对运算符所规定的运算优先次序，即在一个表达式中，不同运算符执行运算时的先后次序。在对表达式的运算过程中，当一个运算对象两侧运算符的优先级不同时，先处理优先级高的运算符，再处理优先级低的运算符。数学运算中的"先乘除后加减"，就是运算符优先级的一个体现，表示乘和除的优先级高于加和减。在 C 语言中，运算符的优先级共分 15 级，1 级最高，15 级最低。各运算符的优先级请参见表 2-6。

2. 运算符的结合性

结合性是指同一个表达式中相同优先级的多个运算符应遵循的运算顺序。如果一个运算对象两侧的运算符优先级相同，则按运算符的结合性来决定先处理哪个运算符。

从表 2-6 可知，单目运算符、条件运算符和赋值运算符均是"自右至左"的结合方向，即参与运算时运算对象先与右边的运算符结合，而其他运算符则是"自左至右"的结合方向，即参与运算时运算对象先与左边的运算符结合。

根据表达式中包含的运算符的不同，将表达式分为多种类型，但任何类型的表达式都有一个确定的运算结果。对表达式求值时，编译系统总是从左至右进行扫描，在扫描的过程中遇到运算对象时，会根据运算符的优先级和结合性来决定是先处理运算对象左侧的运算符还是先处理运算对象右侧的运算符。

关于运算符的优先级和结合规则，有以下两点必须强调。

（1）并不是所有的运算符都绝对遵照表 2-6 给出的优先级进行运算。例如，"&&"和"||"，运算符"&&"不一定比运算符"||"的优先级高。

（2）结合规则只适应于同级运算符的运算，并且只适应于共享同一操作数的运算符。考虑表达式：3*4+4*5，3*4 不一定先于 4*5 计算，编译程序将根据一种最佳的效率来处理这种运算。但是，对于表达式 4*10/2，却可以肯定 4*10 先计算，而除法后计算，因为运算符"*"和"/"共享同一操作数 10。

2.4　数据类型的转换

在 C 语言中，不同类型的数据可以混合运算，但混合于同一表达式中的不同类型的常量及变量，均应先转换为同一数据类型后才能参与运算。数据类型转换的方法有 3 种，即自动转换、赋值转换和强制转换。

2.4.1　自动转换

所谓自动转换就是在编译时由编译程序按照一定规则自动完成，而无须人为干预。因此，当不同数据类型的运算对象进行混合运算时，编译器就在编译时自动按照规定的规则将其转换为相同的数据类型。

C 语言规定的自动转换规则是低类型向高类型靠拢，以保证精度不降低。高类型是指该类型的数据占用较多的存储字节数。低类型是指该类型的数据占有较少的存储字节数。例如，int 与 float 相比，float 就是高类型，而 int 就是低类型。如果有 short 或 char 类型，则无条件首先转换为 int 类型。

如果一个操作符带有两个类型不同的操作数时，则先行将较低的类型转换为较高的类型，然后再进行运算，运算结果是较高的类型。数据类型自动转换规则如图 2-7 所示。

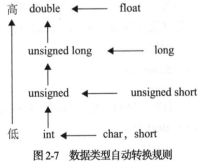

图 2-7　数据类型自动转换规则

　　　　转换的过程不仅仅是自动的，而且是逐步进行转换的。

【例 2-21】有以下类型的变量：

```
char a;
float b;
int c;
double d;
```

试分析：表达式"a+b+c+d"运算过程中的类型转换情况。

分析：根据转换规则，首先 char 类型的变量 a 应自动转换为 int，而变量 b 的类型 float 不变，当变量 a 和变量 b 相加时，变量 a 进而转换为 float，a+b 的结果类型为 float；然后再与变量 c 相加时，c 自动转换为 float，故变量 b 与变量 c 相加的结果类型为 float；在与变量 d 相加前，将结果类型自动转换为 double，因为变量 d 是 double 类型，所以，最后结果类型为 double，如图 2-8 所示。

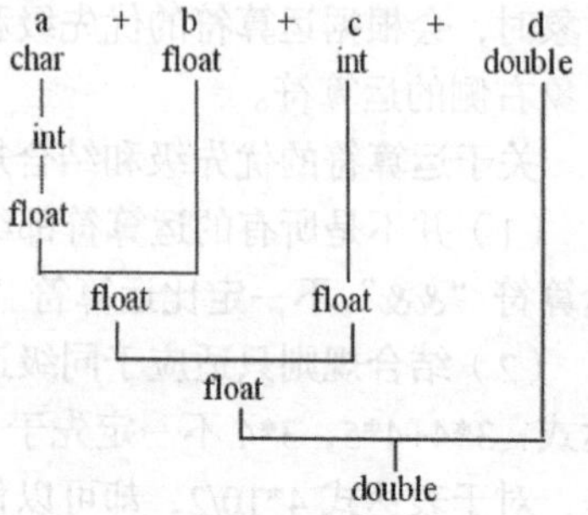

由转换规则可知，除 char 和 short（包括 signed char、unsigned char、signed short、unsigned short）一定要转换成 int 外，其他的类型转换是在运算过程中根据情况逐步转换的。

【例 2-22】若 a 为 float 类型，x 为 int 类型，且 x 值大于 1，根据类型转换的原则试分析下面算术表达式的正确性。

① a+2/(1/x)+2.0

② a+2/(1.0/x)+2.0

图 2-8 类型转换图示

分析：表达式中含有 float 类型变量 a 和 int 类型变量 x 及整型常量和实型常量，属于混合类型运算的表达式。在表达式①的子表达式（1/x）中，由于 1 和 x 均为整型常量，故二者相除之前，不必进行类型转换，1/x 的结果为整型 0，但在随后的 2 除以 0 时，将会发生溢出错误，所以表达式①不正确。在表达式②中，计算子表达式（1.0/x）时，需先将 x 转换为 float 类型，相除结果为非 0 值。然后，再用 2 除以这个非 0 值时，结果为非 0。因此，表达式②正确。

虽然表达式可以自动进行类型转换，但在转换过程中，需占用 CPU 和一定的存储空间，且耗时，因此，在书写表达式时尽量保持类型的一致。

2.4.2 赋值转换

进行赋值运算时，需将赋值号右边表达式的值赋予左边变量，但如果赋值号两边的数据类型不一致，则需进行类型转换，转换的结果总是将右边表达式的类型转换成赋值号左边变量的类型，这种转换方式也称为隐式强制转换。

例如：

```
float m;
m=2;
```

分析：进行赋值运算时，先将 int 型常量 2 转换成 float 型常量 2.0，然后再赋值给变量 m，结果为 float 型。

例如：

```
short a;
char b;
long c;
c=a+b;
```

分析：进行赋值运算时，先将 a、b 分别转换成 int 型后再计算 a+b 表达式的和，和为 int 型；

最后将 a+b 的和转换成变量 c 的类型 long 后，赋值给变量 c，结果为 long 型。

利用这条规则时，如果赋值号右边表达式的类型比赋值号左边变量的类型级别高，运算精度则会降低。

例如：

```
int m;
m=3.14;
```

分析：进行赋值运算时，先将实型常量"3.14"转换成 int 型的值"3"，然后再赋值给"m"，结果为 int 型。

所以，在进行赋值运算时，赋值号两边的数据类型最好一致，至少右边的数据类型要比左边的数据类型级别低，或者右边数据的值在左边数据的取值范围内，否则，将会导致运算精度降低，甚至出现意想不到的结果。

2.4.3　强制类型转换

在 C 语言中，如果希望某一运算量转换成指定的类型，则可以采用强制类型转换。强制类型转换的使用格式为：

（类型标识符）表达式；

其中，"类型标识符"即数据类型名，它是强制类型转换符，它将后边表达式的数据类型转换为括号中的数据类型，而表达式本身值的数据类型保持不变。

例如：

```
(float)123        /*将整型常量123强制转换成 float*/
(int)1.23         /*将实型常量1.23强制转换成 int*/
(int)(x+y)        /*将表达式(x+y)的值强制转换成 int*/
(int)x+y          /*先将变量 x 强制转换为 int，然后再与变量 y 相加*/
```

例如：设变量 i、j 的类型分别为 char 和 float，试分析表达式 i+(char)j 的结果类型。

分析：首先 char 型变量 i 自动转换为 int 型，而 float 型变量 j 先被强制转换为 char 型，而后再自动转换为 int 型，故相加以后表达式的类型为 int 型。

不过需要说明的是，从 float 类型转换为 char 类型时，可能会造成数据的损害。因为从高类型到低类型的转换会发生存储字节的减少，从而可能会引发因数据截断所造成的数据损害。

【例 2-23】执行如下 C 源程序：

```
/*c2_23.c */
#include <stdio.h>
void main( )
{
    int i=2;
    float j=3.14;
    printf("i=%f,j=%d\n", (float)i,(int)j);
}
```

程序运行结果：

```
i=2.000000,j=3
```

在使用强制转换时应注意以下问题。

（1）强制类型转换是运算符，不是函数，故(int)x 不能写成 int(x)。

（2）强制类型转换运算符和表达式都必须加括号(单一变量除外)。强制类型转换运算符的优先级较高，与自增运算符++相同，它的结合性是从右到左。例如：(int)3.14+1.23 等价于

((int)3.14)+1.23，表达式的值是 4.23，而表达式(int)(3.14+1.2)的值是 4。

（3）无论是自动转换、赋值转换还是强制转换，都只是为了本次运算的需要，是对变量或表达式的类型进行临时性的转换，并没有改变数据说明时对该变量定义的类型。

小 结

数据是程序的必要组成部分，也是程序处理的对象。在程序中，不同类型的数据既可以常量形式出现，也可以变量形式出现。常量是程序运行过程中不能改变其值的量，变量是在程序运行时其值可以改变的量。但不管是常量还是变量，都有其确定的数据类型。

C 语言中提供了各种各样的运算符，不同的运算符其运算法则也不同。由这些不同的运算符将常量、变量或函数等运算对象连接起来就构成了各种各样的表达式。每个表达式都有一个值和类型，表达式的求值按运算符的优先级和结合性所规定的顺序进行。

不同数据类型的运算对象进行混合运算，或将一个表达式的结果转换成期望的类型时，需要依据数据类型转换原则进行转换。

习 题

2.1 上机编辑并调试本章所有例题。

2.2 下面哪些是合法的常量？

（1）20 0.5 012 13e5.1 E-5 8e4 5. 0x6a

（2）'mn' "OK" "a" '\012' "a/b" '\\'

2.3 下面的变量名中哪些是合法的？

&b abc123 123abc A_C int long a%c

char a?b,c double 'a'bc a bc a*bc float

2.4 指出下面的变量定义哪些是正确的，哪些是不正确的，为什么？

（1）Int i,j;

（2）float a,A;

（3）int a,b;float a,b;

（4）float a,int b;

（5）char 'a';

2.5 填空题。

（1）C 语言中基本的数据类型有_____、_____和_____。

（2）在计算机中，字符的比较是对它们的_____进行比较。

（3）在内存中，存储字符'x'要占用_____个字节，存储字符串"X"要占用_____个字节。

（4）已知字母 a 的 ASCII 码值为十进制数 97，且设 ch 为字符型变量，则表达式 ch='a'+'8'−'3' 的值为_____。

（5）语句 printf("%c\n",'B'+40);在执行后的输出结果是_____。

2.6 把下列数学式子写成 C 语言表达式。

（1）$3.26e^x+\dfrac{1}{3}(a+b)^4$

（2） $2\sqrt{x}+\dfrac{a+b}{3\sin(x)}$

（3） $g\dfrac{m_1m_2}{r^2}$

（4） $2\pi r+\pi r^2+\cos(45°)$

（5） $loan\dfrac{rate(1+rate)^{month}}{(1+rate)^{month}-1}$

2.7　C 语言中为什么要引入转义字符？

2.8　"&&"和"‖"严格地执行运算符优先级的规则吗？它的规则是什么？

2.9　字符常量和字符串常量有什么区别？

2.10　将下面语句组进行简写。

（1） `int i;`
　　 `int j;`

（2） `x=2;`
　　 `y=2;`

（3） `x=x+y;`

（4） `int x,y;`
　　 `x=y-(y/10)*10;`

（5） `int x;`
　　 `x=x+1;`

（6） `y=x;`
　　 `--x;`

2.11　写出下面程序运行后的结果。

（1）

```
#include <stdio.h>
void main( )
{
  int i,j;
  i=3;
  j=1;
  printf("%d",j%i);
}
```

（2）

```
#include <stdio.h>
void main( )
{
  char x='a',y;
  y=x-32;
  printf("%d,%c",x,y);
}
```

（3）

```
#include <stdio.h>
void main ()
{
  int i=010,j=10;
  printf("%d,%d\n",i,j);
}
```

（4）
```c
#include <stdio.h>
void main( )
{
   int i,j; float x,y;
   i=4; j=8; x=4.0;
   y=1.0+i/j+x;
   printf("y=%f",y);
}
```
（5）
```c
#include <stdio.h>
void main( )
{
   int a,b;
   float c=3.56;
   a=97;
   b=(int)c+5;
   printf("%c,%d,%f",a-32,b,c);
}
```
（6）
```c
#include <stdio.h>
void main( )
{
   int a=6,b=4;
   a+=a-b;
   b*=a=a+b;
   printf("%d,%d\n",a%2,b);
}
```
（7）
```c
#include<stdio.h>
void main ()
{
   int a=2,b=3,c=4;
   a*=6+(++c)-(b--);
   printf("a=%d",a);
}
```
（8）
```c
#include <stdio.h>
void main( )
{
   int x,y,z;
   x=3;y=2;z=0;
   x+=y+=z;
   printf("%d\n",x<y);
   z=y=x++*3;
   printf("%d,%d\n",y>=z,x);
   x=y>z>=5;
   printf("%d,%d,%d\n",x,y,z);
}
```

（9）

```c
#include <stdio.h>
void main( )
{
    int a,b,c;
    a=b=c=1;
    ++a&&--c||++b;
    printf("%d,%d,%d\n",a,b,c);
    --a||b++&&c++;
    printf("%d,%d,%d\n",a,b,c);
    a--&&--b||++c;
    printf("%d,%d,%d\n",a,b,c);
    ++a||--b||--c;
    printf("%d,%d,%d\n",a,b,c);
}
```

（10）

```c
#include <stdio.h>
void main( )
{
    int a=1,b=2,c;
    c=3;
    printf("%d\n",b>c?b++:c++);
    printf("%d\n",b>c?c++:b++);
    a<b?printf("%d",c):printf("%d",b);
}
```

（11）

```c
#include <stdio.h>
void main( )
{
    int x=1,y=1,z=1;
    x+=y+=z;
    printf("%d\n",x<y?y:x);
    printf("%d\n",x>y?x--:y--);
    printf("%d,%d\n",x,y);
    printf("%d\n",z+=x<y?++x:++y);
    printf("%d,%d,%d\n",x,y,z);
    x=3;y=z=5;
    printf("%d\n",(z>=y>x)?1:0);
    printf("%d\n",z>=y&&y>=x);
}
```

第3章
顺序和选择结构程序设计

    C 语言是理想的结构化语言，具有结构化的控制语句，它的显著特征是代码和数据分离，可以简单地把写好的代码想象成一台特殊的设备，原材料(输入)进入设备以后会变成产品出来(输出)，例如：输入原材料：4，3，得到产品7；输入原材料：5，8，得到产品13，当然你需要根据具体的需求来设计这样一台符合要求的设备，完成数据的加工过程，得到正确的结果。结构化程序设计方法最重要的是需要了解程序设计语言的控制结构，从本章开始将逐步学习 C 语言的控制结构。

    C 语言中有 3 种基本的控制结构：顺序结构、选择结构和循环结构。各式各样复杂的结构都可以通过这 3 种基本结构来表示，每种基本结构包含若干流程控制语句。

    本章将介绍顺序和选择两种结构。

3.1 程序设计概述

    程序设计的最终目的是能在计算机上计算出正确的结果。程序是大脑思维的产物，对于一个问题的求解，程序员所写出的程序绝不会是千篇一律的。但是，程序设计也不能随心所欲，它有其自身的一套基本原理和方法。

3.1.1 程序设计基本步骤

    程序设计包括 3 个基本步骤。

    <kbd>第1步</kbd> 分析问题。

    程序设计面临的首要任务是得到问题的完整和确切的定义，简单来说即：有什么样的输入，输出是什么，输出的格式有什么要求。例如：（1）写程序完成两个数的加法运算，输入"两个实数"，输出"相加之和"；（2）写一个系统实现医疗智能诊断，输入"病人的各种病状，病人的辅助检查结果"，输出"病人可能患有的疾病"。因此分析问题后我们需要完成：

    （1）确定要产生的数据（输出），即定义表示输出的变量；

    （2）确定输入数据，即定义表示输入的变量；

    （3）研制一种算法，从有限的输入中获取输出，这种算法定义为结构化的顺序操作，即用有限步解决问题。

    <kbd>第2步</kbd> 画出程序的基本轮廓。

    用一些句子（伪代码）来画出程序的基本轮廓，每个句子对应一个简单的程序操作。对于简单的程序来说，通过列出程序顺序执行的动作，便可直接产生伪代码。而对于复杂一些的程序来

说，则需要将大致过程有条理地进行组织，使用自上而下的设计方法。

使用自上而下的设计方法时，需要自顶向下，逐步求精，将一个大的程序按功能分割成若干个相互独立的模块。结构化程序设计是以模块化设计为中心。模块化程序设计的具体实现可以借助函数（详见后续章节）实现，下面以学生成绩管理程序为例，其程序设计框图如图 3-1 所示。

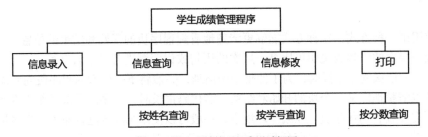

图 3-1　学生成绩管理程序设计框图

对于每个子模块的轮廓，可以逐级细化，直到最底层程序设计部分。这样一级一级的设计过程称为逐步求精法。在编写程序之前，对程序进行逐步求精，是最好的程序实践，可以促使读者养成良好的设计习惯。

第 3 步 实现该程序。

程序设计的最后一步是编写源代码，将模块的源代码翻译成 C 语句。通过不断地测试和调试程序，直到程序能够最终正确运行。

3.1.2　C 语言编写风格

C 语言是结构化的程序设计语言，具有结构化语言的一系列特征。例如，C 语言的主要结构成分是函数，利用它可以很容易构造出相对独立的子模块。调用函数时仅需知道它实现什么功能，而不必知道其功能是如何实现的。在书写格式上，C 语言允许采用逐层缩进的形式，增强了程序的可读性。对于初学者而言，需要掌握规范的程序书写标准，以提高程序的可读性、可移植性和可维护性。在书写程序时应遵循以下规则。

（1）一个说明或者一条语句占一行。

（2）用{}括起来的部分，通常表示了程序的某一层次结构。{}一般与该结构语句的第一个字母对齐，并单独占一行。

通常大括号的位置主要有下列三种书写方式：

①

```
if(x>y)
{
    t=x;
    x=y;
    y=t;
}
```

② Kernighan 和 Ritchie 的经典方式

```
if(x>y){
    t=x;
    x=y;
    y=t;
}
```

③

```
if(x>y)
{
    t=x;
    x=y;
    y=t;
}
```

推荐使用第一种方式，这种方式能够更清楚地看到程序块的开始和结束的位置。

（3）低一层次的语句或说明可比高一层次的语句或说明缩进若干格后书写。

在进入下一层次的程序段时，为了使得结构清晰，一般将下一层次的程序段向后缩进一段位置，从而可以清楚地定义一个块的开始和结束，当代码很长时，程序的层次感尤为重要，这样可以很快找到需要查看的程序块。在编译环境中，一般可以使用 Tab 键进行缩进。应尽量避免程序有三个以上缩进，过多的嵌套会降低程序的执行效率和可读性。

（4）注释一般采取的两种方式：对一个程序块注释和对一行程序注释。

```
/*比较x,y大小*/
if(x>y)
{
    t=x;
    x=y;
    y=t;/*交换x,y*/
}
```

必要的注释非常重要，注释的目的是说明代码做了什么工作，而不是解释怎么做的，初学者应尽量养成在程序中加入注释的习惯。

3.1.3 程序的语句

语句是一条完整的指令，命令计算机执行特定的任务。在 C 语言中，通常每条语句占一行，有些语句可能占多行。C 语句一定是以分号结尾，但#define 宏定义、#include 预处理器编译指令等除外，这些编译指令将在后续章节中讲述。

1. 表达式语句

在表达式的后面加上一个分号，可以构成一个简单的语句——表达式语句。

例如：在赋值表达式 x=y+m/n 后面加一个分号，则 x=y+m/n; 就变成了赋值语句。

同样可以在算术表达式后面加上分号变成算术表达式语句，在关系表达式后面加上分号变成关系表达式语句。函数调用也是表达式，在其后面加上一个分号，就变成了函数调用语句。例如，"printf("hello world! ");" 和 "scanf("%d",&a);" 都是函数调用语句。

2. 复合语句

复合语句是用花括号括起来的程序段，它主要用于将多个语句组成一个可执行的单元。

例如：

```
{
    int  x, y;
    scanf("%f%f", &x, &y);
    c=x+y;
}
```

就是一个复合语句。

在 C 语言中，一个复合语句在语法上等同于一个语句。因此，凡是单个语句能出现的地方都可以使用复合语句。一般花括号单独占行，这样语句块的开始和结束位置便清晰明了，同时也容易发现遗漏了花括号的情况，读者可参考 3.1.2 节中推荐的书写格式。

3.2　数据的输入/输出

结构化程序设计过程中，确定输入数据是重要的步骤之一，在程序中如何实现数据的输入呢？C 语言中数据及字符的输入、输出是由函数语句完成的，下面将介绍从标准输入设备——键盘上输入数据的函数 scanf 和函数 getchar，以及字符输出函数 putchar。

3.2.1　数据的输入

表达式中参加运算的变量必须首先得到一个值，可以用赋值语句对变量赋值。

【例 3-1】编写求某一个正方形面积的程序。

```
/*c3_1.c*/
#include <stdio.h>
void main( )
{ int a, area;
  a=3;
  area=a*a;
  printf("The area is %d\n",area);
}
```

程序运行后，当执行"int a, area;"语句时，程序向系统要了两个"盒子"，一个"盒子"的名字叫作 a，还有一个"盒子"的名字叫作 area，这两个"盒子"不能用来放别的，只能放入整数；执行赋值语句"a=3"，将 3 放入"盒子"a 中；接下来语句"area=a*a;"要完成两项工作，取"盒子"a 里的内容计算 a*a，然后将计算后的结果 9，放入"盒子"area 中；语句"printf("The area is %d\n",area)"调用系统输出函数 printf()，将"盒子"area 中的内容输出到显示器上。执行这个程序可以输出边长为 3 的正方形的面积，如果希望输出边长为 6 的正方形的面积，就必须"将 6 放入"盒子"a 中，即用"a=6"替换"a=3"。人们希望程序能够更通用一些，可以计算任意正方形的面积，边长由用户自行指定，当用户输入"5"，就计算边长为 5 的正方形的面积，当用户输入"9"，就计算边长为 9 的正方形的面积。解决方法是在适当的地方插入一个数据输入语句。当程序运行时，从外部（例如键盘）输入所需数据"到事先准备好的盒子里去"——到这里，读者肯定明白了是将数据输入到内存空间中，然后程序从内存空间中提取数据计算面积，这样就实现了根据用户输入的边长值来计算正方形的面积。如果要计算另外一个正方形的面积，只需要把程序重新运行一下，输入新的边长值，就可以计算出新的面积值。在 C 语言中，利用 scanf()函数和 getchar()函数，可以实现这个目的。

3.2.2　scanf()函数的调用

scanf()函数是 C 语言中用于标准输入的系统库函数，与另一个系统库函数 printf()相对应。printf()函数是将数据输出到标准输出设备——显示器屏幕，而 scanf()函数是从标准输入设备——键盘得到输入数据。例如，调用如下 scanf()函数，将一个数据输入到整型变量 a 的空间中：

```
scanf("%d",&a);
```

scanf()函数的一般格式为：

```
scanf("输入控制", 输入数据表列);
```

其中,"输入控制"的含义与 printf()函数的"输出控制"相同,由"%"和格式字符组成,如 %c 为字符格式、%d 为十进制整数格式、%s 为字符串格式、%f 为单精度格式、%lf 为双精度格式等;其作用是将输入的数据转换为指定的格式,赋予 scanf 的参量所指定的内存单元中。格式说明以"%"字符为标志;输入数据表列是一个或多个用逗号分隔的变量的地址或字符串的首地址。

变量的地址可以通过地址运算符"&"得到。例如,变量 a 的地址就是&a。

【例 3-2】编写求正方形面积的通用程序。

```
/*c3_2.c*/
#include <stdio.h>        //程序中用到scanf(),printf()系统库函数必须包含头文件 stdio.h
void main( )
{
    int a,area;
    scanf("%d",&a);                      //等待用户从键盘输入一个整数
    area=a*a;
    printf("The area is %d\n",area);     //将变量 area 的值输出到屏幕上去
}
```

程序经编译、连接以后,即可运行。运行中,当执行到 scanf()函数时,系统等待用户从键盘上输入一个整型数放入 a 空间中。例如,输入数据:

3✓(注:"✓"代表按 Enter 键,下同)
则 a 的值为 3,输出结果为:

```
The area is 9
```

如果要进行第二次计算,则可再一次运行程序,然后再输入数据:

5✓

输出结果为:

```
The area is 25
```

【例 3-3】运行下面的 C 程序。

```
/*c3_3.c*/
#include <stdio.h>
void main( )
{ int a,b;
    printf("Please enter a value of width:");
    scanf("%d", &a);
    printf("Enter a value of height:");
    scanf("%d", &b);
    printf("width=%d,height=%d,area=%d\n",a,b,a*b);
}
```

经过编译、连接以后,就可以在运行时输入数据。下面是在运行时人与计算机交互对话的过程:

首先,在显示器屏幕上输出如下提示信息,并等待用户从键盘输入矩形长 a 的值:

```
Please enter a value of width:
```

在冒号后面的光标处输入 a 的值(如 10),并按 Enter 键,屏幕上又出现如下一行信息,等待用户从键盘输入矩形宽的值:

```
Enter a value of height:
```

在冒号后面的光标处输入 b 的值（如 20），并按 Enter 键，屏幕上立即显示输出结果。屏幕显示的完整信息如下：

```
Please enter a value of width: 10
Enter a value of height: 20
width=10,height=20,area=200
```

其中，下划线数据表示是从键盘输入的。下划线是为区分用户所输入的数据而加上去的，实际上屏幕显示的内容并没有下划线。

注意，如果用函数语句 scanf("Please enter a value of width:%d",&a);，希望同时产生提示信息又能输入 a 的值，从而省去 printf() 函数语句，是行不通的（除非从键盘上输入这个提示信息），简单来说，scanf 语句的"输入控制"部分对输入模式进行了规定，在输入的时候必须按照这个模式来，否则程序就会出错。

一般在 scanf() 函数的输入控制中，除了出现以百分号开头的格式转换说明以外，最好不要加入其他说明信息。否则，容易出现数据输入的错误。如果要产生交互信息，则可将 printf() 函数和 scanf() 函数配合起来使用。对于初学者尤其要注意，如果一定要加入其他说明信息，则可参阅本书后续章节中关于 scanf() 函数的详细说明。

3.2.3　scanf() 函数使用中常见的问题

【例 3-4】修改【例 3-3】程序，使在同一行中输入 2 个数据。修改后的程序如下：

```
/*c3_4.c*/
#include <stdio.h>
void main( )
{
    int a,b;
    printf("Please enter values of width and height: ");
    scanf("%d%d",&a,&b);
    printf("width=%d,height=%d,area=%f\n",a,b,a*b);
}
```

运行时，人机对话的信息显示如下：

```
Please enter values of width and height:10  15↙
width=10,height=15,area=150
```

在一行中连续输入多个数据时，应在输入数据之间加空格分隔。如果需要连续输入多个字符而使用格式说明"%c"，则应谨慎。例如：

```
scanf("%c%c%c",&c1,&c2,&c3);
```

输入时，字符之间不能留空格。例如，欲输入

abc↙

则'a'送给 c1，'b'送给 c2，'c'送给 c3。如果输入形式为

a b c↙

则'a'送给 c1，空格符送给 c2，'b'送给 c3，而并不是将 a、b、c 分别送给 c1、c2、c3。

当需要连续输入多个数据或字符时，最好按照上面的方法，在一行连续输入，如果连续使用多个 scanf() 函数以实现多个字符的输入，一定要注意清空键盘缓冲区，否则容易出错。例如，修

改语句：

```
scanf("%c%c%c",&c1,&c2,&c3);
```

为：

```
scanf("%c",&c1);
scanf("%c",&c2);
scanf("%c",&c3);
```

输入：

a↙

b↙

当输入第 2 个字符回车以后不等输入第三个字符 'c'，三个 scanf()函数输入语句已执行完毕：字符 a 送给了 c1，回车符送给了 c2，字符 b 送给了 c3。之所以会出现这种结果是因为输入字符 a 后，又敲击了一个 "Enter" 键，这时，向键盘缓冲区除了输入了一个字符 a 外，还有一个回车符，第一个 scanf()函数语句从键盘缓冲区拿出一个字符放到 c1 里，由于键盘缓冲区还有一个回车符，所以第二个 scanf()函数语句就把回车符拿出来给 c2，然后执行第三个 scanf()函数语句时，键盘缓冲区里空了，等待用户的再次输入，输入 b 敲击回车后，scanf()函数语句将键盘缓冲区中的 b 拿出来给 c3。为了避免这种类型的赋值错误，可以在两个 scanf()函数语句之间加上 fflush（stdin）语句，fflush（stdin）语句可以将键盘缓冲区残余的信息清除。

3.2.4 getchar()函数

getchar()是专门用于输入一个字符型常量的函数，它没有参数，函数从键盘缓冲区取出一个字符。使用 getchar()函数，必须用#include <stdio.h>文件包含。

【例 3-5】显示从键盘输入的一个字符。

程序如下：

```
/*c3_5.c*/
#include <stdio.h>
void main()
{
  char ch;
  ch=getchar();
  printf("%c",ch);
}
```

程序中使用 getchar()函数从键盘缓冲区得到一个字符型常量并赋予字符变量 ch，然后输出该字符。

【例 3-6】编程判断输入的字符是否为'y'或'Y'，若是，则输出'yes'，否则输出'no'。

程序如下：

```
/*c3_6.c*/
#include <stdio.h>
void main()
{
  char ch;
  ch=getchar();
  ch == 'y' || ch == 'Y' ? printf("yes") : printf("no");
}
```

该程序最后包含一个条件表达式语句。如果字符型变量 ch 的值为 y 或者 Y，则执行 printf("yes")，否则执行 printf("no")。

与 scanf 函数类似，当使用 getchar()函数，实现多个字符的连续输入时，也要注意输入格式的问题。例如我们用 getchar()函数来替换下列 scanf 函数语句：

```
scanf("%c%c%c",&c1,&c2,&c3);
```

为：

```
c1 = getchar( );
c2 = getchar( );
c3 = getchar( );
```

输入：

```
abc↙
```

是正确的。

输入：

```
a b c↙
```

或试图输入：

```
a↙
b↙
c↙
```

都会得到错误的结果。

思考：为什么后面两种输入都是错误的？

3.2.5　putchar()函数

与 getchar()函数相对应，putchar()函数是字符输出函数，它向标准设备（通常是显示器）输出一个字符。例如：

```
putchar(ch);
```

输出字符型变量 ch 的值。与 getchar()函数一样，使用 putchar()函数之前必须用#include <stdio.h>文件包含。

【例 3-7】用 putchar()函数显示从键盘输入的字符。

程序如下：

```
/*c3_7.c*/
#include <stdio.h>
void main()
{
    char ch;
    ch=getchar();
    putchar(ch);
}
```

程序中，可以将

```
ch=getchar();
putchar(ch);
```

合并为：putchar(getchar());

3.3　程序的 3 种基本结构

程序中的语句通常是按顺序逐条执行，这种程序结构被称为顺序结构，当需要改变顺序控制流，以进行行为选择或行为重复时，可采用选择结构的流程控制语句实现行为选择，采用循环结构的流程控制语句实现行为重复。下面将分别介绍 3 种基本结构。

1. 顺序结构

顺序结构是最简单也是最基本的程序结构，它按照语句书写的先后顺序依次执行，程序执行流程如图 3-2 所示。

【例 3-8】输入两个变量，并交换两者的值。

分析：这是 C 语言程序中两变量值交换的典型算法，其过程必须引入新的中间变量。

程序如下：

```
/*c3_8.c*/
#include <stdio.h>
void main()
{
  int a,b,c;
  printf("please input two number:\n");
  scanf("%d,%d",&a,&b);
  printf("a=%d,b=%d\n",a,b);
  c=a;
  a=b;
  b=c;
  printf("a=%d,b=%d\n",a,b);
}
```

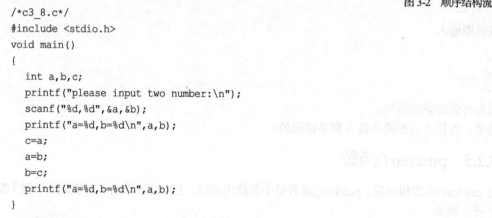

图 3-2　顺序结构流程图

2. 选择结构

程序的执行流程根据给定的条件进行判断，由判断的结果决定在两分支或多分支程序段中选择一条分支执行，程序执行流程如图 3-3 所示。

3. 循环结构

在给定条件成立的情况下，程序的执行流程反复执行某个程序段，它有如下两种实现形式。

（1）当型循环结构：即当条件成立就执行循环，其执行流程如图 3-4（a）所示。

（2）直到型循环结构：即执行循环直到条件不成立时才停止循环，其执行流程如图 3-4（b）所示。

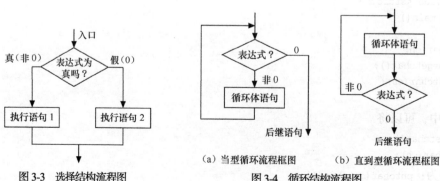

图 3-3　选择结构流程图

（a）当型循环流程框图　（b）直到型循环流程框图

图 3-4　循环结构流程图

3.4　if 语句

用 C 语言求解实际问题时，经常需要对一些情况进行判断，根据不同的情况进行不同的操作。例如，从键盘输入正方形的边长，如果输入的值小于零，则程序不做处理；如果输入的值大于零，则程序计算出对应的正方形的面积，并将结果输出；玩游戏时，进入游戏界面，可能会有一个菜单提供多种选择，系统会根据用户的不同选择提供不同的游戏模式。这类由前面条件决定后面动作的情况，可以使用 if 条件语句来实现。C 语言中的 if 条件语句有 3 种结构形式，下面将依次介绍。

3.4.1　if 语句的 3 种形式

1. 单分支选择结构

对于在一些特定条件下才能发生的事情，我们经常会说"如果……，就……"，"如果"之后的内容是条件，当条件满足时，"就"之后的内容才会发生。在 C 语言中用"如果"——if 来描述在特定条件下发生的事情。

格式：

```
if（表达式）
{
    语句1；
    语句2；
    ……
}
```

功能描述：当 if 之后括号中的条件满足时，后面的语句会执行；因此首先看条件是否满足，即计算括号里表达式的值，若其值为非 0（即"真"），表达式之后的语句将执行，再执行后继语句；若其值为 0（即"假"），不执行表达式之后的语句，直接去执行 if 语句的后继语句。其中，if（表达式）后面的语句可以是一条语句或一个复合语句。执行流程如图 3-5 所示。

注意："if（表达式）"后面是没有分号的。

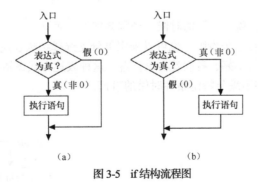

图 3-5　if 结构流程图

【例 3-9】求 x 的绝对值。

分析：

输入 —— 一个整数，用变量 x 存放；

输出 —— 整数的绝对值，变量 y 存放要输出的绝对值；

算法——先把 x 的值赋给 y，如果 x 小于零，x 取负值后再赋给 y；可以借助单分支 if 语句实现。程序设计流程图如图 3-6 所示。

程序如下：

```
/*c3_9.c*/
#include <stdio.h>
void main( )
{
    int x, y;
    scanf("%d", &x);
    printf("x=%d\n", x);
    y=x;
    if(x<0)
        y=-x;
    printf("|%d|=%d", x, y);
}
```

思考：如果在"if(x<0)"后面添加了分号，编译能通过吗？程序运行结果是否正确？为什么？

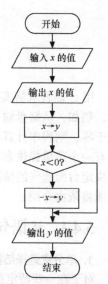

图 3-6　程序设计流程图

【例 3-10】从键盘输入正方形的边长，若边长小于等于 0，则不进行计算；否则，计算正方形面积。

程序如下：

```
/*c3_10.c*/
#include <stdio.h>
void main( )
{
    float a;
    printf("Input the value: ");
    scanf("%f",&a);
    if(a>0)
        printf("area=%f\n", a*a);
}
```

2. 双分支选择结构

我们在说"如果……，就……"的时候，经常会加上"否则……"。例如：如果明天天气好，我们就去爬山，否则还是在家呆着吧。也可以采用单分支选择结构表述为：如果明天天气好，我们就去爬山，如果明天天气不好，我们就在家待着，这种表述方式逻辑性差一些；在 C 语言中用"否则"——else 来描述在不满足特定条件时做的事情。

格式：

```
if (表达式)
    语句1
else
    语句2
```

执行流程如图 3-7 所示。

功能：首先计算 if 后面圆括号中表达式的值，若表达式的结果为非 0 值，即条件满足时，执行 if 路径下的语句 1，否则执行 else 路径下的语句 2，根据条件是否满足选择执行

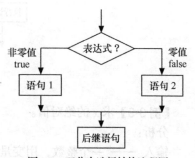

图 3-7　双分支选择结构流程图

两条分支路径的一条。

【例 3-11】求 x，y 中的最大值。

分析：

输入 —— 变量 x，y 存放输入的两个整数；

输出 —— 变量 m 存放输入的两个整数的最大值，m 为输出；

算法 —— 如果 x 比 y 大，x 赋给 m，否则 y 赋给 m。

程序如下：

```c
/*c3_11.c*/
#include <stdio.h>
void main()
{
  int x,y,m;
  scanf("%d%d",&x,&y);
  if(x>y)
    m=x;
  else
    m=y;
  printf("Maxum is %d",m);
}
```

【例 3-12】已知三角形的 3 条边，求面积。

分析：

输入 —— 变量 x，y，z 存放从键盘输入的三角形 3 条边的边长值；

输出 —— 变量 $area$ 存放三角形的面积值，area 为输出；

算法 —— 已知三角形三条边，首先判断能否构成三角形，如果可以，计算三角形的面积并输出，否则，提示输入有误。程序流程图如图 3-8 所示。计算三角形面积可以采用海伦公式。

程序如下：

```c
/*c3_12.c*/
#include <stdio.h>
#include <math.h>
void main ( )
{
  int x,y,z;
  float s,area;
  scanf("%d%d%d",&x,&y,&z);
  if (x+y>z&&x+z>y&&y+z>x)
  {
    s=0.5*(x+y+z);
    area=sqrt(s*(s-x)*(s-y)*(s-z));   //使用海伦公式计算三角形面积
    printf("area=%6.2f\n",area);      //设置输出的浮点数宽度为 6 位，保留 2 位小数
  }
  else
    printf("输入数据错");
}
```

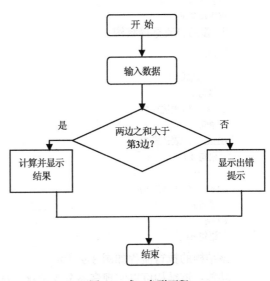

图 3-8　求三角形面积

程序运行结果：

```
4 5 6✓
area= 9.92
再次运行
4 5 10✓
输入数据错
```

【例 3-13】输入一个学生的性别信息，若为'M'，则提示"此生是男生"，否则，提示"此生是女生"。

程序如下：

```
/*c3_13.c*/
#include <stdio.h>
void main( )
{
  char Sex;
  printf("Input Sex: ");
  scanf("%c",&Sex);
  if(Sex=='M')
    printf("此生是男生\n");
  else
    printf("此生是女生\n");
}
```

程序运行结果：

```
Input Sex: F✓
此生是女生.
```

3. 多路分支选择结构

格式：

```
if(表达式1)
  语句1
else if(表达式2)
  语句2
else if(表达式3)
  语句3
    …
else if(表达式n)
  语句n
else
  语句n+1
```

该结构的执行流程如图 3-9 所示。

功能：该结构可以实现多路分支选择，从多种条件下的不同分支中选择一个分支执行，也即：若表达式 1 的值为非 0，则执行语句 1；否则，若表达式 2 的值为非 0，则执行语句 2……最后，在上述表达式的值都为 0 的情况下，执行语句 n。

【例 3-14】输入 x 值，求下列相应 y 值。

$$y=\begin{cases}1-x & (x<0)\\ 0 & (x=0)\\ x+1 & (x>0)\end{cases}$$

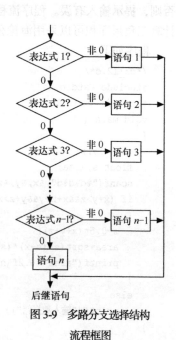

图 3-9　多路分支选择结构
流程框图

分析：对于分段函数，往往采用多路分支选择语句实现。

程序如下：

```c
/*c3_14.c*/
#include <stdio.h>
void main()
{
  int x,y;
  scanf("%d",&x);
  if(x>0)
    y=1+x;
  else if(x==0)
    y=0;
  else
    y=1-x;
  printf("x=%d,y=%d\n",x,y);
}
```

【例 3-15】从键盘输入学生的成绩，由计算机对学生的成绩进行分级：如果输入成绩大于 100 或小于 0，则做错误处理；若输入成绩大于等于 90，则为 "A 级"；若输入成绩小于 90 而大于等于 80，则为 "B 级"；若输入成绩小于 80 而大于等于 70，则为 "C 级"；若输入成绩小于 70 而大于等于 60，则为 "D 级"；否则为 "E 级"。

分析：学生成绩的分级统计是一种典型的多路分支选择结构，首先排除各种错误，然后从高分到低分对条件进行判断。

程序如下：

```c
/*c3_15.c*/
#include <stdio.h>
void main( )
{
  int score;
  printf("Enter a score: ");
  scanf("%d",&score);
  if(score>100||score<0)
    printf("Error!\n");
  else if(score>=90)
    printf("A\n");
  else if(score>=80)
    printf("B\n");
  else if(score>=70)
    printf("C\n");
  else if(score>=60)
    printf("D\n");
  else
    printf("E\n");
}
```

程序运行结果：

```
Enter a score:85✓
B
```

下面归纳一下 if 语句使用时需要注意的事项。

（1）if 语句的语句块可以是简单语句或复合语句。

例如：

```
if(a>b)
{
  x=1;
  max=a;
}
```

（2）if 语句的表达式一般情况下为逻辑表达式或关系表达式。

例如：

```
if(a==b&&x==y)  printf("a=b,x=y");
```

也可以是任意类型（包括整型、实型、字符型、指针类型），例如：

```
if('a')  printf("%d",'a');
if('3')  printf("OK!");
```

（3）请注意区分 if(x=1)与 if(x==1)的不同，前者为赋值表达式，逻辑值为真，后者为关系表达式，运算结果取决于 x 的取值，初学者往往容易将关系运算符误写为赋值运算符。对于这种错误，编译器不会提示错误信息，所以容易被忽略，程序运行后将产生不正确的结果，为了避免这种错误，我们最好将 "x==1" 写成 "1==x"，这样就可以避免关系运算符误写为赋值运算符所引起的错误结果。

（4）不要在 if 语句表达式的后面加上分号，这将导致产生错误的结果。

例如：

```
if(x==2);
statement1;
```

在该例代码中，由于其中的分号，不管 x 是否等于 2，statement1 都将执行。分号表示 if 块是空语句，导致其中的每一行都被视为一条独立的语句，而不是整个程序被视为一条语句。对于这种错误，编译器同样也不会提示错误信息，程序运行后也会产生不正确的结果。

3.4.2 if 语句的嵌套

if 语句的主要功能是给程序提供一个分支，有时候程序的分支会很复杂，在一个分支里面又有一个分支，就要在 if 语句里面使用 if 语句。

if 语句的嵌套就是在 if 语句中包含另一个 if 语句。

设输入一个任意整数 i，试判断这个数是奇数还是偶数。

首先，必须判断这个数是否为正数，在正数（i > 0）的前提下，再进行判断：若 i 能被 2 整除，则 i 为偶数；若 i 不能被 2 整除，则 i 为奇数。图 3-10 所示为奇偶数判断图。

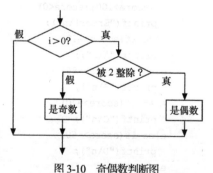

图 3-10 奇偶数判断图

根据算法可写出如下 if 语句：

```
if(i>0)
  if(i%2==0)
    printf("positive and even \n");
  else
    printf("positive and odd \n");
```

在该程序块中 else 应该与哪一个 if 配对呢？对此，C 语言规定 else 与之前面最近（未曾配对）的 if 配对。如果要改变上例中所确定的配对关系，即 else 要与外层的 if 配对，则第 2 个 if 语句必须用花括号括起来。

例如：

```
if(i > 0)
{
  if(i%2==0)
    printf("positive and even \n");
}
else
  printf("not positive \n");
```

花括号将内嵌的 if 语句孤立起来，形成一个独立的语句，使内嵌的 if 不与后面的 else 配对，从而 else 必定与外一层的 if 配对。

【例 3-16】 从键盘输入 3 个实数，求其最大者。

流程图如图 3-11 所示，程序如下：

```
/*c3_16.c*/
#include <stdio.h>
void main( )
{
  float a,b,c,max;
  scanf("%f%f%f",&a,&b,&c);
  if(a>b)
  {
    if(a>c)
     max=a;
    else
     max=c;
  }
  else
  {
    if(b>c)
     max=b;
    else
     max=c;
  }
  printf("Max=%f\n",max);
}
```

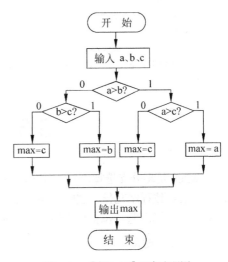

图 3-11　【例 3-16】程序流程图

几点说明：

① 程序引进了一个中间变量 max，用以存放最大数；

② 嵌套在内层的 if 语句可以不用花括号括起来，但为了使结构更清晰，添加花括号也绝不多余。

实践提示：如果在 VC 中输入程序【例 3-16】，你会发现，每输入一次{}，括号内部的语句就会自动向右侧缩进一段。可以根据括号和系统自动产生的缩进来迅速判断 if……else……的匹配情况。缩进不仅是为了美观，也是为了让程序的层次更加分明，通过缩进很容易看出一段代码从哪里开始，到哪里结束，因此在写程序时，要保留有意义的缩进。

随着程序复杂度提高，会在代码中出现越来越多的 if 语句，即使只想让计算机做一个简单的判断，也会占据多行的 if 语句，程序的可读性会受到一定的影响，有时利用条件表达式语句代替 if-else 结构语句，会使程序更加简洁。下面的程序将上面程序做了修改，程序中改用了条件表达式。

【例 3-17】 从键盘输入 3 个实数，利用条件表达式求其最大者。

```c
/*c3_17.c*/
#include <stdio.h>
void main( )
{
  float a,b,c,max;
  scanf("%f%f%f",&a,&b,&c);
  if(a>b)
    max=(a>c)? a:c;
  else
    max=(b>c)? b:c;
  printf("Max=%f\n",max);
}
```

3.5 switch 语句

switch 是多分支选择语句。用 if-else-if 结构也可以实现多分支选择，但是，如果判定的条件太多，会导致程序冗长，逻辑关系就变得不够清晰，容易发生错误，switch 语句则可以清晰地解决多分支选择问题。switch 语句的基本格式如下：

```
switch(表达式)
{
  case  常量表达式 1:
              语句块 1
              break;
  case  常量表达式 2:
              语句块 2
              break;
  …
  case  常量表达式 n:
              语句块 n
              break;
  default:
              语句块 n+1
              break;
}
```

功能说明：

（1）首先计算 switch 括号后面表达式的值，然后将此值与 case 后面的常量表达式的值相比较，如果某个常量表达式的值与它相等，则执行该 case 后的语句块；如果表达式的值与所有的常量表达式的值都不相等，则执行 default 后的语句块，最后跳出 switch 语句。case 的这种功能与 if-else-if 结构的语句相似。例如：

用多路分支 if-else if-else 结构的语句表示

```
If(grade=='A')
  printf("85-100\n");
else if(grade=='B')
  printf("70-84\n");
else if(grade=='C')
  printf("60-69\n");
else if(grade=='D')
  printf("<60\n");
else
  printf("error\n");
```

用 switch 语句表示则为

```
switch(grade)
{
  case 'A': printf("85-100\n ");
       break;
  case 'B': printf("70-84\n ");
       break;
  case 'C': printf("60-69\n ");
       break;
  case 'D': printf("<60\n ");
       break;
  default: printf("error\n ");
}
```

（2）如果执行完某一个 case 语句块后没有遇到 break 语句，则程序流程进入到下一个 case 的语句块或进入到 default 后的语句块去执行。

```
switch(grade)
{
  case 'A': printf("85-100\n");        /*此处没有break*/
  case 'B': printf("70-84\n");         /*没有break，导致双分支重叠*/
       break;
  case 'C': printf("60-69\n");
       break;
  case 'D': printf("<60\n");
       break;
  default: printf("error\n");
}
```

如果 grade 值为 A 则先执行 case 'A'后面的语句：printf("85-100\n")，由于其后没有 break 语句，接着执行 case 'B'后面的语句：printf("70-84\n")。因此，如果 grade 值为 A，该段程序将输出：

```
85-100
70-84
```

（3）多个 case 可以共用一个语句块。

```
switch(grade)
{
  case 'A':
  case 'B':
  case 'C': printf(">60\n");break;
  …
}
```

当 grade 值为 A，B，C 时，均执行语句 printf(">60\n");

说明：

（1）在 switch 语句中，要记住四个关键词：switch、case、default、break；switch 是语句的特征标志；case 表示当 switch 后的表达式满足某个特定的 case 后的常量时，运行该 case 以后的语句块。注意：任意两个 case 后的常量不能相等，否则 switch 将不知道选择哪条路走。default 表示当表达式没有匹配的 case 时，默认运行 default 之后的语句块。break 表示分岔已经到头，退出 switch 语句。

（2）switch 后面的表达式的值必须是整型或字符型，不能为实型。

（3）case 后的表达式是可以求得整型量或字符型量的常量表达式，常量表达式中不允许包含有变量和函数调用。例如，求下列函数式的值：

$$y=\begin{cases} 0 & (a\leq 0) \\ 1 & (0<a\leq 1) \\ 2 & (1<a\leq 2) \\ 3 & (其他) \end{cases}$$

如果直接写成如下 switch 语句，则是错误的：

```
switch(a)
{
  case a<=0: y=0; break;
  case a>0&&a<=1: y=1; break;
  case a>1&&a<=2: y=2; break;
  default: y=3;
}
```

（4）default 通常出现在 switch 的最后部分，但这不是它的唯一位置。default 可以出现在 case 之间，甚至出现在所有的 case 之前，但等效于出现在 switch 的最后部分。因为编译程序处理时，总是把它放在最后考虑。

【例 3-18】从键盘先输入两个整数，再输入四则运算符 "＋" "－" "＊" "/" 中的一个，然后进行四则运算。若输入其他字符，则显示出错信息。

程序如下：

```
/*c3_18.c*/
#include <stdio.h>
void main( )
{
  int x,y;
  char optor;
  printf("Please input the expression:\n ");
  scanf("%d%c%d",&x,&optor,&y);
  switch(optor)
  {
    case '+': printf("%d+%d=%d\n",x,y,x+y); break;
    case '-': printf("%d-%d=%d\n",x,y,x-y); break;
    case '*': printf("%d*%d=%d\n",x,y,x*y); break;
    case '/': if(y==0)
                    printf("\adivided by 0!\n");
              else
                    printf("%d/%d=%d\n",x,y,x/y);
              break;
    default: printf("\aInput error! ");
  }
}
```

思考：运行程序从键盘输入：4+5，输出: 4+5=9；如果输入：4 + 5，会得到正确结果吗？为什么？

【例 3-19】把学生成绩按优（高于 90 分）、良（高于 80 分）、中（高于 60 分）、差（低于 60 分）分类。

程序如下：

```
/*c3_19.c*/
#include <stdio.h>
void main( )
{  int score;
  printf("Input a score of the student: ");
  scanf("%d",&score);
  if(score<0 || score>100)
    printf("Input error!\n");
  else
    switch (score / 10)
   {
    case 0:
    case 1:
    case 2:
    case 3:
    case 4:
    case 5:
        printf("fail.\n");
        break;
    case 6:
    case 7:
        printf("pass.\n");
        break;
    case 8:
        printf("good.\n");
        break;
    case 9:
        printf("excellent.\n");
        break;
    default:
        printf("excellent.\n");
   }
  }
```

思考：上面程序中 score 变量是 int 类型，如果定义为 float 类型，程序还能得到正确的运行结果吗？为什么？应该怎样修改才能得到正确结果？

3.6 程序设计举例

【例 3-20】判断字符的性质：从键盘输入一个字符，判断该字符属于字母、数字还是其他字符。

分析：这是一个典型的多路分支选择结构，该题宜用 if 语句来处理，不适宜用 switch 语句。

程序如下：

```
/*c3_20.c*/
#include <stdio.h>
void main ( )
{
  char ch;
```

```
    ch=getchar();
    if(ch>='a'&&ch<='z'|| ch>='A'&&ch<='Z')
      printf("字母\n");
    else if(ch>='0'&&ch<='9')
      printf("数字\n");
    else
      printf("其他字符\n");
}
```

【例 3-21】给出一个不多于 4 位的正整数，求出它是几位数，逆序打印出各位数字。

分析：如果是固定的 4 位正整数，计算出其千位、百位、十位、个位，再逆序输出即可，但由于给出的并不一定是 4 位数，有可能是 3 位数、2 位数、1 位数，因此在输出的时候要考虑是几位数，再决定输出哪些数字，这是一个多路分支选择结构。

程序如下：

```
/*c3_21.c*/
#include <stdio.h>
void main()
{
  int data,num3,num2,num1,num0;          /* num3,num2,num1,num0 代表千位、百位、十位、个位*/
  scanf("%d",&data);
  num3=data/1000;
  num2=data%1000/100;
  num1=data%100/10;
  num0=data%10;                          /*分解出千位、百位、十位、个位*/
  if(num3!=0)                            /*4 位数*/
    printf("4:%d%d%d%d\n",num0,num1,num2,num3);
  else if(num2!=0)                       /*3 位数*/
    printf("3:%d%d%d\n",num2,num1,num0);
  else if(num1!=0)                       /*2 位数*/
    printf("2:%d%d\n",num1,num0);
  else if(num0!=0)                       /*1 位数*/
    printf("1:%d\n",num0);
}
```

【例 3-22】计算员工的收入：已知某公司员工的保底薪水为 1 500 元，某月所接工程的利润 profit（整数）与利润提成的关系如下（计量单位：元）：

profit≤1 000	没有提成；
1 000＜profit≤2 000	提成 10%；
2 000＜profit≤5 000	提成 15%；
5 000＜profit≤10 000	提成 20%；
10 000＜profit	提成 25%。

分析：本题可以使用 if 语句的多路分支选择结构，也可以使用 switch 语句，但是需要做一下变通，必须将利润 profit 与提成的关系，转换成某些整数与提成的关系。分析本题可知，提成的变化点都是 1 000 的整数倍（1 000、2 000、5 000、…），如果将利润 profit 除以 1 000，则当：

profit≤1 000	对应 0、1
1 000＜profit≤2 000	对应 1、2
2 000＜profit≤5 000	对应 2、3、4、5
5 000＜profit≤10 000	对应 5、6、7、8、9、10
10 000＜profit	对应 10、11、12、…

为解决相邻两个区间的重叠问题，最简单的方法是：利润 profit 先减 1（最小增量），然后再除以 1 000，则当：

profit≤1 000	对应 0
1 000＜profit≤2 000	对应 1
2 000＜profit≤5 000	对应 2、3、4
5 000＜profit≤10 000	对应 5、6、7、8、9
10 000＜profit	对应 10、11、12、…

程序如下：

```
/*c3_22.c*/
#include <stdio.h>
void main()
{
  long profit;
  int grade;
  float salary=1500;
  printf("Input profit: ");
  scanf("%ld", &profit);
  grade= (profit - 1) / 1000;    /*将利润-1、再除以 1 000，转化成 switch 语句中的 case 标号*/
  switch(grade)
  {
    case 0: break;                       /*profit≤1 000 */
    case 1: salary += profit*0.1; break; /*1 000＜profit≤2 000 */
    case 2:
    case 3:
    case 4: salary += profit*0.15; break;    /*2 000＜profit≤5 000 */
    case 5:
    case 6:
    case 7:
    case 8:
    case 9: salary += profit*0.2; break; /*5 000＜profit≤10 000 */
    default:  salary += profit*0.25;       /*10 000＜profit */
  }
  printf("salary=%.2f\n", salary);
}
```

【例 3-23】设计一个程序的控制菜单，根据输入的选择项，程序完成不同的功能。

假设控制菜单的形式为

L——装载文件
S——保存文件
E——编辑文件
P——打印文件
X——退出程序
——请输入一个选项：

使用 switch 语句判断输入的选择项可以使程序结构清晰。判断时，注意识别大写字母和小写字母。为了简便，程序完成的功能只是显示一段提示信息。

程序如下：

```
/*c3_23.c*/
#include <stdio.h>
```

```
    void main( )
    { char key;
     printf("L    ——装载文件\n");
     printf("S    ——保存文件\n");
     printf("E    ——编辑文件\n");
     printf("P    ——打印文件\n");
     printf("X    ——退出程序\n");
     printf("     ——请入一个选项:");
     key=getchar( );
     switch(key)
     { case 'L':
       case 'l':
          printf("您选择装载文件. ");
          break;
       case 'S':
       case 's':
         printf("您选择保存文件. ");
         break;
       case 'E':
       case 'e':
         printf("您选择编辑文件. ");
         break;
       case 'P':
       case 'p':
         printf("您选择打印文件. ");
         break;
       case 'X':
       case 'x':
         printf("您选择退出程序. ");
         break;
       default:
         printf("错误选择! ");
     }
    }
```

此程序对输入的每个字符做大小写判别。作为一种简化,可以将小写字母先转换为大写字母后再判别,为此,可用 ctype.h 头文件中的 toupper()函数将字母转换为大写字母。

改写程序如下:

```
#include <stdio.h>
#include <ctype.h>
void main( )
{ char key;
 printf("L    ——装载文件\n");
 printf("S    ——保存文件\n");
 printf("E    ——编辑文件\n");
 printf("P    ——打印文件\n");
 printf("X    ——退出程序\n");
 printf("     ——请入一个选项:");
 key=getchar( );
 key=toupper(key);
 switch(key)
```

```
{ case 'L':
    printf("您选择装载文件. ");
    break;
  case 'S':
    printf("您选择保存文件. ");
    break;
  case 'E':
    printf("您选择编辑文件. ");
    break;
  case 'P':
    printf("您选择打印文件. ");
    break;
  case 'X':
    printf("您选择退出程序. ");
    break;
  default:
    printf("错误选择! ");
  }
}
```

小　结

程序设计方法包括 3 个基本步骤：分析问题，画出程序的基本轮廓，实现该程序。

程序的清晰易读性越来越被人们所强调。对于初学者，一定要养成良好的程序编写风格，提高程序的可读性、易维护性及可靠性。

在 C 语言程序中，利用 scanf() 函数和字符输入函数 getchar()，可以实现数据的输入。putchar() 是字符输出函数，它向标准设备（通常是显示器）输出一个字符。

在任何表达式的后面加上一个分号，都可以构成一个表达式语句。

复合语句在语法上等同于一个语句，它可以出现在一个语句所允许出现的任何地方。

if 语句具有 3 种结构：if 结构、if-else 结构和 if-else-if 结构。在 if 语句中可以嵌套另一个 if 语句，这种形式可以使 if 语句嵌套到任意深度。

switch 语句用于多路分支结构，它使得程序更加简明清晰。注意在 switch 语句中与 break 语句的正确配合。

本章中介绍的一个重要算法是变量交换算法。变量交换必须使用一个中间变量。

习　题

3.1　单选题。

（1）结构化程序设计的 3 种基本结构是（　　）。

A. 函数结构、判断结构、选择结构　　　B. 平行结构、嵌套结构、函数结构

C. 顺序结构、选择结构、循环结构　　　D. 判断结构、嵌套结构、循环结构

（2）putchar() 函数可以向终端输出一个（　　）。

A. 整型变量表达式值　　　　　　　　　B. 实型变量值

C. 字符串　　　　　　　　　　　　　　D. 字符或字符型变量值

（3）若已定义 double y; ，拟从键盘输入一个值赋予变量 y，则正确的函数调用是（   ）。

A. scanf("%d", &y);   B. scanf("%7.2f", &y);

C. scanf("%lf", &y);   D. scanf("%ld", &y);

（4）若有定义 float x; int a, b; ，则正确的 switch 语句是（   ）。

A. switch(x)   B. switch(x)

  { case 1.0:printf("*\n");   { case 1,2:printf("*\n");

    case 2: printf("**\n")   case 3:printf("**\n");

  }   }

C. switch(a+b)   D. switch(a-b);

  { case 1: printf("*\n") ;   { case 1:printf("*\n");

    case 2: printf("**n");   case 2:printf("**\n");

  }   }

（5）为了避免嵌套的 if-else 语句的二义性，C 语言规定 else 总是与（   ）组成配对关系。

A. 缩排位置相同的 if   B. 在其之前未配对的 if

C. 在其之前尚未配对的最近的 if   D. 同一行上的 if

3.2 if 语句有哪 3 种形式，请分别画出每种形式的执行流程图。

3.3 下面哪些语句是合法的?

（1）if(a==b) printf("Hello");

（2）if(a==b) {printf("Hello")}

（3）if(a==b)

    printf("Hello")

else

    printf("Goodbye");

（4）if a==b

    printf("Hello");

3.4 读程序写结果。

（1）从键盘输入 58

```
#include<stdio.h>
void main()
{
  int a;
  scanf("%d",&a);
  if(a>50)  printf("A=%d",a);
  if(a>40)  printf("B=%d",a);
  if(a>30)  printf("C=%d",a);
}
```

（2）

```
#include<stdio.h>
void main()
{
  int x=10,y=20,t=0;
  if(x==y) t=x;x=y;y=t;
  printf("%d,%d \n",x,y);
}
```

（3）

```
#include,<stdio.h>
void main()
{
  int p,a=5;
  if(p=a!=0)
    printf("%d\n",p);
  else
    printf("%d\n",p+2);
}
```

（4）

```
#include<stdio.h>
void main()
{
  int a=4,b=3,c=5,t=0;
  if(a<b) {t=a; a=b; b=t;}
  if(a<c) {t=a; a=c; c=t;}
  printf("%d %d %d\n",a,b,c);
}
```

（5）

```
#include<stdio.h>
void main()
{
 int i,m=0,n=0,k=0;
 for(i=9;i<=11;i++)
   switch(i/10)
   { case 0: m++; n++; break;
     case 10: n++; break;
     default: k++;n++;
   }
 printf("%d %d %d\n",m,n,k);
}
```

（6）

```
#include<stdio.h>
void main()
{
  int n=0,m=1,x=2;
  if(!n) x-=1;
  if(m) x-=2;
  if(x) x-=3;
  printf("%d\n",x);
}
```

（7）

```
#include<stdio.h>
void main()
{
  int x=1,y=0,a=0,b=0;
  switch(x)
  {case 1:switch(y)
```

```
    {  case 0:a++; break;
       case 1:b++; break;
    }
  case 2:a++;b++; break;
  }
  printf("%d  %d\n",a,b);
}
```

（8）

```
#include<stdio.h>
void main()
{
  int a=3,b=4,c=5,t=99;
  if(b<a&&a<c) {t=a;a=c;c=t;}
  if(a<c&&b<c) {t=b;b=a;a=t;}
  printf("%d%d%d\n",a,b,c);
}
```

（9）

```
#include<stdio.h>
void main()
{
  int n='c';
  switch(n++)
  { default: printf("error");break;
    case 'a':case 'A':case 'b':case 'B':printf("good");break;
    case 'c':case 'C':printf("pass");
    case 'd':case 'D':printf("warn");
  }
}
```

3.5 有如下 if 条件语句：

```
if(a<b){if(c<d)x=1;else if(a<c)if(b<d)x=2;else x=3;}
else if(c<d=x=4;else x=5;
```

试按缩进对齐的格式将以上语句改写为结构更清晰的等效 if 语句，并在每个条件表达式之后用逻辑表达式注释所满足的条件。

3.6 有如下两个程序段：

（1）
```
if(a<b)
{
  if(c==d) x=1;
}
else x=2;
```

（2）
```
if(a<b)
{
  if(c==d) x=1;
  else x=2;
}
```

它们所表示的逻辑关系是下列所示关系中的哪一个？

① $x = \begin{cases} 1 & a<b \text{ 且 } c=d \\ 2 & a \geq b \text{ 且 } c \neq d \end{cases}$

② $x = \begin{cases} 1 & a<b \text{ 且 } c=d \\ 2 & a<b \text{ 且 } c \neq d \end{cases}$

③ $x = \begin{cases} 1 & a<b \text{ 且 } c=d \\ 2 & a \geq b \end{cases}$

④ $x = \begin{cases} 1 & a<b \text{ 且 } c=d \\ 2 & c \neq d \end{cases}$

3.7　编写程序，从键盘输入年份 year（4 位十进制数），判断其是否为闰年。闰年的条件是：能被 4 整除但不能被 100 整除，或者能被 400 整除。

3.8　设计一个程序，从键盘输入 3 个整数，按由小到大的顺序输出。

3.9　编写程序，计算下面的函数：

$$y=\begin{cases} e^{\sqrt{x}}-1 & 0<x<1 \\ |x|+2 & 3\leqslant x\leqslant 4 \\ \sin(x^2) & 当\ x\ 取其他值时 \end{cases}$$

3.10　编程序计算下面的分段函数：

输入 x 值，求下列相应 y 值。

$$y=\begin{cases} -1 & (x<1) \\ 2x+1 & (1\leqslant x<10) \\ 3x+2 & (x\geqslant10) \end{cases}$$

3.11　输入一个整数 m，判断它能否被 3、13、17 整除，如果能被这 3 个数之一整除，则输出它能被整除的信息，否则输出 m 不能被 3、13、17 整除的信息。试编写该程序。

3.12　若一个学生是某校 z 的学生，且是男生，则输出"male"；若是女生，则输出"female"；若不是某校的学生，则输出"No"。试编写该程序并画出流程图。

3.13　某产品的国内销售价为 80 箱以下，每箱 350 元，超过 80 箱，超过部分每箱优惠 20 元；国外销售价为 1 000 箱以下，每箱 900 元，超过 1 000 箱，超过部分每箱优惠 15 元。试编写计算销售额的程序。

3.14　电文加密的算法是：将字母 A 变成字母 G，a 变成 g，B 变成 H，b 变成 h，以此类推，并且 U 变成 A，V 变成 B 等。从键盘输入一个电文字符，输出其相应的密码。

3.15　企业发放的奖金根据利润提成。利润（I）低于或等于 10 万元时，奖金可提 10%；利润高于 10 万元，低于 20 万元时，低于 10 万元的部分按 10%提成，高于 10 万元的部分，可提成 7.5%；20 万到 40 万之间时，高于 20 万元的部分，可提成 5%；40 万到 60 万之间时，高于 40 万元的部分，可提成 3%；60 万到 100 万之间时，高于 60 万元的部分，可提成 1.5%，高于 100 万元时，超过 100 万元的部分按 1%提成。从键盘输入当月利润 I，求应发放奖金总数是多少？

第4章
循环结构程序设计

在程序设计中，如果需要重复执行某些操作，就要用到循环结构。循环结构是程序中的一种重要结构，其特点是：在给定条件成立时，反复执行某程序段，直到条件不成立为止。给定的条件称为循环条件，反复执行的程序段称为循环体。C语言提供了多种循环语句，可以组成各种不同形式的循环结构。

使用循环结构编程时，首先要明确两个问题：哪些操作需要反复执行？这些操作在什么情况下重复执行？它们分别对应循环体和循环条件两个概念。在C语言中，我们将反复执行的程序段称为循环体，将给定的条件称为循环条件。明确这两个问题后就可以选用C语言提供的三种循环语句（for、while和do-while）去实现循环了。

本章将介绍循环结构中for、while、do-while三种语句的形式、执行过程及实际应用，同时介绍与其结合使用的break、continue等控制流程的跳转语句。

4.1 for 循环

for循环通过for语句实现，其一般格式为：

```
for(表达式1;表达式2;表达式3)
    循环体语句块
```

其中，表达式1实现对循环控制变量初始化，通常为一个赋值语句，即用来给循环控制变量赋初值；表达式2通常是一个条件表达式，用于决定循环体是否执行；表达式3用来改变循环控制变量值。

 for语句中，用两个分号分隔三个表达式，for的后面并没有分号，因为for与其后的循环体语句块合起来作为一条完整的语句。

for语句执行步骤如下。

（1）先执行表达式1。

（2）计算并判断表达式2的值：若其值为0，则结束循环，退出for语句；若其值为非0，则执行循环体语句，然后，转至步骤（3）。

（3）执行表达式3。

（4）转至步骤（2）依次循环执行，直到表达式2不再成立，方结束for循环，进而执行其后继语句。

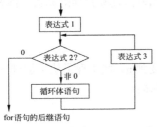

图 4-1 for 语句执行过程流程图

为了便于理解可以用图 4-1 来表示 for 语句的执行过程。

for 语句在使用过程中要注意以下几点。

（1）for 循环中被反复执行的语句称为循环体，循环体为一条语句以上时要采用复合语句的形式，即要用 "{" 和 "}" 将所有重复执行的语句括起来。

（2）for 语句中的表达式 1 只执行一次，可以省略。但若表达式 1 缺省，则务必要在 for 循环结构之前为循环控制变量赋值。例如：

```
i=1;
for(;i<=100;i++)
    sum=sum+i;
```

（3）表达式 2 可以省略，表示不判断循环条件，也即循环条件永远为真，如此，循环将会无终止地执行下去，从而陷入死循环。例如：

```
for(i=1;;i++)
    sum=sum+i;
```

（4）表达式 3 也可以省略，但在循环体中应有使循环控制变量值改变的语句。否则也会造成死循环。例如：

```
for(sum=0,i=0;i<=100;)
{
    sum=sum+i; i++;
}
```

（5）表达式 1 和表达式 3 可同时省略，例如：

```
i=1;sum=0;
for(;i<=100;)
{
  sum=sum+i;
  i++;
}
```

这样的执行效果与 while 循环语句结构等同。

（6）在三个表达式同时省略或其中某一表达式省略时，其后的 ";" 不能省略。例如：

```
for(;;)
    sum=sum+i;
```

（7）表达式 1 可以是设置循环控制变量的赋值表达式，也可以是与循环控制变量无关的其他表达式，或者两者兼而有之。例如：

```
for(sum=0,i=1;i<=100;i++)
    sum=sum+i;
```

表达式 3 也可以出现相同的情况，例如：

```
for(sum=0,i=1;i<=100;sum=sum+i,i++)
    ;
```

（8）for 循环可以有多层嵌套。在嵌套结构中，嵌套的循环控制变量不可同名。

【例 4-1】从键盘输入一个正整数 n，求 $\sum_{i=1}^{n} i$。

编程思路分析：这是一个反复求和的过程，在数学上可以表示为 sum=1+2+3+···+n，但无法直接表示成 C 语言的表达式。所以，为了解决这个问题，首先需要抽取出具有共性的算式（称为循环不变式）：

```
sum=sum+i;
```

sum 是累加和，其初值为 0。该算式重复执行 n 次，同时 i 从 1 变到 n，就实现了从 1 加到 n。

声明 i 为循环初始变量，再确定 for 语句中的三个表达式和循环体：

① 确定循环起点的表达式 1：i=1;

② 给出循环条件的表达式 2：i<=n;（n 是循环终点）

③ 设置循环步长的表达式：i++;

④ 循环体语句：sum=sum+i;

源程序如下：

```c
/*c4_1.c*/
#include <stdio.h>
void main( )
{
  int i,n,sum=0;                    /*声明三个整型变量，并为变量 sum 初始化赋值为 0*/
  printf("Please enter n:");        /*输入提示语*/
  scanf("%d",&n);                   /*调用 scanf()函数从键盘输入 n 的值*/
  for(i=1;i<=n;i++)                 /*循环执行 n 次*/
    sum=sum+i;                      /*反复累加 i 的值*/
  printf("Sum of numbers from 1 to %d is %d.\n",n,sum);   /*输出累加和*/
}
```

程序运行结果为：

```
Please enter n:100✓
Sum of numbers from 1 to 100 is 5050.
```

讨论：

虽然循环次数由输入的 n 值来决定，但就 for 语句而言，n 的值在循环前已经确定。

由于 sum=sum+i 是在原累加和 sum 的基础上一步一步地累加 i 的值，所以在循环开始前，必须置 sum 为 0，以保证 sum 在 0 的基础上累加，这个步骤千万不能漏掉。

通过【例 4-1】可以看出，指定次数的循环程序设计一般包含以下 4 部分。

① 循环控制变量初始化：指定循环起点，给循环变量赋初值，如 i=1，同时，在进入循环之前设置相关变量的初值，如 sum=0 等。

② 控制循环执行的条件：只要循环变量的值未达到指定的上限，就继续循环。如【例 4-1】中，只要满足 i<=n，循环就继续。

③ 反复工作：指重复执行的语句（循环体）。它必须是一条简单语句（如 sum=sum+i;）或一个复合语句。

④ 改变循环变量：在每次循环中改变循环变量的值，如 i++，用于改变循环条件的真假。

【例 4-2】编程计算 $1-\dfrac{1}{3}+\dfrac{1}{5}-\dfrac{1}{7}+\cdots$ 的前 n 项之和（n 值从键盘输入）。

编程思路分析：求前 n 项的和，意味着循环 n 次，每次累加 1 项。所以，声明 i 为循环控制变量，代表循环的次数，变量 sum 用于存放累加和，循环结构用 for 语句表示如下：

```c
for(i=1;i<=n;i++)
  sum=sum+第 i 项;
```

用变量 item 代表第 i 项，item 和 sum 均定义为实型变量。有：

```
item=flag*1.0/denominator
```

由于加数各项的符号交替变换，用变量 flag 表示每一项的符号，初始时 flag=1，对应第一项为正，每次循环执行 flag=-flag，实现正负交替变化；变量 denominator 表示每一项的分母，初始时为 1，对应第一项的分母为 1，每次循环分母都递增 2，即执行 denominator=denominator+2。所以，for 语句可以写成：

```
for(i=1;i<=n;i++)
{
    item=flag*1.0/denominator;
    sum=sum+item;
    flag=-flag;
    denominator=denominator+2;
}
```

　　　　　不能写成 item=flag*1/denominator，因为该分式的分子和分母都是整型数据时，相除后的结果仍是整数，当 denominator>1 时，item 的值将始终为 0，故不合题意。

当然，第 i 项 item 也可以表示成：

```
item=flag*1.0/(2*i-1)
```

但并不是所有的问题都可以找到和循环控制变量 i 相关的变化规律，引入变量 denominator 可以简化问题的分析和解决。

源程序如下：

```
/*c4_2.c*/
#include <stdio.h>
void main( )
{
    int i,n,flag,denominator;              /*声明四个整型变量*/
    double item,sum;                       /*声明两个双精度实型变量*/
    printf("Please enter n:");             /*输入提示语*/
    scanf("%d",&n);                        /*调用 scanf()函数从键盘输入 n 的值*/
    flag=1;                                /*flag 表示第 i 项的符号，初始值为正*/
    denominator=1;                         /*denominator 表示第 i 项的分母，初始值为 1*/
    sum=0;                                 /*置累加和 sum 的初始值为 0*/
    for(i=1;i<=n;i++)                      /*循环执行 n 次*/
  {
      item=flag*1.0/denominator;           /*计算第 i 项的值*/
      sum=sum+item;                        /*累加第 i 项的值*/
      flag=-flag;                          /*改变符号，为下一次循环做准备*/
      denominator=denominator+2;           /*分母递增 2，为下一次循环做准备*/
      }
      printf("Sum=%f\n",sum);              /*输出累加和*/
}
```

程序运行结果为：

```
Please enter n:3✓
Sum=0.866667
```

讨论：

① 变量 i 只用于记录循环的次数，并没有参与到循环体语句中的运算。

② 循环体语句中，在计算 sum 的累加和后还有两条语句：

```
flag=-flag;                    /*改变符号，为下一次循环做准备*/
denominator=denominator+2;     /*分母递增2，为下一次循环做准备*/
```

它们都是为下一次循环做准备的。第一次循环计算 item 时，用的是 flag 和 denominator 的初始值，而在执行第二次循环之前，则需要改变 flag 和 denominator 的值，并以此类推。

【例 4-3】输入一个正整数 n，生成一张 2 的乘方表，输出 $2^0 \sim 2^n$ 的值。

编程思路分析：

程序结果要求输出 $2^0 \sim 2^n$ 的值，可确定循环次数为 $n+1$，因此我们可以声明一个循环控制变量 i，i 的取值范围是 $0 \sim n$。

求 2 的乘方，可以使用幂函数 pow()。幂函数 pow() 是 C 语言处理系统提供的事先编好的库函数之一，用户可以直接调用，但在调用时，一定要用#include 命令将相应的头文件 math.h 包含到源程序中。

每次随着循环控制变量 i 的递增，就需输出一次 2 的乘方值，可用 for 循环实现如下：

```
for(i=0;i<=n;i++)
  printf("pow(2,%d)=%ld\n",i,pow(2,i));
```

源程序如下：

```
/*c4_3.c*/
#include <stdio.h>
#include <math.h>                /*程序中调用幂函数pow()，需包含头文件math.h*/
void main( )
{
    int i,n;                     /*声明两个整型变量*/
    printf("Please enter n:");   /*输入提示语*/
    scanf("%d",&n);              /*调用scanf()函数从键盘输入n的值*/
    for(i=0;i<=n;i++)            /*循环执行n+1次*/
    printf("pow(2,%d)=%.f\n",i,pow(2,i)); /*输出2的乘方*/
}
```

程序运行结果为：

```
Please enter n:5↙
pow(2,0)=1
pow(2,1)=2
pow(2,2)=4
pow(2,3)=8
pow(2,4)=16
pow(2,5)=32
```

讨论：

因为函数 pow() 的返回结果是 double 型，而 2 的乘方值无疑是整数类型，所以在最终的输出格式上选用%.f。

4.2　while 循环

while 循环是一种"当型"循环结构，其一般格式为：

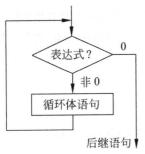

```
while(表达式)
    循环体语句块
```

图 4-2　while 语句执行流程图

其中，表达式是循环的条件，循环体语句为重复执行的程序段，它可以由一个简单语句或一个复合语句构成。其执行步骤如下：

（1）先计算表达式的值。

（2）如果表达式的值为非 0，执行循环体语句，然后再重复步骤（1）；如果表达式的值为 0，则结束循环，进而执行其后继语句。

为了便于理解可以用图 4-2 来表示 while 语句的执行过程。

与 for 循环一样，while 循环总是在循环的头部检验条件，这就意味着循环可能一次也不执行就退出。

while 循环在使用过程中要注意以下几点。

（1）圆括号中的表达式可以是结果为逻辑值的任意表达式，它仅用来测试表达式的结果值是 0 值还是非 0 值，用以决定循环进行的条件，称为"判终表达式"，一般是关系表达式或逻辑表达式，与条件语句一样可进行如下简化。例如：

```
while(x!=0) 和 while(x) 等效
while(x==0) 和 while(!x) 等效
```

（2）当判终表达式为非 0 常量时，这样的 while 语句为无穷循环语句，如：

```
while(1) 语句                    /*无穷循环语句*/
```

（3）while 语句的循环体通常是一个复合语句，也可以是简单语句，甚至可以是空语句。

（4）在循环体中应有使循环趋于结束的语句，以避免"死循环"。

（5）while 语句中允许有多层循环嵌套。

【例 4-4】利用公式 $\dfrac{\pi}{4}=1-\dfrac{1}{3}+\dfrac{1}{5}-\dfrac{1}{7}+\dfrac{1}{9}-\dfrac{1}{11}+\cdots$，求 π 的近似值，直到最后一项的绝对值小于 10^{-6} 为止。

编程思路分析：

这是一个求累加和的问题，与 4.1 节中的【例 4-2】类似，循环算式都是：sum=sum+第 i 项，第 i 项用变量 item 表示，item 的表示也和【例 4-2】相同，在每次循环中其值都会改变。

但与【例 4-2】的不同之处在于循环条件不一样，【例 4-2】直接指定求前 n 项的和，即指定了循环的次数为 n 次；而本例中没有明显地给出循环次数，只是提出了精度要求。在反复计算累计的过程中，一旦某一项的绝对值小于 10^{-6}（即|item|<10^{-6}），就达到了给定的精度，计算也就终止。这说明精度要求实际上给出了循环的结束条件，还需要将其转换为循环条件|item|≥10^{-6}，换句话说，当|item|≥10^{-6} 时，循环累加 item 的值，直到|item|<10^{-6} 为止。

通过题目中的公式可见，求和的每一项分母都比前一项分母多 2，因此在循环中用 denominator=denominator+2 实现求每项的分母；每项数的符号正负交替，所以在循环中用 flag=-flag 实现正负交替；用 item=flag/denominator 表示和中的每一项；用函数 fabs(item)>1e-6 作为执行 while 循环的条件，满足题目要求。另外，对 flag 赋初值为 1.0，因为 denominator 作为分母实现的是整除运算，根据在运算中数的类型转换，若 flag 赋初值为 1，则结果取整为 0 就出错了。

通过上面的分析，明确了循环条件和循环体后，可以选择 while 语句实现循环：

```
while(fabs(item)>=0.000001)
{
    item=flag/denominator;
```

```
    pi+=item;
    flag=-flag;
    denominator=denominator+2;
}
```

fabs()是 C 语言处理系统提供的用于求双精度浮点数的绝对值的函数,输入参数是双精度浮点数,其返回值也为双精度浮点数,用户可以直接调用,但在调用时,一定要用#include 命令将相应的头文件 math.h 包含到源程序中。

源程序如下:

```
/*c4_4.c*/
#include <stdio.h>
#include <math.h>                  /*程序中调用绝对值函数 fabs(),需包含头文件 math.h*/
void main()
{
    int denominator;              /*声明两个整型变量*/
    double flag,item,pi;          /*声明两个双精度实型变量*/
    flag=1.0;                     /*flag 表示第 i 项的符号,初始值为正*/
    denominator=1;                /*denominator 表示第 i 项的分母,初始值为 1*/
    pi=0;                         /*置累加和 pi 的初始值为 0*/
    item=1.0;                     /*item 中存放第 i 项的值,初始值为 1.0*/
    while(fabs(item)>=0.000001)   /*当|item|≥10-6 时执行循环*/
    {
        item=flag/denominator;    /*计算第 i 项的值*/
        pi+=item;                 /*累加第 i 项的值*/
        flag=-flag;               /*改变符号,为下一次循环做准备*/
        denominator=denominator+2; /*分母递增 2,为下一次循环做准备*/
    }
    printf("pi=%7.5f\n",pi*4);    /*输出π的值*/
}
```

程序运行结果为:

```
pi=3.14159
```

讨论:

在进入循环之前,对 item 赋初始值为 1.0,目的是保证初始的循环条件为真,使循环能正常开始。在随后的循环中,每次都重新计算 item 的值,并将它和精度 10-6 相比较,决定循环何时结束。

【例 4-5】编程求 1!+2!+3!+...+15!的值。

编程思路分析:

本例需要分别求出 1! ~ 15!,可确定循环次数为 15,因此我们可以声明一个循环控制变量 n,n 的取值范围是 1 ~ 15。

因 $n!=(n-1)! \times n$,故可先求出 1!,加到累计和 sum 中,然后计算 2!=1!×2,加到累计和 sum 中,依此类推,最终求出整个算式的值。

源程序如下:

```
/*c4_5.c*/
#include <stdio.h>
void main()
{
    float sum=0.0,m=1.0;         /*声明两个单精度实型变量,并分别为其初始化赋值*/
```

```
   int n=1;               /*声明一个整型变量 n,代表循环的起点,并为其初始化赋值*/
   while(n<=15)            /*确定循环执行次数*/
   {
     m*=n;                /*求 n!*/
     sum+=m;              /*求累加和*/
     n++;                 /*改变循环控制变量的值*/
   }
   printf("sum=%e\n",sum);  /*输出累加和的值*/
}
```

程序运行结果如下:

 sum=1.401603e+012

讨论:

由于所求算式的结果值较大,已经远远超出了 long int 的取值范围,故在此将 sum 声明为 float 型,同时,为了使输出结果简洁明了,选用了按指数的格式%e 输出。

4.3 do-while 循环

do-while 循环是一种"直到型"循环结构,其一般格式为:

```
do
     循环体语句块
while(表达式);
```

其中,表达式是循环的条件,循环体语句块为重复执行的程序段,它可以由一个简单语句或一个复合语句构成。其执行步骤如下:

（1）执行一次循环体语句块;

（2）计算 while 后表达式的值。如果表达式的值为非 0,转去执行步骤（1）;如果表达式的值为 0,则结束循环,进而执行其后继语句。

为了便于理解可以用图 4-3 来表示 do-while 语句的执行过程。

do-while 循环在使用过程中要注意以下几点:

（1）在 do-while 语句的末尾有一个分号表示语句的结束;

（2）当 do 和 while 之间的循环体由多个语句组成时,必须用{}括起来组成一个复合语句,否则程序无法正常执行;

（3）循环体语句中应该有使循环趋于结束的语句,以避免"死循环";

（4）do-while 和 while 语句一般可以相互替换,但要注意修改循环控制条件;

（5）do-while 语句可以组成多重循环,也可以和 while 语句相互嵌套。

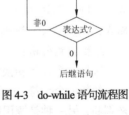

图 4-3 do-while 语句流程图

【例 4-6】从键盘输入一个正整数,编程统计该数的位数,并将其反向输出。

编程思路分析:

一个正整数由多位数字组成,统计过程需要逐位计算,因此这是个循环的过程,循环次数由该正整数的位数决定。由于需要处理的数据有待于从键盘随机输入,故无法事先确定循环次数,因此,编写该程序选用 do-while 语句较为合适。

首先声明一个正整数 num,当通过键盘得到其值后,再一位一位地分离该整数,可以从高位逐级分离,也可以从末位进行分离。这里采用第二种方法来分离整数,即末位分离是用 num%10

产生的，而 num/10 是分离末位后的剩余值，分离结束后 num 等于 0，所以循环结束条件应为 num==0，同时使用 count 变量来统计分离的位数。

源程序如下：

```c
/*c4_6.c*/
#include <stdio.h>
void main( )
{
    long int number;                /*声明一个长整型变量 number*/
    int count=0;                    /*count 用于统计整数 number 的位数，统计位数之前其初始值为 0*/
    printf("请输入一个正整数: ");    /*输入提示语*/
    scanf("%ld",&number);           /*从键盘输入整数 number 的值*/
    printf("该整数反向输入的结果为: ");  /*输入提示语*/
    do
    {
        printf("%d",number%10);     /*输入当前 number 的末位数字*/
        number=number/10;           /*改变 number 的值，为下次分离做准备*/
        count++;                    /*统计 number 的位数*/
    }while(number);                 /*确定循环结束的条件*/
    printf("\n该整数为%d位数.\n",count);  /*输出 number 的位数*/
}
```

程序运行结果：

```
请输入一个正整数: 123456↙
该整数反向输入的结果为: 654321
该整数为 6 位数.
```

【例 4-7】从键盘输入一个字符，判别其是否为大写字母，如果是则将其转换成小写字母并输入；否则，不转换也不输出。要求设计一个屏幕界面程序，能提示用户是继续输入字符还是结束输入，用户若按 y 键则继续输入下一个字符，若按其他字符则结束输入。

编程思路分析：

这是一个循环转换字母的程序。通过 ASCII 码表可知，大小写字母之间相差值为 32。

判断一个字符 ch 是否为大写字母，常用的方法有两种：一种是利用表达式'A'<=ch&&ch>='Z' 来判断，另一种是调用库函数 isupper()。字符型函数 isupper()用于检查字符变量 ch 是否为大写字母（A～Z），如果 ch 是大写字符，该函数的返回值为 1，若不是，则返回值为 0。同时，需要注意的是，当用户调用字符型函数 isupper()时，一定要用#include 命令将相应的头文件 ctype.h 包含到源程序中。

在判断字符 ch 是否需转换之前，用户至少要输入一个欲转换的字母，因此，使用 do-while 循环为最佳选择。

程序如下：

```c
/*c4_7.c*/
#include <stdio.h>
#include <ctype.h>
void main( )
{
    char ch,a;
    do
    {
        printf("Enter a letter:");
```

```
        ch=getchar();
        if(isupper(ch))                  /*判断是否为大写字母*/
        printf("%c\n",ch+32);            /*将大写字母转换为小写输出*/
    getchar();                           /*清除输入键盘缓冲区中的 Enter 键字符*/
    printf("\nDo you want to do again?(Y/N)");
    a=getchar();
    getchar();                           /*清除输入键盘缓冲区中的 Enter 键字符*/
    }while(a=='Y'||a=='y');
}
```

程序运行结果：

```
Enter a letter:H✓
h
Do you want to do again?(Y/N)Y✓
Enter a letter:f✓
Do you want to do again?(Y/N)N✓
```

4.4　三种循环语句的比较

通常，for、while、do-while 3 种循环语句可以用来处理同一问题，但为了便于理解，现将其特点比较归纳如下。

（1）for 语句与 while 语句本质上相近，它们都属于先判断循环条件而后执行循环体的循环语句，其循环体有可能一次也不执行。

（2）do-while 语句是先执行循环体而后判断循环条件的循环语句，其循环体至少执行一次。

（3）不论由哪一种循环语句构成的循环结构，在循环体中都应有修改循环控制变量值的语句，否则程序会进入无限循环状态。

在进行循环结构程序设计时，如果循环次数可以在进入循环语句之前确定，使用 for 语句较好；在循环次数难以确定时，使用 while 和 do-while 语句较好。

4.5　跳转语句

C 源程序中的语句通常是按顺序方向，或按语句功能所定义的方向执行的。但如果需要改变程序的正常流程，则可以使用跳转语句。C语言共提供了 4 种跳转语句，分别是：break 语句；continue 语句；goto 语句；return 语句。

其中，return 语句、goto 语句可以应用到程序的任何地方，break 语句、continue 语句常和循环语句一起使用。本节只介绍前三种跳转语句，return 跳转语句将在函数一章中做详尽介绍。

4.5.1　break 语句

break 语句通常用在循环语句和开关语句（switch）中。当 break 用于开关语句 switch 中时，可使程序跳出 switch 块而执行 switch 后面的语句；当 break 语句用于循环语句中时，可使程序提前终止当前层循环而执行循环结构后面的语句。break 语句的一般格式为：

```
break;
```

功能：提前结束当前层循环。即一旦执行了循环体中的 break 语句，当前层循环将会提前结束，不再执行循环体中位于其后的其他语句，进而转向该层循环外的下一条语句执行。

break 语句的使用要点如下。

（1）在循环体中，break 语句通常与 if 语句结合使用，即条件满足时才跳出当前层循环。

（2）在多层循环中，一个 break 语句只向外跳一层，即 break 语句只跳出当前层循环体，如若跳转到最外层则需多次设置 break 语句。

【例 4-8】编程用泰勒公式求 e 的近似值，直到最后一项小于 10^{-6} 为止。

$$e=1+\frac{1}{1!}+\frac{1}{2!}+\frac{1}{3!}+\cdots+\frac{1}{n!}$$

编程思路分析：

这是一个求累加和的问题，循环次数似乎不太明朗，但是给出了循环结束的条件（$\frac{1}{n!}<10^{-6}$），因此可以使用 break 跳转语句，并与 if 搭配使用，即满足条件（$\frac{1}{n!}<10^{-6}$）时结束循环，不再继续累加求和。

源程序如下：

```
/*c4_8.c*/
#include<stdio.h>
#include<math.h>
void main( )
{
  int n;
  float j=1.0,sum=1.0;
  for(n=1;;n++)
  {
    j=j*n;
    sum+=1/j;
    if(fabs(1/j)<1e-6)
      break;
  }
    printf("e=%f\n",sum);
}
```

程序运行结果如下：

```
e=2.718282
```

4.5.2 continue 语句

continue 语句的作用是提前结束本次循环，即遇到 continue 语句时，不执行循环体中 continue 后的语句，而是转去判断循环条件是否依然成立，进而确定下一次循环是否执行。continue 语句只用在 for、while、do-while 等循环体中，常与 if 条件语句结合使用，用来优化循环。continue 语句的一般格式为：

```
continue;
```

功能：提前终止当前这一轮循环。对于 while 和 do-while 循环来说，意味着立即执行条件判定部分，而对于 for 循环来说，则意味着立即执行表达式 3。

【例 4-9】编程把 100～300 之间的能被 25 整除的数输出。

编程思路分析：

本题需反复用 100～300 之间的所有整数除以 25 求商，循环次数为 201 次，所以，在此可以声明一个循环控制变量 n，n 的初始值为 100，循环条件为 $n \leq 300$。

根据题意，当 n 不能被 25 整除时，n 值将不需要输出，也即当 n 不能被 25 整除时，循环体中的部分语句将不被执行，提前结束本次循环，转而执行 n++，判断下一次循环是否执行。据此，可以选用 continue 语句，但 continue 需与 if 结合使用，条件为 n%25!=0。

源程序如下：

```
/*c4_9.c*/
#include <stdio.h>
void main( )
{
  int n;
  for(n=100;n<=300;n++)
  {
   if(n%25!=0) continue;
   printf("%5d",n);
  }
}
```

程序运行结果如下：

```
100  125  150  175  200  225  250  275  300
```

讨论：

%d 表示输出十进制的整数，%5d 中的 5 代表输出的数据宽度，也即输出的十进制整数需要占用 5 个字符位置，如若不足则在数值前面以空格补齐。%-5d 与 %5d 含义基本相似，只不过如若输出的数值占不满 5 个字符的位置，则需要在数值后面以空格补齐。

比较 continue 与 break：continue 只是提前结束本轮循环，而不是终止整个层循环。而 break 用于终止当前层循环，且不再回去判断执行循环体的条件是否成立。在 for 循环中使用两种跳转语句时的程序执行流程如图 4-4 所示。

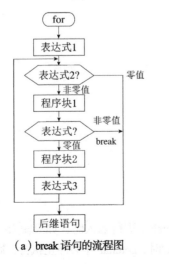

（a）break 语句的流程图

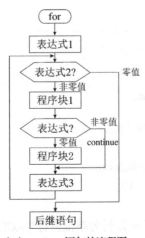

（b）continue 语句的流程图

图 4-4

4.5.3 goto 语句

goto 语句是一种无条件转移语句，其一般格式为：

标号: 语句   ……
……   或   goto 标号;
goto 标号;   ……
……   标号: 语句;

其中，标号是一个有效的标识符，这个标识符加上一个:一起出现在函数内某处，执行 goto 语句后，程序将跳转到该标号处并执行其后的语句。另外，标号必须与 goto 语句同处于一个函数中，但可以不在一个循环层中。通常 goto 语句与 if 条件语句连用，表示当满足某一条件时，程序跳到标号处运行。C 语言不限制程序中使用标号的次数，但各标号不得重名。

goto 语句通常不用，主要因为它将使程序层次不清，且不易读，但在多层嵌套退出时，用 goto 语句则比较合理、快捷。

使用 goto 语句时应注意以下几点。

（1）跳转到一个循环体内是非常危险的，应极力避免这样做。

（2）不能跳转到本函数外。

（3）通常不主张向程序的前面跳转。

（4）goto 语句越少用越好。

【例 4-10】从键盘输入一串字符，统计其字符个数。

编程思路分析：

从键盘输入字符，可以选用 getchar()标准输入函数来实现。

本程序需反复累加字符的个数，在此，可以声明一个整型变量 count 代表字符个数。用 if 语句和 goto 语句构成循环结构。当输入字符不为'\n'时，执行 count++进行计数，然后转移至 if 语句循环执行，直至输入字符为'\n'时才停止循环统计。

源程序如下：

```
/*c4_10.c*/
#include <stdio.h>
void main( )
{
  int count=0;
  printf("input a string : \n");
  loop: if(getchar()!='\n')
  {
    count++;
    goto loop;
  }
  printf("字符个数为: %d\n",count);
}
```

例如输入：ajfkdhkgnv↙

字符个数为：10

讨论：

getchar()函数是以行为单位进行存取的。当用 getchar 进行输入时，如果输入的第一个字符为有效字符，那么只有当最后一个输入字符为换行符'\n'时，getchar 才会停止执行，整个程序将会往下执行。

自从提倡结构化设计以来，goto 就成了有争议的语句。首先，由于 goto 语句可以灵活跳转，能从多重循环的最内层循环一下子跳到最外层循环，如果不加限制，的确会破坏结构化设计风格。其次，当 goto 语句跳过了某些对象的构造、变量的初始化、重要的计算等语句时，经常带来错误或隐患，而编译器对此无法察觉。很多人建议废除 C++/C 的 goto 语句，以绝后患。但实事求是地说，错误是程序员自己造成的，不是 goto 的过错。鉴于 goto 语句的优缺点，我们主张少用、慎用 goto 语句，而不是禁用。

4.6　循环语句的嵌套

如果将一个循环语句用在另一个循环语句的循环体中，就构成了嵌套循环。这种嵌套的过程可以有很多重，一个循环的外面包围一层循环叫作双重循环，如果一个循环的外面包围二层循环叫作三重循环，一个循环的外面包围三层或三层以上的循环叫多重循环。从理论上来讲，循环语句的嵌套可以是无限的。

3 种循环语句 while、do…while、for 可以互相嵌套，自由组合。外层循环体中可以包含一个或多个内层循环结构，但要注意，各循环必须完整包含，相互之间绝对不允许有交叉现象。

在循环嵌套中外层的循环称为外循环，处于循环嵌套中内层的循环称为内循环。可以将多重循环等效为时钟的走针（见图 4-5）。对于由三重循环构成的多重循环结构，时钟对应最外层循环，分针对应中间层循环，秒针对应最内层循环。显然时针走得最慢，对应外层循环变量的变化速度最低，其次是分针，对应中间层循化变量的变化，再次是秒针，对应最内层循环变量的变化，最内层循环变化最快。总之，外循环执行一次，内循环则要执行多次。

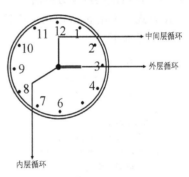

图 4-5　多重循环与时钟的等效

【例 4-11】编程输出九九乘法表口诀。

编程思路分析：

九九乘法表分 9 行 9 列，所以需设置两个循环控制变量 $i(1 \leqslant i \leqslant 9)$ 和 $j(1 \leqslant j \leqslant 9)$，分别控制行和列的变化。在此，设 i 为外层循环变量，控制行；设 j 为内层循环变量，控制列。内外层循环变量的关系即：第 i 行共 i 个小项。i、j 取值如下：

```
i*j    i=1,2,…,9    j=1,2,…,i
```

源程序如下：

```c
/*c4_11.c*/
#include <stdio.h>
void main( )
{
  int i,j;
  for(i=1;i<=9;i++)
  {
    for(j=1;j<=i;j++)
      printf("%d×%d=%-4d",i,j,i*j);
    printf("\n");
  }
}
```

程序运行结果：

```
1×1=1
2×1=2  2×2=4
3×1=3  3×2=6   3×3=9
4×1=4  4×2=8   4×3=12  4×4=16
5×1=5  5×2=10  5×3=15  5×4=20  5×5=25
6×1=6  6×2=12  6×3=18  6×4=24  6×5=30  6×6=36
7×1=7  7×2=14  7×3=21  7×4=28  7×5=35  7×6=42  7×7=49
8×1=8  8×2=16  8×3=24  8×4=32  8×5=40  8×6=48  8×7=56  8×8=64
9×1=9  9×2=18  9×3=27  9×4=36  9×5=45  9×6=54  9×7=63  9×8=72  9×9=81
```

【例 4-12】百元买百鸡问题。用 100 元钱买 100 只鸡，其中母鸡每只 3 元，公鸡每只 2 元，小鸡 1 元 3 只，且每种鸡至少买 1 只。试编程列出其中一种可能的购买方案。

编程思路分析：

设母鸡数为 x，公鸡数为 y，小鸡数为 z，则按题意有：

$3x+2y+z/3=100$

由于母鸡每只 3 元，即使用 100 元全买母鸡，也只能买 33 只，考虑到至少要买一只公鸡和一只小鸡，所以 x 的取值在 1~32 之间。同样，y 的取值为 1~48 之间。而小鸡数由 $100-x-y$ 决定。当找到一种可能的购买方案时，可以采用两种方式实现。

A 方式：采用 goto 语句一步到位。

源程序如下：

```c
/*c4_12A.c*/
#include <stdio.h>
void main( )
{
  int x,y,z;
  for(x=1;x<=32;x++)
  {  for(y=1;y<=48;y++)
    {  z=100-x-y;
       if((z%3==0)&&(3*x+2*y+z/3==100))
      {  printf("hen=%d,cock=%d,chicken=%d\n",x,y,z);
         goto laber;
      }
    }
  }
  laber:;
}
```

程序运行结果：

```
hen=5,cock=32,chicken=63
```

B 方式：使用 break 语句提前结束循环。为此，我们设置一个变量 flag，初始化为 0。当找到一种购买方案时，则置 flag 为 1，然后用 break 结束内循环。进入外循环后，测试 flag 是否为真，若为真，则说明已找到一种方案，再用 break 结束外循环；否则，继续进行循环。

程序如下：

```c
/*c4_12B.c*/
#include <stdio.h>
void main( )
{
  int x,y,z,flag=0;
```

```
for(x=1;x<=32;x++)
{  for(y=1;y<=48;y++)
  {  z=100-x-y;
    if((z%3==0)&&(3*x+2*y+z/3==100))
   {  printf("hen=%d,cock=%d,chicken=%d\n",x,y,z);
     flag=1;
     break;
    }
   }
  if(flag) break;
  }
}
```

程序运行结果：

```
hen=5,cock=32,chicken=63
```

【例 4-13】编程将 20 元人民币换成 1 元、2 元、5 元纸币，列出所有可能的兑换方案。

编程思路分析：

设 m 表示选择 2 元纸币的个数，n 表示选择 5 元纸币的个数。1 元纸币最多有 20 个，2 元纸币最多有 10 个，5 元纸币最多有 4 个。当选择 5 元的 n 个时，剩余纸币为 $20–5 \times n(0 \leqslant n \leqslant 4)$；再选择 2 元的 n（$0 \sim (20–5 \times n)/2$）个，即选择 m 的个数最多为 $(20–5 \times n)/2$ 个；剩余的则是选择 1 元的个数：$20–2 \times m–5 \times n$。

源程序如下：

```
/*c4_13.c*/
#include<stdio.h>
void main( )
{
  int m,n,k=0;
  for(n=0;n<=4;n++)
  for(m=0;m<=(20-5*n)/2;m++)
    printf("第%d种: 1元=%d\t2元=%d\t5元=%d\n",++k,20-2*m-5*n,m,n);
  printf("总的换法=%d\n",k);
}
```

程序运行结果：略

使用多重循环时应注意以下几点。

（1）3 种循环语句可以互相嵌套使用，没有搭配限制，所以实际中循环嵌套的具体形式十分多样。

（2）执行多重循环时，首先判断外循环的条件，如果条件为真，才会执行内层的循环，否则直接退出整个循环。

（3）循环可以嵌套多层。这时，首先应分清不同循环间的层次关系，即明确哪个是外循环，哪个是内循环。如果是内循环，它嵌在第几层。

（4）在多重循环中使用 break 语句时要注意：break 语句一次只能跳出一层循环，故 break 语句在同一个程序中可能会多次使用。同时，要想一次跳出两层或更多层的循环，可用 goto 语句实现，但需提醒的是 goto 语句务必慎用。

4.7 程序设计举例

在程序设计中，如果需要重复执行某些操作，就要用到循环结构。在此，特别提示读者务必注意区分循环结构和分支结构，虽然这两种结构中都用到了条件判断，但条件判断后的执行操作却完全不同，分支结构中的语句只执行一次，而循环结构中的语句，可以重复执行多次。

循环程序的实现要点：

（1）归纳出哪些操作需要反复执行——循环体；

（2）这些操作在什么情况下需要重复执行——循环控制条件。

一旦确定了循环体和循环控制条件，循环结构也就基本确定了，之后再选用 C 语言提供的三种循环语句（for、while 和 do-while）来实现循环。

遇到循环问题，应该怎样区别选用三种循环语句呢？通常情况下，这三种语句是通用的，但在使用上各有特色，略有区别。

一般来说，如果事先给定了循环次数，首选 for 语句，因为 for 语句结构最清晰，循环的 4 个组成部分一目了然；如果循环次数不明确，需要通过其他条件控制循环，通常选用 while 语句或do-while 语句；如果必须先进入循环体，经过循环体运算得到循环控制条件后，再判断是否进行下一次循环，使用 do-while 语句最为合适。

用类似 C 语言的格式描述如下：

```
if（循环次数确定）
    使用 for 语句
else    /*循环次数不确定*/
    if（循环条件在进入循环前确定）
        使用 while 语句
    else    /*循环条件需要在循环体中确定*/
        使用 do-while 语句
```

通过下面一些实例的学习，读者可以进一步理解循环结构程序设计的思路与技巧。

【例 4-14】 求 10 个大于等于 0 且小于等于 100 的数中的最大值和最小值。

编程思路分析：

此题为求极值问题。如果求两个数中的最大（小）值，只要使用一个 if 语句即可实现。如果求 3 个数中的最大（小）值，则要进行各数间的相互比较，程序稍繁。为了简化求极值问题，这里介绍一种新算法，其基本思想是：设置一个最大（小）值变量，让它始终用于存放每次比较后的最大（小）值。然后，用这个变量的值与要比较的数逐个进行比较。比较过程中，如果发现这个最大（小）值变量的值比这个要比较的数小（大），则将这个数存放到最大（小）值变量中，这样，这个变量始终存放着一个所有已比较数中的最大（小）值。当比较完全部的数后，这个变量存放的值就是全部数中的最大（小）值。

那么，这个存放最大（小）值的变量在与数比较前必须赋予一个确定的数值，否则无法进行比较。对于这样一个变量的赋值方法有以下两种方式。

A 方式：极值法

当求一批数据中的最大值时，如果已知最小值，则将这个最小值作为初始值；当求最小值时，如果已知最大值，则将这个最大值作为初始值。

源程序如下：

```
/*c4_14A.c*/
#include<stdio.h>
void main( )
{
  int a,i,max,min;
  max=0;                      /*最大值变量赋初始值为 0*/
  min=100;                    /*最小值变量赋初始值为 100*/
  for(i=1;i<=10;i++)          /*最大值变量赋初始值为 0*/
  {
    scanf("%d",&a);
    if(max<a) max=a;          /*保证 max 始终代表当前数串中的最大值*/
    if(min>a) min=a;          /*保证 min 始终代表当前数串中的最小值*/
  }
  printf("Max=%d,Min=%d\n",max,min);
}
```

程序运行结果：略

B 方式：成员法

当求一批数据中的最大值或最小值时，就取这批数据中的其中一个数据作为初始值。

源程序如下：

```
/*c4_14B.c*/
#include<stdio.h>
void main( )
{
  int a,i,max,min;
  scanf("%d",&a);
  max=min=a;                  /*将输入其中的一个数作为最大值和最小值变量初始值*/
  for(i=1;i<10;i++)           /*与剩下的 9 个数进行比较 */
  {
    scanf("%d",&a);
    if(max<a) max=a;          /*保证 max 始终代表当前数串中的最大值*/
    if(min>a) min=a;          /*保证 min 始终代表当前数串中的最小值*/
  }
  printf("Max=%d,Min=%d\n",max,min);
}
```

程序运行结果：略

【例 4-15】从键盘输入一个正整数 m，编程判断它是否为素数。

编程思路分析：

所谓素数是对于一个大于 1 的自然数，除了 1 和此整数自身外，不能被其他自然数整除的数。换句话说，只有两个正因子（1 和自己）的自然数即为素数。

判断一个正整数 m 是否为素数，需要检查该数是否能被除 1 和自身以外的其他数整除，即判断 m 是否能被 $2 \sim m-1$ 之间的整数整除。所以，最直观的方法是：使用求余运算符%，逐一查看在 $2 \sim m-1$ 之间能否找到一个整数 i 能将 m 整除。若 i 存在，则 m 不是素数；否则，m 即为素数。但这种方法比较的次数较多，太浪费时间。一种比较快速的算法是：让 m 被 i 除（i 从 2 到 $\sqrt{m}$），如果 m 能被 $2 \sim \sqrt{m}$ 之间任何一个整数 i 整除，则提前结束循环。此时 i 必然小于或等于 k（即 $\sqrt{m}$）；如果 m 不能被 $2 \sim k$ 之间的任一整数整除，则在完成最后一次循环后，i 的值大于或等于 $k+1$，因此输出"是素数"。

由于需反复判断 m 是否能被 i 整除，故选用循环结构。

ss 源程序如下：

```
/*c4_15.c*/
#include <stdio.h>
#include <math.h>
void main( )
{
  int m,k,i;
  printf("请输入一个整数: ");
  scanf("%d",&m);
  k=sqrt(m);
  for(i=2;i<=k;i++)
    if(m%i==0)  break;
  if(i>=k+1)
    printf("%d是一个素数。\n",m);
  else
    printf("%d不是素数! \n",m);
}
```

程序运行结果：

请输入一个整数: 63✓
63 不是素数!

【例 4-16】 编程求 Fibonacci 数列 1，1，2，3，5，8，…的前 20 项，要求每行输出 10 个数。

编程思路分析：

由 Fibonacci 数列可以看出其变化规律是：前两项都为 1，从第三项开始，每一项等于前两项之和，因此可以用递推算法求出数列中的每项。本程序采用设置 3 个变量 f1、f2、f。f1 和 f2 的初始值为数列的前两项值 1，执行一次 for 循环求出后一项 f 的值 f1+f2，然后更新 f1 和 f2 的值。题目要求输出前 20 项，循环次数确定，可采用 for 语句实现。

源程序如下：

```
/*c4_16.c*/
#include <stdio.h>
void main( )
{
  int i,f1,f2,f;
  f1=f2=1;
  printf("%6d%6d",f1,f2);              /*先输出数列的前两项*/
  for(i=3;i<=20;i++)
  {
    f=f1+f2;
    printf("%6d",f);
    if(i%10==0)                        /*每输出 10 列后就换行*/
      printf("%\n");
    f1=f2;
    f2=f;
  }
}
```

程序运行结果：

```
1    1    2    3    5    8   13   21   34   55
89  144  233  377  610  987 1597 2584 4181 6765
```

【例 4-17】使用嵌套循环输出下列图形：

####*
###**
##***
#****
*****

编程思路分析：

通过观察图形的显示，可以找到规律，每行的 "*" 出现的个数与行号相等；每行 "*" 前面的 "#" 个数与行号 i 的关系是 $5-i$。因此，我们可以用一个循环控制行号的变化，当给定一个行号后，分别再用循环控制该行上的 "#" 和 "*" 的输出。每行输出完成后，回车换行。

源程序如下：

```c
/*c4_17.c*/
#include<stdio.h>
void main()
{
  int i,m,n;
  for(i=1;i<=5;i++)
  {
    for(m=1;m<=5-i;m++)
      printf("#");
    for(n=1;n<=i;n++)
      printf("*");
    printf("\n");
  }
}
```

程序运行结果：略

【例 4-18】编程实现从键盘输入若干学号，然后输出学号中十位数字是 9 的学号（输入 0 时结束循环）。

编程思路分析：

可用 do-while 语句实现。设学号为变量 num，通过表达式 "num/10%10" 判断其十位数字是否为 9，若为 9 就输出并循环操作，否则不输出返回，直至遇 num 为 0。

源程序如下：

```c
/*c4_18.c*/
#include <stdio.h>
void main( )
{
  long int num;
  scanf("%ld",&num);
  do
  {
    if(num/10%10==9)
      printf("%ld\n",num);
    scanf("%ld",&num);
  }while(num!=0);
}
```

程序运行结果：略

【例 4-19】 从键盘输入 5 名学生的 3 门成绩，编程统计每个学生的平均成绩。

编程思路分析：

因为每个学生都有 3 门课程，故可借助双层嵌套循环来实现。该题给出了学生成绩管理系统的一个小功能，读者在学习了数组和函数章节后再来继续完善，即可实现学生成绩管理系统的全部功能。

源程序如下：

```
/*c4_19.c*/
#include <stdio.h>
void main( )
{
  int i,j;
  float score,sum,ave;
  for(i=0;i<5;i++)
  {
    sum=0;
    printf("Please input 3 scores of students No. %d\n",i+1);
    for(j=0;j<3;j++)
    {
      scanf("%f",&score);
      sum+=score;
    }
    ave=sum/3;
    printf("No.%d ave=%5.2f\n",i+1,ave);
  }
}
```

程序运行结果：略

【例 4-20】 有 1、2、3、4 共 4 个数字，编程统计能组成多少个互不相同且无重复数字的 3 位数?分别是多少?

编程思路分析：

可填在百位、十位、个位的数字可能是 1、2、3、4 中的任意一个数字。当完成所有数字排列后，再去掉不满足条件的数字排列即可实现。

源程序如下：

```
/*c4_20.c*/
#include <stdio.h>
void main( )
{
  int i,j,k,n=0;
  for(i=1;i<5;i++)
  for(j=1;j<5;j++)
  for(k=1;k<5;k++)
  {
    if(i!=k&&i!=j&&j!=k)            /*确保i、j、k 3位互不相同*/
    {
      printf("%d%d%d\n",i,j,k);
      n++;
    }
  }
  printf("能组成%d个互不相同且无重复数字的3位数\n",n);
}
```

程序运行结果：略

小　　结

本章介绍了 C 语言中 while、for 和 do-while3 种循环语句。其中，for 语句使用频率最高，while 语句其次，do-while 语句使用最少。其中，for 语句和 while 语句是先判断表达式后再执行循环体，其循环体可能一次都不执行即结束循环；do-while 语句是先执行循环体后再判断表达式，故而其循环体至少执行一次。读者可根据实际情况在这 3 种循环语句之间做出选择使用。

3 种循环语句可以相互嵌套组成多重循环，循环之间可并列但不能交叉。在多重循环中，外循环变化慢，内循环变化快，外循环循环一次，内循环就要循环多次。所以，建议读者将循环次数多的循环放在内层，将循环次数少的循环放在外层，以减少系统切换循环层的次数，提高工作效率。

在循环体中出现的 break、continue 和 goto 三种跳转语句用于改变循环的执行流程。其中，break 语句用于提前结束整个当前循环层的执行；continue 语句用于提前结束本轮次循环，即加速下一轮循环的开始；goto 语句常用于从多重嵌套循环的最内层跳到最外层，而免去多次使用 break 语句的麻烦，提高了程序运行的效率，在解决一些特定问题时很方便，但该语句有时会破坏程序结构设计的风格，难以控制，常会带来错误或隐患，故务必慎用。

习　　题

4.1　分析下面程序的结果：

（1）

```
#include <stdio.h>
  void main( )
  {
      int m;
      for(m=1;m<100;m++)
      {
        if(m%25!=0)
          continue;
        printf("%4d",m);
      }
  }
```

（2）请写出输入为 3 时程序的输出结果。

```
#include <stdio.h>
void main( )
{
  int i,j,n;
  long sum,term;
  printf("input n:");
  scanf("%d",&n);
  for(sum=0,i=1;i<=n;++i)
  {
    term=1;
    j=1;
    do
    { term*=i;
    }while(++j<=i);
```

```
    sum+=term;
  }
  printf("sum=%ld\n",sum);
}
```

（3）

```
#include <stdio.h>
void main( )
{
  int k=0;
  char c='A';
  do
  {
    switch(c++)
    {
      case 'A':k++;break;
      case 'B':k--;
      case 'C':k+=2;break;
      case 'D':k=k%2;continue;
      case 'E':k=k*10;break;
      default:k=k/3;
    }
    k++;
  }while(c<'G');
  printf("k=%d\n",k);
}
```

（4）

```
#include <stdio.h>
void main()
{
  int num=26,k=1;
  do
  {
    k*=num%10;
    num/=10;
  }while(num);
  printf("k=%d",k);
}
```

（5）

```
#include <stdio.h>
void main()
{
  int i;
  for(i=1;i<=5;i++)
  {
    switch(i%2)
    {
      case 0: i++;printf("#");break;
      case 1: i+=2;printf("*");
      default: printf("\n");
    }
  }
  printf("i=%d\n",i);
}
```

（6）

```
#include <stdio.h>
```

```
    void main()
    {
      int y=10;
      do{y--;}while(--y);
      printf("%d\n",y--);
    }
```

（7）

```
    #include <stdio.h>
    #include <stdio.h>
    void main()
    {
      int m,n;printf("Enter m,n:");
      scanf("%d%d",&m,&n);
      while(m!=n)
      {
       while(m>n)  m-=n;
       while(n>m)  n-=m;
      }
     printf("m=%d\n",m);
    }
```

4.2　分别用三种循环控制语句编写程序，求下面和式的值。

$$s = \sum_{n=1}^{100} n!$$

4.3　编程求 1!+3!+5!+7!+…+19!的值。

4.4　打印出所有的水仙花数。所谓水仙花数是指一个三位数，其各位数字的立方和等于该数字本身，如 xyz=x³+y³+z³。

4.5　输入 n 个数，求其最大数、最小数和平均值。

4.6　将从键盘输入的一对数，由小到大排序输出。当输入一对相等数时结束循环。

4.7　输出显示自然数 1～100 之间除 5 余 2 或能被 9 整除的数。

4.8　假设全班有 30 个学生，编写一个程序，连续输入 30 个学生的计算机考试成绩，并计算出全班学生的计算机平均成绩。

4.9　编程统计用数字 0～9 可以组成多少个没有重复数字的 3 位偶数。

4.10　从键盘输入的一组字符中统计出大写字母的个数 m 和小写字母的个数 n，并输出 m、n 中的较大者。

4.11　使用嵌套循环输出下列图形：

```
******
*    *
*    *
******
```

4.12　已知鸡兔共有 30 只，脚共有 90 只，编程计算鸡兔各有多少只。

4.13　编程实现将从键盘输入的偶数写成两个素数之和。

4.14　编程实现从键盘输入若干学号，然后输出学号中十位数字是 9 的学号（输入 0 时结束循环）。

4.15　设 N 是一个 4 位数，它的 9 倍恰好是其反序数（如 123 的反序数是 321），求 N 的值。

第 5 章
数　　组

前面几章介绍的数据都属于基本数据类型（如整型、实型、字符型）的数据，利用这些基本数据类型可以定义一个个的变量。然而在实际应用中，数据的处理量往往相当多，若利用变量一个个地标识出来很不方便，特别是对于那些数据类型相同，而且彼此之间还有一定关系的数据的处理更加烦琐。

对于此类问题，C 语言提供了构造类型的数据（数组、结构、联合等），用以描述实际应用中更加复杂的数据结构。构造类型是将一系列元素（或称分量、成分）按照一定的规律组织构造而成的数据类型，其以基本类型为基础。构造类型数据结构中的每一个元素相当于一个简单变量。每一个元素都可像简单变量一样被赋值或在表达式中使用。

C 语言中的数组属于构造类型数据结构，其是一些具有相同类型的数据集合，数组中的数据按照一定的顺序排列。同一数组中的每个元素都具有相同的数据类型，有统一的标识名（数组名），用不同的序号（下标）来区分数组中的各元素。根据组织数组的结构不同，又将其分为一维数组、二维数组……依此类推，二维以上的数组称为多维数组，C 语言允许使用任意维数的数组。另外，用于处理字符数据的数组称为字符数组。

当处理大量的同类型数据时，利用数组是很方便的。数组同其他类型的变量一样，也必须先定义，后使用。

5.1　一维数组

具有一个下标的数组称为一维数组。

5.1.1　一维数组的定义

一维数组的定义格式：
存储类型　类型说明符　数组标识符[常量表达式]
例如：

```
int a[10];
static char b[20],c[30];
```

说明：

（1）存储类型：说明数组元素存储的方式，可以是自动型（auto），也可以是静态型（static）或者是外部型（extern）（参见第 6 章）。

（2）类型说明符：用来说明该数组应具有的数据结构类型，其可以是简单类型、指针类型或结构、联合等构造类型。

（3）数组标识符：用来说明数组的名称，如上例中的 a，b，c 均为数组名，定义数组名的规则与定义变量名相同。

（4）[常量表达式]：用来说明数组元素的个数，即数组的长度，其可以是正的整型常量、字符常量或有确定值的表达式。其中方括号不可省略，也不能用圆括号代替。

　　　C 语言编译系统在处理该定义语句时，根据常量表达式的值在内存中分配一块连续的存储空间，将数组元素值按其下标值的顺序依次存放其中。

（5）数组元素的下标值由 0 开始，如由 10 个元素组成的 a 数组，其下标值的顺序为：

　a[0],a[1],a[2],…,a[9]

　　　该数组不存在数组元素 a[10]，系统对越界无提示。

（6）数组名表示数组存储区的首地址，即数组第一个元素存放的地址。

（7）相同类型的数组可在同一语句行中定义，数组之间用逗号分隔符。

（8）C 语言中不允许定义动态数组，即数组的长度不能依赖运行过程中变化着的变量。

例如：下面这样定义数组是不允许的。

```
int i;
scanf("%d",&i);
int data[i];
```

从数组的定义不难看出，定义数组时必须给数组取一个名字，即数组的标识符名称；其次要说明数组的数据类型，即确定类型说明符，表明数组的数据性质；另外还要说明数组的结构，即规定数组的维数和数组元素的个数；必要时还要确定数组的存储类别，它关系到数组所占存储位置的作用域和生存期。这是定义数组的 4 个方面。

5.1.2　一维数组元素的引用

数组一经定义之后，数组元素就能够被引用。C 语言中规定，不能将数组作为整体引用，而只能通过逐个引用数组元素来实现。这样，数组下标对数组的操作就相当重要了，利用数组下标的变化，就可达到对数组元素引用的目的。

一维数组元素的表示形式：

数组名[下标表达式]

其中，下标表达式可以是整型常量、整型变量及其表达式。当数组的长度为 n 时，下标表达式的取值范围为 0，1，2，…，$n-1$，也就是说数组元素的下标是从 0 开始的。若数组定义为：

```
int array[10];
```

表明 array 整型数组中总共有 10 个元素，其中 array[0]是数组中第 1 个元素，array[9]是数组中第 10 个元素。数组元素 array[10]不存在，在使用数组时这一点需要特别注意。数组一经定义后，对各数组元素的操作如同对基本类型的变量操作一样。例如：

```
array[5]=2000;              /* 对第 6 个元素赋值*/
scanf("%d",&a[8]);         /* 对第 9 个元素输入数据*/
printf("%d",a[6]);         /* 输出第 7 个元素数据*/
```

【例 5-1】计算 fibonacci 数列的前 15 个数。

fibonacci 数列具有以下特点：它的第 1 和第 2 个数分别是 0 和 1，从第 3 个数开始每个数是它前两个数之和，即

0　1　1　2　3　5　8　13　21　34

程序如下：

```
/* c5_1.c */
#include "stdio.h"
void main()
{
    int f[15],i;
    f[0]=0;
    f[1]=1;
    printf("%4d%4d",f[0],f[1]);
    for(i=2;i<15;i++)
    {
        f[i]=f[i-1]+f[i-2];
        printf("%4d",f[i]);
    }
}
```

程序运行结果：

0　1　1　2　3　5　8　13　21　34　55　89　144　233　377

【例 5-2】编写一个把输入的十进制数转换为八进制数的程序。

说明：把一个十进制数转换为八进制数的方法是把十进制数不断地整除数字 8，直到它小于 8 为止，每次整除后的余数就构成相应的八进制数的第一位、第二位……为了显示的需要，将得到的每一位数都转换为对应的字符，并将其存储在定义的数组中。

程序如下：

```
/* c5_2.c */
#include "stdio.h"
void main()
{
    int decimal,i,j;
    char trans[20];
    printf("Enter a decimal number:\n");
    scanf("%d",&decimal);
    i=0;
    while(decimal!=0)
    {
        trans[i++]=decimal%8+'0';        /*转换成相应数字字符的 ASCII 码值*/
        decimal/=8;
    }
    for(j=i-1;j>=0;j--)
        printf("%c",trans[j]);
    printf("\n");
}
```

程序运行结果 　　　Enter a decimal number:

输入：　　　　　　88

输出：　　　　　　130

5.1.3　一维数组元素的初始化

数组元素的初始化，就是在定义数组时为数组元素赋初值。在定义数组时初始化数组，可以使数组元素在程序运行之前的编译阶段赋初值，从而节省了运行时间。另外，在程序中的开始位置对数组元素赋初值还有两种途径：①用赋值语句；②用输入语句。这两种方式赋初值要花费运行时间。

1.　在程序中的开始位置对数组元素赋初值

用赋值语句格式"数组元素=常数;"或用 scanf 函数赋初值。例如：

```
#include "stdio.h"
void main()
{
  int x[5],y[10];
  float a[10];
  char c[10];
  for(i=0;i<5;i++)
    x[i]=10;
  for(i=0;i<10;i++)
    scanf("%d%f",&y[i],&a[i]);
  for(i=0;i<10;i++)
    scanf("%c",&c[i]);
  ...
  }
```

2.　一维数组元素在定义数组时的初始化

格式：

存储类型　类型说明符　数组标识符[常量表达式]={常量表达式表};

其中：{ }中各常量表达式是对应的数组元素初值，相互之间用逗号分隔，如：

```
static int a[5]={1,2,3,4,5};
```

其作用是 a[0]=1,a[1]=2,a[2]=3,a[3]=4,a[4]=5。它等价于：

```
static int a[5];
a[0]=1;a[1]=2;a[2]=3;a[3]=4;a[4]=5;
```

说明：

（1）对数组元素赋初值时，可以不指定数组长度，其长度由常量表达式表中初值的个数自动确定。例如：

```
static int a[ ]={1,2,3,4,5};
```

初值有 5 个，故系统自动确定 a 数组的长度为 5。

（2）不允许数组确定的元素个数少于初值个数。例如：

```
static int a[5]={0,1,2,3,4,5,6};
```

系统将提示语法出错信息。

（3）当数组确定的元素个数多于初值个数时，则说明只能给部分数组元素赋初值，未赋值的元素为相应类型的缺省值。C 语言规定 int 类型缺省值为整型数 0，char 类型缺省值为空字符（ASCII 码为 0 的字符）。例如：

```
static int a[5]={1,2,3};
```

其结果为：a[0]=1,a[1]=2,a[2]=3,a[3]=0,a[4]=0

其实，对 static 数组不赋初值，系统会自动对全部数组元素赋予 0 值，即

```
static int a[5];
```

相当于 static int a[5]={0,0,0,0,0};

【例 5-3】求一维数组中所有元素的平均值。

程序如下：

```
/* c5_3.c */
#include "stdio.h"
void main()
{int i;
    static int x[]={9,8,7,6,5,4,3,2};
    float average=0;
    for(i=0;i<8;i++)
        average+=x[i];
    average/=8;
    printf("The average is:%f",average);
}
```

程序运行结果：

```
The average is:5.500000
```

5.2 二 维 数 组

具有两个下标的数组称为二维数组。C 语言允许定义和引用任意维数的数组，其使用与二维数组类似，但超过二维以上的数组在实际的程序设计中使用较少。

5.2.1 二维数组的定义

1. 二维数组的定义形式

二维数组的定义格式：

存储类型 类型说明符 数组标识符[常量表达式 1][常量表达式 2];

例如：

```
static int a[2][3],b[5][5];
char c[10][10];
```

其中，a,b 是静态 int 型二维数组，c 是 char 型二维数组。像定义一维数组一样，以上数组的定义包括了存储类型、数据类型、数组名、数组的大小等内容。上例中 a 数组有 2×3=6 个元素，b 数组有 5×5=25 个元素，c 数组有 10×10=100 个元素。

说明：

（1）格式中常量表达式 1 表示数组的行数，常量表达式 2 表示数组的列数。

（2）二维数组元素的行列下标值也是从 0 开始的。

（3）二维数组每个元素都具有相同的数据类型。

（4）二维数组占有连续的存储空间，各元素按行的顺序排列。

2. 二维数组的存储顺序

在 C 语言中，数组是按照其元素下标的顺序依次存储在内存的连续递增的空间中，即从第一个元素直至最后一个元素连续存储。二维数组的存储顺序是：先按顺序存储第 1 行中的各元素，再按顺序存储第 2 行中的各元素。例如，二维数组 a[2][3]各元素排列的顺序是：

```
a[0][0]  a[0][1]  a[0][2]  a[1][0]  a[1][1]  a[1][2]
```

不难看出，可将二维数组看作是一个特殊的一维数组，即 a 数组是含有 a[0]、a[1] 这两个元素的一维数组，而 a[0]、a[1] 又可看成是各含 3 个元素的一维数组，a[0]、a[1] 分别是这两个一维数组的数组名。有了二维数组的基础，三维数组的理解就不困难了。例如：

```
int a[2][3][4];
```

该数组各元素在内存中排列的顺序为：

```
a[0][0][0]  a[0][0][1]  a[0][0][2]  a[0][0][3]
a[0][1][0]  a[0][1][1]  a[0][1][2]  a[0][1][3]
a[0][2][0]  a[0][2][1]  a[0][2][2]  a[0][2][3]
a[1][0][0]  a[1][0][1]  a[1][0][2]  a[1][0][3]
a[1][1][0]  a[1][1][1]  a[1][1][2]  a[1][1][3]
a[1][2][0]  a[1][2][1]  a[1][2][2]  a[1][2][3]
```

同理，a 数组是含有 a[0]、a[1] 这两个元素的二维数组，a[0] 数组是含有 a[0][0]、a[0][1]、a[0][2] 这 3 个元素的一维数组，a[1] 数组是含有 a[1][0]、a[1][1]、a[1][2] 这 3 个元素的一维数组。每个一维数组含有 4 个数组元素。

5.2.2　二维数组元素的引用

二维数组元素的引用格式：

数组名[下标表达式1][下标表达式2];

说明：

（1）下标表达式可以是整型常量、整型变量及其表达式。

（2）对基本数据类型的变量所能进行的各种操作，也都适合于同类型的二维数组元素。

例如：

```
…
static int a[2][3],b[5][5];
char c[10][10];
a[1][1]=123;
b[2][3]=a[1][1]*3+a[1][1]/3;
c[5][5]='h';
…
```

（3）通过"&"运算可得到二维数组元素的地址。

例如：a[1][1]元素的地址可表示为 & a[1][1]。

（4）从键盘上为二维数组元素输入数据，一般需要使用双重循环。

下面两语句分别以按行、列的方式从键盘上为数组的每个元素输入数据：

按行的方式输入

```
for(i=0;i<2;i++)
   for(j=0;j<3;j++)
      scanf("%d",&a[i][j]);
```

按列的方式输入

```
for(i=0;i<3;i++)
   for(j=0;j<2;j++)
      scanf("%d",&a[j][i]);
```

【例 5-4】从键盘上为一个 5×5 整型数组赋值，找出其中的最小值和最大值，并显示出来。

程序如下：

```
/* c5_4.c */
#include "stdio.h"
void main()
```

```
{
  int a[5][5];
  int j,i,min,max;
  for(i=0;i<5;i++)
  for(j=0;j<5;j++)
    scanf("%d",&a[i][j]);
  min=a[0][0];max=a[0][0];
  for(i=0;i<5;i++)
  for(j=0;j<5;j++)
  {
    if(min>a[i][j]) min=a[i][j];
    if(max<a[i][j]) max=a[i][j];
  }
  printf("min=%d max=%d",min,max);
}
```

5.2.3 二维数组元素的初始化

像一维数组元素的初始化一样，二维数组在被定义时或在程序中的开始位置也能为数组元素赋初值。二维数组元素的赋初值有以下几种方法。

1. 在程序中的开始位置对数组元素赋初值

用赋值语句格式"数组元素=常数;"或用 scanf 函数赋初值。例如：

```
#include "stdio.h"
void main()
{
  int x[5][5];
  float y[10][10];
  char a[10][70];
  for(i=0;i<5;i++)
  for(j=0;j<5;j++)
    x[i][j]=1;
  for(i=0;i<10;i++)
  for(j=0;j<10;j++)
    scanf("%f",&y[i][j]);
  for(i=0;i<10;i++)
    scanf("%s",a[i]);
  ...
}
```

2. 二维数组元素在定义数组时的初始化

格式：

存储类型　类型说明符　数组标识符[常量表达式1][常量表达式2]={常量表达式表};

具体定义方式如下。

（1）初值按行的顺序排列，每行都用一对花括号括起来，各行之间用逗号隔开。例如：

```
static int x[3][2]={{1,2},{3,4},{5,6}};
```

语句中第 1 对花括号内的各数据依次赋予第 1 行中的各元素，第 2 对花括号内的各数据依次赋予第 2 行中的各元素，第 3 对花括号内的各数据依次赋予第 3 行中的各元素。每行元素所赋初值如下：

x[0][0]=1、x[0][1]=2、x[1][0]=3、x[1][1]=4、x[2][0]=5、x[2][1]=6

这种初始化方式，也可以只为每行中的部分元素赋初值，如

```
static int a[3][2]={{1},{3},{5}};
```

未赋值的元素初值为 0。

```
static int a[3][4]={{ },{3},{5}};
```

其中 a[1][0]=3、a[2][0]=5，余下元素的初值将自动设置为 0。

（2）可以像一维数组那样，将所有元素的初值写在一对花括号内，编译系统将这些有序数据按数组元素在内存中排列的顺序（按行）依次为各元素赋初值，如

```
static int a[2][3]={1,2,3,4,5,6};
```

a 数组经过上面的初始化后，每个数组元素分别被赋予如下初值：

a[0][0]=1、a[0][1]=2、a[0][2]=3、a[1][0]=4、a[1][1]=5、a[1][2]=6

C 语言允许在定义二维数组时不指定第一维的长度（即行数），但必须指定第二维的长度（即列数），由于第一维的长度可以由系统根据常量表达式表中的初值个数来确定，这样，在常量表达式表中必须要给出所有数组元素的初值，如：

```
static int a[ ][3]={1,2,3,4,5,6};
```

此时，编译系统会根据数组初值的个数来分配存储空间，由于 a 数组共有 6 个初值，列数为 3，所以可确定第一维的长度为 2，即 a 为 2×3 的整型数组。

特别需要注意的是，在单纯定义二维数组时，所有维的长度都必须给出，不能省略。

【例 5-5】从键盘为一个 5×5 整型数组输入数据，并找出主对角线上元素的最大值及其所在的行号。

程序如下：

```
/* c5_5.c */
#include "stdio.h"
void main()
{
 int a[5][5],i,j,max,row;
 for(i=0;i<5;i++)
 for(j=0;j<5;j++)
  scanf("%d",&a[i][j]);
 max=a[0][0];
 row=0;
 for(i=1;i<5;i++)
  if(max<a[i][i])
  {
    max=a[i][i];
    row=i;
  }
 printf("max=%d,row=%d",max,row);
}
```

【例 5-6】将一个二维数组行和列元素值互换，存到另一个二维数组中。

$$a = \begin{bmatrix} 1 & 2 & 3 \\ 4 & 5 & 6 \end{bmatrix} \qquad b = \begin{bmatrix} 1 & 4 \\ 2 & 5 \\ 3 & 6 \end{bmatrix}$$

程序如下：

```
/* c5_6.c */
#include "stdio.h"
void main()
{
  static int a[2][3]={{1,2,3},{4,5,6}};
  static int b[3][2],j,i;
  printf("array a:\n");
  for(i=0;i<=1;i++)
  {
    for(j=0;j<=2;j++)
    {
      printf("%5d",a[i][j]);
      b[j][i]=a[i][j];
    }
    printf("\n");
  }
  printf("array b:\n");
  for(i=0;i<=2;i++)
  {
    for(j=0;j<=1;j++)
      printf("%5d",b[i][j]);
    printf("\n");
  }
}
```

程序运行结果：

```
rray a:
    1   2   3
    4   5   6
array b:
    1   4
    2   5
    3   6
```

5.3 字符数组

用来存放字符数据的数组称为字符数组，其数据类型为 char。同其他类型的数组一样，字符数组既可以是一维的，也可以是多维的。前文已介绍，char 型变量只能存放一个由单引号括起来的字符，同样，字符型数组中的每一个元素也只能存放一个字符型数据。

5.3.1 字符数组的定义

一维字符数组的定义格式：

存储类型 char *数组标识符*[常量表达式]；

例如：

static char c[10],p[100];

该语句定义了数组名为 c、p 的两个一维字符数组，前者共包含 10 个元素，后者共包含 100

个元素，每个元素可存储一个字符。

例如：

```
c[0]='a';   c[1]='b';   c[2]='c';   c[3]='d';   c[4]='e';
c[5]='f';   c[6]='g';   c[7]='h';   c[8]='i';   c[9]='j';
```

二维字符数组的定义格式：

存储类型 char 数组标识符[常量表达式1][常量表达式2];

例如：

```
char str[5][5];
```

该语句定义了数组名为 **str** 的二维字符数组，5 行 5 列，共有 25 个元素，每个元素可存储一个字符。例如：

```
str[0][0]='a'; str[0][1]='a'; str[0][2]='a'; str[0][3]='a'; str[0][4]='a';
str[1][0]='b'; str[1][1]='b'; str[1][2]='b'; str[1][3]='b'; str[1][4]='b';
str[2][0]='c'; str[2][1]='c'; str[2][2]='c'; str[2][3]='c'; str[2][4]='c';
str[3][0]='d'; str[3][1]='d'; str[3][2]='d'; str[3][3]='d'; str[3][4]='d';
str[4][0]='e'; str[4][1]='e'; str[4][2]='e'; str[4][3]='e'; str[4][4]='e';
```

由于字符型数组与整型数组可互相通用（在 ASCII 的范围），故上述定义也可改为：

```
int c[10],p[100];
int str[5][5];
```

5.3.2　字符数组的引用

字符数组的引用格式：

一维字符数组的引用格式：

数组名[下标表达式];

二维字符数组的引用格式：

数组名[下标表达式1][下标表达式2];

例如：

```
#include "stdio.h"
void main()
{ int i;
  char str[15];
  str[0]='I';str[1]=' ';str[2]='a';str[3]='m';str[4]=' ';
  str[5]='a';str[6]=' ';str[7]='s';str[8]='t';str[9]='u';
  str[10]='d';str[11]='e';str[12]='n';str[13]='t';str[14]='.';
  for(i=0;i<15;i++)
    printf("%c",str[i]);
}
```

程序运行结果：

```
I am a student.
```

例如：

```
#include "stdio.h"
void main()
{ int i,j;
  char ch[3][5];
```

```
ch[0][0]=' ';ch[0][1]=' ';ch[0][2]='*';ch[0][3]='*';ch[0][4]='*';
ch[1][0]=' ';ch[1][1]='*';ch[1][2]='*';ch[1][3]='*';ch[1][4]=' ';
ch[2][0]='*';ch[2][1]='*';ch[2][2]='*';ch[2][3]=' ';ch[2][4]=' ';
for(i=0;i<3;i++)
{ printf("\n");
  for(j=0;j<5;j++)
    printf("%c",ch[i][j]);
}
}
```

程序运行结果:

```
  ***
 ***
***
```

5.3.3　字符数组的初始化

像一维数组元素或二维数组元素的初始化一样，字符数组也能在被定义时初始化或在程序中的开始位置为数组元素赋初值。下面主要介绍字符数组在被定义时的初始化。

格式:

一维字符数组：*存储类型 类型说明符 数组标识符*[常量表达式]={常量表达式表};
二维字符数组：*存储类型 类型说明符 数组标识符*[常量表达式1][常量表达式2]={常量表达式表};

例如:

```
#include "stdio.h"
void main()
{ int i;
  static char str[15]={'I',' ','a','m',' ','a',' ','s','t','u','d','e','n','t','.'};
  for(i=0;i<15;i++)
    printf("%c",str[i]);
}
```

程序运行结果同上。

如果提供的初值个数与预定的数组长度相同，则在定义时，可以省略数组长度，系统会自动地根据初值个数确定数组长度。例如:

```
static char str[]={'I',' ','a','m',' ','a',' ','s','t','u','d','e','n','t','.'};
```

该语句将数组 str 的长度自动定为 15。用这种方式可以不必去计算字符的个数，尤其是对赋初值的字符个数较多时比较方便。例如:

```
#include "stdio.h"
void main()
{ int i,j;
  static char ch[3][5]={{' ',' ','*','*','*'},{' ','*','*','*',' '},{'*','*','*',' ',' '}};
  for(i=0;i<3;i++)
    { printf("\n");
      for(j=0;j<5;j++)
        printf("%c",ch[i][j]);
    }
}
```

　　　　常量表达式表中的初值个数可以少于数组元素的个数，这时，将只为数组的前几个元素赋初值，其余未赋值的元素将自动被赋以空字符。如果常量表达式表中的初值个数多于数组元素的个数，则被当作语法错误来处理。
注意

【例 5-7】从键盘输入由 5 个字符组成的单词，判断此单词是不是 hello，并给出提示信息。
程序如下：

```
/* c5_7.c */
#include "stdio.h"
void main()
{  static char text[ ]={'h', 'e', 'l', 'l', 'o'};
   char buff[5];
   int i,flag=0;
   for(i=0;i<5;i++)
     buff[i]=getchar();
   for(i=0;i<5;i++)
     if(buff[i]!=text[i])
     {  flag=1;
        break;
     }
   if(flag)
     printf("This word is not hello");
   else
     printf("This word is hello");
}
```

5.3.4 字符串及其结束标志

C 语言不像其他语言有字符串变量功能，对字符串的处理只能通过字符数组进行，下面将单独对字符串的内容进行讨论。

1. 字符串

所谓"字符串"是指若干 C 语言规定的有效字符序列，包括字母、数字、专用字符、转义字符等。在 C 语言中规定，字符串是用双引号括起来的字符序列，也称为字符串常量。

例如：下面都是合法的字符串：

"china"、"HUST"、"fortran"、"a+b=c"、"IBM-PC"、"3.14159"、"%d\n"

2. 字符串结束标志

若要在屏幕上显示"How do you do?"这行信息，按以前所学知识要用循环操作将字符串中的字符一个个地输出，利用字符数组可用如下程序实现。

```
#include "stdio.h"
void main()
{ int i;
  static char x[14]={'H','o','w',' ','d','o',' ','y','o','u',' ','d','o','?'};
  for(i=0;i<14;i++)
    printf("%c",x[i]);
}
```

对于这句较短的信息，其循环次数一看就知道，即事先知道字符串中有效字符的个数，若是一个很长的字符串，那就困难了。为了有效而方便地处理字符串，C 语言利用了字符数组。在利用字符数组进行处理时，设计者可不必了解数组中有效字符的长度就可方便地处理字符串。其基本思想是：在每个字符数组中有效字符的后面（即字符串末尾）加上一个特殊字符"\0"作为字符串的结束标志。在处理字符数组的过程中，一旦遇到特殊字符"\0"就表示已经到达字符串的末尾，即字符串结束。"\0"代表 ASCII 码值为 0 的字符，该字符是一个不可显示的字符，仅是一个"空操作符"。

另外，C 语言允许用一个简单的字符串常量来初始化一个字符数组，而不必使用一串单个字

符，如

```
static char str[ ]={"How do you do?"};
```

其中，左右花括号可以省略。该初始化语句的结果如下所示：

```
str[0]='H'    str[1]='o'    str[2]='w'    str[3]=' '    str[4]='d'    str[5]='o'
str[6]=' '    str[7]='y'    str[8]='o'    str[9]='u'    str[10]=' '   str[11]='d'
str[12]='o'   str[13]='?'   str[14]='\0'
```

从语句上看，str 数组只应有 14 个元素，而实际有 15 个元素。这是由于编译系统自动在字符串的末尾加上了一个特殊字符 "\0" 的结果，所以 str 数组就有了 15 个元素。

该初始化语句等价于下面的语句：

```
static char str[]={'H','o','w',' ','d','o',' ','y','o','u',' ','d','o','?','\0'};
```

显然，用一个简单的字符串常量来初始化一个字符数组比用这条初始化语句要简单得多。需要注意的是，C 语言并不要求所有的字符数组的最后一个字符一定是 "\0"，但为了处理上的方便，往往需要以 "\0" 作为字符串的结尾。另外，C 语言库函数中有关字符串处理的函数，如 strcmp 等，一般都要求所处理的字符串必须以 "\0" 结尾，否则，将会出现错误。

【例 5-8】检测某一给定字符串的长度（字符数），不包括结束符 "\0"。

程序如下：

```
/* c5_8.c */
#include "stdio.h"
void main()
{   static char str[ ]={"Computer"};
  int i;
  i=0;
  while(str[i]!='\0')
    i++;
  printf("The length of string is%d",i);
}
```

5.3.5 字符数组的输入/输出

字符串的输入/输出实际上是落实到字符数组的输入/输出上，其方法有如下两种。

（1）按字符逐个输入或输出。

（2）按字符串整个输入或输出。

1. 对字符数组按字符逐个输入或输出

【例 5-9】从键盘上输入字符串 "How are you?"，并将其显示在屏幕上。

程序如下：

```
/* c5_9.c */
#include "stdio.h"
void main()
{ char a[20];
  int i;
  for(i=0;i<12;i++)
    scanf("%c",&a[i]);
  for(i=0;i<12;i++)
    printf("%c",a[i]);
}
```

程序运行结果：

输入：How are you?

输出：How are you?

2. 对字符数组按整个字符串输入/输出

【例5-10】从键盘上输入字符串"Computer"，并将其显示在显示屏幕上。

程序如下：

```
/* c5_10.c */
#include "stdio.h"
void main()
{  char s[20];
   scanf("%s",s);
   printf("%s",s);
}
```

程序运行结果：

输入：Computer

输出：Computer

（1）当逐个输入/输出字符时，要用"%c"格式符，且要指明数组元素的下标，若对字符数组按整个字符串输入/输出时，应使用格式符"%s"。

（2）由于数组名就是数组的起始地址，因此在 scanf 函数和 printf 函数中只需写出数组名 s 即可，不应再加取地址运算符&。即 scanf("%s",&s); 的写法是错误的。

（3）输出字符串内容中不包含结束标志符"\0"。

（4）如果字符数组长度大于字符串实际长度，按整个字符串输出时，"\0"以后的内容不输出。例如：

```
…
static char str[10]={"Comp\0uter"};
printf("%s",str);
…
```

只输出"Comp"4 个字符，而不是 10 个字符。

（5）当 scanf 函数用格式符"%s"输入整个字符串时，终止输入用空格和回车。

例如：

对**【例5-8】**，若输入：How are you?

则输出：How

这是因为 scanf 函数只将字符串中第一个空格前的"How"输入到字符数组中，所以输出字符串时只输出了"How"。利用该方式一次可输入多个字符串。为了解决 scanf 函数不能完整地读入带有空格的字符串，C 语言专门提供了一个字符串函数 gets，它可读入包括空格的字符串，直到遇到回车符为止。对应的输出字符串函数是 puts，用 puts 函数输出时，将字符串中的"\0"转换成"\n"，即输出完字符串后换行。请看下例。

```
#include "stdio.h"
void main()
{  char ch[20];
   gets(ch);
   puts(ch);
}
```

程序运行结果：

输入：How are you?

输出：How are you?

【例 5-11】编程序使用格式符"%s"来输入字符串，使用格式符"%c"来显示字符串。
程序如下：

```
/* c5_11.c */
#include "stdio.h"
void main()
{   char str[10];
    int i;
    printf("input a string:");
    scanf("%s",str);
    i=0;
    while(str[i]!= '\0')
    {   printf("%c",str[i]);
        i++;
    }
}
```

5.3.6　常用的字符串处理函数

C 语言编译系统中提供了很多有关字符串处理的库函数，这些库函数为字符串处理提供了方便。这里简单介绍几个有关字符串处理的函数。

1．输出字符串函数 puts

格式：puts(字符数组名);

功能：puts 函数用于输出一个以\0结尾的字符串，在输出时将"\0"转换为"\n"，且输出的字符串中可以包含转义字符。

例如：

```
…
static char str[ ]={"hubei\nwuhan"};
puts(str);
…
```
输出: hubei
　　　 wuhan

使用 puts 函数输出字符串时，需要使用#include 命令将"stdio.h"头文件包含到源文件中。

2．输入字符串函数 gets

格式：gets(字符数组名);

功能：gets 函数用于将输入的字符串内容存放到指定的字符数组中。

例如：将从键盘上输入的字符串内容存放到 ch 字符数组中。

```
…
char ch[10];
gets(ch);
…
```

使用 gets 函数输入字符串时，需要使用#include 命令将"stdio.h"头文件包含到源文件中。

　　在使用 gets 函数和 puts 函数时只能输入或输出一个字符串，不能写成 puts(str1,str2)或 gets(str1,str2)。

3. 字符串复制函数 strcpy

格式：strcpy(字符数组名,字符串名);

　　　　　strcpy(字符数组名1,字符数组名2);

功能：将字符串内容复制到字符数组中。

 　　复制字符串时是一个字符一个字符地复制，直到遇到 "\0" 字符为止，其中 "\0" 字符也复制了。

例如：

（1）字符串内容复制到字符数组

```
...
char str[10];
strcpy(str,"abcde");
...
```

（2）字符数组内容复制到字符数组

```
...
static char str1[ ]="string";
char str2[10];
strcpy(str2,str1);
...
```

（1）复制字符串时不允许使用简单的赋值方式实现，如下面的赋值就是错误的。

```
...
static char str1[ ]="string";
char str2[10];
str2=str1;
...
```

　　赋值语句只能将一个字符赋予一个字符型变量或字符数组的元素，字符串之间相互赋值内容只能用 strcpy 函数来处理。

　　（2）在使用 strcpy 函数复制一个字符串时，要使用#include 命令将 "string.h" 头文件包含到源文件中。

　　（3）字符数组1的长度必须定义得足够大，以便容纳被复制的字符串，否则会出错。

　　（4）若将字符串或字符数组2前面的若干个字符复制到字符数组1中，则应用 strncpy 函数，其格式为：

　　　　　strncpy(字符数组,字符串,字符个数);

　　　或　strncpy(字符数组1,字符数组2,字符个数);

例如：

（1）

```
...
static char str2[ ]={"How are you? "};
char str1[20];
strncpy(str1,str2,3);
...
```

（2）

```
...
char str[20];
strncpy(str,"computer",3);
...
```

4. 字符串比较函数 strcmp

格式：strcmp(字符串名1,字符串名2);

功能：将两个字符串的对应字符自左至右逐个进行比较（按 ASCII 码值大小），直到出现不同字符或遇到 "\0" 字符为止。比较结果由函数值带回。

说明：

（1）字符串中的对应字符全部相等，且同时遇到 "\0" 字符时，才认为两个字符串相等，否则，以第一个不相同的字符的比较结果作为整个字符串的比较结果。

（2）strcmp 函数调用形式如下：

```
...
char str1[30],str2[30];
gets(str1);
gets(str2);
p=strcmp(str1,str2);
...
```

（3）strcmp 函数的返回值 *p* 是一整数，其含义如下：

p<0	str1 小于 str2
p=0	str1 等于 str2
p>0	str1 大于 str2

注意　　在使用 strcmp 函数比较两个字符串时，需要使用#include 命令将 "string.h" 头文件包含到源文件中。

5. 字符串连接函数 strcat

格式：strcat(字符数组名 1,字符数组名 2);

功能：将字符数组 2 的内容连接到字符数组 1 的后面，并在最后加一个 "\0"，且将结果存放在字符数组 1 中。

说明：

（1）字符数组 1 必须足够长，以便容纳字符数组 2 中的全部内容，即

```
static char str1[20]="Happy ";
static char str2[10]="New Year!";
strcat(str1,str2);
```

该函数执行完后，str1 字符数组中的内容为：

```
"Happy New Year!"
```

（2）在连接前两个字符串后面都有一个 '\0'，连接时将字符数组 1 后面的 "\0" 去掉，只在新字符串后面保留一个 "\0"。

（3）使用 strcat 函数连接两个字符串时，应使用#include 命令将 "string.h" 头文件包含到源文件中。

（4）strcat 函数的返回值是字符数组 1 的地址。

例如：

```
...
char str1[20]={"This is a "};
char str2[ ]={"string."};
printf("%s",strcat(str1,str2));
...
```

程序运行结果：

```
This is a string.
```

该例中的输出语句也可用下面两条语句代替。

```
...
strcat(str1,str2);
```

```
printf("%s",str1);
...
```

6. 测字符串长度函数 strlen

格式：strlen(字符数组);

　　　　strlen(字符串);

功能：测试字符数组中字符串的长度。

说明：

（1）函数值为不包括'\0'在内的字符数组中字符串的实际长度值。

（2）还可以直接对字符串求长度。

例如：

...

```
static char str[12]={"Chinese"};
printf("%d",strlen(str));
printf("%d",strlen("Chinese"));
```

其结果都为 7。

5.4　使用数组的程序设计方法

C 语言程序设计中数组有着广泛的应用价值，对应这些应用又有许多算法与之呼应，查找与排序就是数组中常用的两种操作算法。

5.4.1　排序

1. 一维数组的排序操作

所谓排序（sorting）就是把数组中的元素按其值递增或递减的次序排列。排序是数据处理中常见的操作，有许多方法，选择法排序是诸多排序算法的一种。基本做法是：逐次重复地找出数组中最小值（或最大值），按被找到的先后次序将数组元素排列起来，从而实现数组的排序。在排序过程中，通常用一个存储单元作为在排序过程中数组元素值交换时的数据暂存单元。

【例 5-12】有一数组 a[7]，其元素值及排列次序如下：

```
4,5,9,12,17,3,1
```

要求：用选择法排序将其按升序排列。

解题算法思路如下。

第 1 次从这 7 个元素中选择（找出）值最小的元素，将其与数组中的第 1 个元素进行值的交换。第 2 次选择是从数组中第 2 个元素起的 7-1 个元素中选择值最小的元素，将该元素与数组的第 2 个元素进行值的交换。第 3 次、第 4 次、第 5 次、第 6 次都按这种方式进行。每选择一次，就排好一个元素的次序，然后再对余下的元素进行选择，最后剩下一个元素（数组中最大的元素）时，排序就完成了。

根据上述选择排序方法，每次选择后，各元素的次序可表述如下：

数组初始状态：[4，5，9，12，17，3，1]

第 1 次选择后：1，[5，9，12，17，3，4]

第 2 次选择后：1，3，[9，12，17，5，4]

第 3 次选择后：1，3，4，[12，17，5，9]
第 4 次选择后：1，3，4，5，[17，12，9]
第 5 次选择后：1，3，4，5，9，[12，17]
第 6 次选择后：1，3，4，5，9，12，[17]

至此该数组排序完毕。方括号中的内容是待排序的数组元素值。

归纳起来，选择法排序（按升序）的基本方法是先选出最小值元素和第 1 个元素交换位置，然后，再对剩下的 $n-1$ 个元素重复这样的选择和交换，这样不断重复至所有的元素都被排序为止。

程序如下：

```c
/* c5_12.c */
#include "stdio.h"
void main()
{ int a[10],i,j,k,temp,min;
 printf("Enter 10 numbers:\n");
 for(i=0;i<10;i++)
   scanf("%d",&a[i]);
 for(i=0;i<9;i++)
 {  k=i+1;
    min=i;
    for(j=k;j<10;j++)
     if(a[j]<a[min]) min=j;
    temp=a[i];
    a[i]=a[min];
    a[min]=temp;
 }
 printf("The sorted numbers:\n");
 for(i=0;i<10;i++)
   printf("%d,",a[i]);
}
```

程序运行结果：

```
Enter 10 numbers:
15 -24 10 43 -12 52 -61 33 -23 8
The sorted numbers:
-61, -24, -23, -12, 8, 10, 15, 33, 43, 52
```

2. 二维数组的排序

二维数组的排序是逐行和逐列进行的，其在某行或某列中进行的操作过程与一维数组一样，也是将该行或该列的各元素按升序（或降序）排列。值得注意的是：先按行排序后按列排序与先按列排序后按行排序的结果是不一样的，如有一数组

4 5 9
2 8 6
7 3 1

要求以升序排序。

若先按行排序，再按列排序，其结果为：

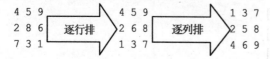

4 5 9　逐行排　2 6 8　逐列排　1 3 7
2 8 6　　　　　1 3 7　　　　　2 5 8
7 3 1　　　　　4 5 9　　　　　4 6 9

若先按列排序，再按行排序，其结果为：

```
4 5 9            2 3 1            1 2 3
2 8 6   逐列排    4 5 6   逐行排   4 5 6
7 3 1            7 8 9            7 8 9
```

【例 5-13】要求对二维数组 x[3][3]按升序排序。

程序如下：

```c
/* c5_13.c */
#include "stdio.h"
#define M 3
#define N 3
void main()
{  int x[M][N];
   int i,j,k,l,min,temp;
   printf("Input array x[M][N]:\n");
   for(i=0;i<M;i++)
   for(j=0;j<N;j++)
     scanf("%d",&x[i][j]);
   for(l=0;l<M;l++)
   for(i=0;i<N-1;i++)
   {  k=i+1;min=i;
      for(j=k;j<N;j++)
        if(x[l][j]<x[l][min]) min=j;
      temp=x[l][i];
      x[l][i]=x[l][min];
      x[l][min]=temp;
   }
   for(l=0;l<N;l++)
   for(i=0;i<M-1;i++)
   {  k=i+1;min=i;
      for(j=k;j<N;j++)
        if(x[j][l]<x[min][l]) min=j;
      temp=x[i][l];
      x[i][l]=x[min][l];
      x[min][l]=temp;
   }
   printf("Output array x[3][3]:\n");
   for(i=0;i<M;i++)
   {  for(j=0;j<N;j++)
        printf("%3d",x[i][j]);
      printf("\n");
   }
}
```

程序运行结果：

```
Input array x[3][3]:
9 8 7 6 5 4 3 2 1
Output array x[3][3]:
  1  2  3
  4  5  6
  7  8  9
```

该程序先将二维数组的各行元素逐行按升序排序，然后再将二维数组的各列元素逐列按升序排序。

5.4.2 查找

查找（search）是指在数组中查找与给定值相同的数组元素。查找的方法很多，本书只介绍顺序查找法和折半查找法。选择使用何种方法因人和具体数组的特征而定，如未经排序的数组只能用顺序查找法，已排序的数组可以用顺序查找法，也可以用折半查找法。下面介绍这两种查找方法。

1. 顺序查找法

顺序查找法是最简单的查找方法。若在一个一维数组 y[10]中查找给定值 x，其过程是：先从数组的第 1 个元素 y[0]查起，看是否等于 x，若等于 x，即找到了，否则，接着查找第 2 个元素 y[1]，第 3 个元素 y[2]，…，第 10 个元素 y[9]。顺序查找法不要求被操作的数组是否排序。

【例 5-14】 设有一个数组 y[10]，x 为需查找的数组元素值，其顺序查找的程序如下：

```c
/* c5_14.c */
#include "stdio.h"
void main( )
{   static int y[10]={12,8,54,11,22,55,61,74,24,35};
    int x,i,flag=0;
    scanf("%d",&x);
    for(i=0;i<10;i++)
      if(y[i]==x) { flag=1; break; }
    if(flag==0)
      printf("No found");
    else
      printf("y[%d]=%d",i,y[i]);
}
```

程序中使用了变量 flag 作为查找到否的标志。若数组中有多个数组元素值与变量 x 值相等时，变量 flag 也可作为计数器用。

【例 5-15】 有一个 3×4 的矩阵，要求编程求出其中值最大的那个元素及所在的行号和列号。
程序如下：

```c
/* c5_15.c */
#include "stdio.h"
void main( )
{ int a[3][4],i,j,row,col,max;
  for(i=0;i<3;i++)
  for(j=0;j<4;j++)
    scanf("%d",&a[i][j]);
  max=a[0][0];
  row=0;
  col=0;
  for(i=0;i<3;i++)
  for(j=0;j<4;j++)
    if(a[i][j]>max)
      { max=a[i][j];
        row=i;
        col=j;
      }
  printf("max=%d,row=%d,col=%d\n",max,row,col);
}
```

2. 折半查找法

顺序查找的程序算法简单，但查找效率不高，当数据量很大时不宜采用。对具有大量数据的数组则宜采用折半查找法。采用折半查找法时，数组应是已排好序的。

折半查找的基本思想是：首先找出数组的中项，若该元素就是要查的那个元素，则查找结束。否则，应判断所查元素位于数组中哪个部分，然后保留可能的这一半，舍弃另一半。再找出保留的那一半中项，重复上述的判断操作。按这样一次次地继续下去，直到查找完为止。

【例 5-16】若有一数组 y[k]已按升序排列，要查找与给定值 x 相等的元素值。

解题算法思路如下。

① 确定查找范围，n=0，m=k−1。

② 计算中项，i=(n+m)/2。

③ 若 y[i]=x 或 m=n，则查找结束；否则，向下继续查找。

④ 若 y[i]＜x，说明与给定值 x 相等的元素值只可能在比中项元素大的范围内，则把 i+1 的值赋予 n，转去执行步骤②；若 y[i]＞x，说明与给定值 x 相等的元素值只可能在比中项元素小的范围内，则把 i−1 的值赋予 m，转去执行步骤②。

程序如下：

```c
/* c5_16.c */
#include "stdio.h"
void main()
{ static int y[10]={5,7,8,14,25,36,44,50,69,80};
  int i,n,m,x;
  n=0;m=9;
  scanf("%d",&x);
  while(n<=m)
    {
      i=(n+m)/2;
      if(y[i]==x)break;
      if(y[i]<x) n=i+1;
      if(y[i]>x) m=i-1;
    }
  if(y[i]!=x)
    printf("No found");
  else
    printf("%d,%d",i,y[i]);
}
```

5.5　程序设计举例

【例 5-17】从键盘输入一个整数，将其插入到升序数组中，且插入操作完成后的数组仍按升序排列。该题目可以采用如下两种方法来编程。

方法 1

程序如下：

```c
/* c5_17a.c */
#include "stdio.h"
void main()
{ int value,t1,t2,i,j;
  static int a[11]={1,10,20,30,40,50,60,70,80,90};
                            /*在 a 数组中多设一个元素的位置，以便进行插入操作*/
    for(i=0;i<10;i++)
      printf("%3d",a[i]);
    putchar('\n');
```

```
      scanf("%d",&value);                    /*读入待插入的数据*/
      if(value>=a[9])                        /*若value大于等于原数组中最后一个元素*/
        a[10]=value;                         /*则将其插入数组中的最后一个位置*/
      else
        for(i=0;i<10;i++)
          if(a[i]>value)
          { t1=a[i];
            a[i]=value;
            for(j=i+1;j<11;j++)
            {   t2=a[j];
                a[j]=t1;
                t1=t2;                       /*t1保存下次插入的数据*/
            }
            break;                           /*插入完成后，直接跳出外层循环*/
          }
      for(i=0;i<11;i++)
        printf("%3d",a[i]);
}
```

说明：此程序用的方法是，首先查找到插入的位置，然后采取向后递推的方式，插入读入的数据。

方法 2

程序如下：

```
/* c5_17b.c */
#include "stdio.h"
void main()
{ int value,t,i,j;
  static int a[11]={1,10,20,30,40,50,60,70,80,90};
  for(i=0;i<10;i++)
    printf("%3d",a[i]);
  putchar('\n');
  scanf("%d",&value);
  a[10]=value;
  for(i=10;i>0;i--)
    if(a[i]<a[i-1])
      {t=a[i]; a[i]=a[i-1]; a[i-1]=t; }
    else
      break;
  for(i=0;i<11;i++)
    printf("%3d",a[i]);
}
```

说明：此程序采用的方法是，首先将待插入元素存入数组中最后一个元素的位置处，然后从数组的最后一个元素开始，将相邻的两个元素进行比较，当后面的元素小于前面的元素时，进行交换操作，当后面的元素不小于前面的元素时，表明插入操作结束。

【例 5-18】从键盘上输入两个字符串，比较这两个字符串是否相等。

程序如下：

```
/* c5_18.c */
#include "stdio.h"
void main()
{ char str1[10],str2[10];
```

```
  int i,flag=1;
  gets(str1);
  gets(str2);
  i=0;
  while(str1[i]==str2[i])
  {
    if(str1[i]=='\0'&&str2[i]=='\0')
      {flag=0;break;}
    i++;
  }
  if(flag)
    printf("The two strings are not equal");
  else
    printf("The two strings are equal");
}
```

【例 5-19】利用冒泡法将数组元素值按从小到大的顺序排列。

冒泡法排序的基本思想如下。

将第 1 个数和第 2 个数进行比较，小的放在前面，大的放在后面，然后将第 2 个数和第 3 个数进行比较，同样是将小的放在前面，大的放在后面，依次类推，这样，第 1 遍扫描后，将找出最大的数，且被放在整个数据的最后；第 2 遍扫描仍从第 1 个数开始，相邻两个数进行比较，并将小的放在前面，大的放在后面，这一遍扫描完成后，将找到除最大数之外的剩余数据中的最大数，并将其放在倒数第 2 的位置上；依次类推，直到排序结束为止。

根据上述冒泡排序方法，每次选择后，各元素的次序可表述如下。

数组初始状态：[4，5，9，12，17，3，1]

第 1 次冒泡后：[4，5，9，12，3，1]，17

第 2 次冒泡后：[4，5，9，3，1]，12，17

第 3 次冒泡后：[4，5，3，1]，9，12，17

第 4 次冒泡后：[4，3，1]，5，9，12，17

第 5 次冒泡后：[3，1]，4，5，9，12，17

第 6 次冒泡后：[1]，3，4，5，9，12，17

至此该数组排序完毕。方括号中的内容是待排序的数组元素值。

从以上分析不难看出，对于 n 个数的排序，需进行 $n-1$ 次比较，对第 i 次比较需进行 $n-i$ 两两比较。

归纳起来，冒泡法排序（按升序）的基本方法是：将范围内的数组元素值从左到右两两比较，选出小值元素置于左边位置，大值元素置于右边位置，直到将找出的最大的元素值置于最右边；然后，再对剩下的 $n-1$ 个元素重复这样的交换处理，这样不断重复直到所有的元素都被排序为止。

程序如下：

```
/* c5_19.c */
#include "stdio.h"
void main()
{ int a[10],i,j,temp;
  printf("Input 10 integer numbers:");
  for(i=0;i<10;i++)
    scanf("%d",&a[i]);
  for(i=0;i<9;i++)
    for(j=0;j<9-i;j++)
      if(a[j]>a[j+1])
      { temp=a[j];
```

```
        a[j]=a[j+1];
        a[j+1]=temp;
      }
  for(i=0;i<10;i++)
    printf("%d",a[i]);
}
```

【例 5-20】输入一行字符，统计其中有多少个单词（单词间以空格分隔，如输入"I am a boy."，有 4 个单词）。

算法：单词的数目由空格出现的次数决定（连续出现的空格计为出现一次；一行开头的空格不算），应逐个检测每一个字符是否为空格。用 num 表示单词数（初值为 0），word=0 表示前一字符为空格，word=1 表示前一字符不是空格，word 初值为 0。如果前一字符是空格，当前字符不是空格，说明出现新单词，num 加 1。程序设计流程图如图 5-1 所示。

程序如下：

```
/* c5_20.c */
#include "stdio.h"                    /* gets()函数在该头文件定义 */
void main()
{
  char string[81];
  int i,num=0,word=0;
  char c;
  gets(string);
  for(i=0;(c=string[i])!='\0';i++)
    if(c==' ') word=0;
    else if(word==0)
    { word=1;
      num++;
    }
    else
      ;
      printf("There are %d words in the line\n",num);
}
```

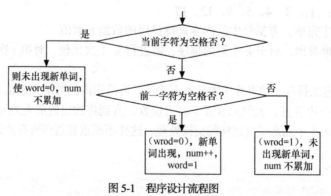

图 5-1　程序设计流程图

小　　结

在 C 语言中数组是最重要而且是最基本的数据类型。使用数组时应注意以下几点。

（1）数组是若干数据类型相同的元素的有序集合。数组元素在内存中按行的次序连续存放。

（2）C 语言的数组元素下标从 0 开始。

（3）数组名表示数组存储的首地址，数组的首地址也是数组中第一个数组元素的地址。

（4）排序和查找是数组典型的操作，实际应用中较广泛。

（5）C 语言中不使用字符串变量的概念，而是使用字符数组对字符串进行存储和处理。字符数组中一个元素对应字符串的一个字符。C 语言的字符串末尾都带有隐含的 null（即 "\0"）字符，通常由系统自动地添加在字符串的后面，因此，对于字符数为 n 的字符串其占用内存空间为 $n+1$ 个字节。在对字符串操作时，经常用 "\0" 字符来检测字符串是否结束，而不是一定要以数组的长度来判断。

习　题

5.1　现有一实型一维数组 A[12]，其各元素值在内存中排列的顺序为：

　　1.0，15.5，9.5，−23.0，8.4，66.5，7.1，22.0，54.5，−34.0，11.3，32.5

请按下列要求编写程序求答案。

（1）数组中元素值最小的数组元素。

（2）数组中元素值最大的数组元素。

（3）数组中某数组元素值等于另外两个数组元素值之和的等式。

（4）数组中某数组元素值等于另外两个数组元素值之差的等式。

5.2　现有一实型二维数组 A[4][3]，其各元素值在内存中排列的顺序为：

　　4.0，28.0，15.5，−9.5，−23.0，8.0，56.0，2.0，28.0，7.0，6.2，5.0

请按下列要求写出各题的答案。

（1）数组中元素值最小的数组元素。

（2）数组中元素值最大的数组元素。

（3）数组中某数组元素值等于另外两个数组元素值之积的等式。

（4）数组中某数组元素值等于另外两个数组元素值之商的等式。

5.3　完成下列各数组的数组说明语句。

（1）定义一个有 100 个数组元素的整型一维数组 r。

（2）定义一个有 100 行 100 列的实型二维数组 s。

（3）定义一个整型三维数组 t，第一维长度为 3，第二维长度为 4，第三维长度为 5。

（4）定义一个实型四维数组 q，第一维长度为 6，第二维长度为 5，第三维长度为 4，第四维长度为 3。

5.4　说明下面各数组定义的含义，并指出对各数组元素所赋的值。

（1）float a[10]={3.,4.5,6.0,8.4,-32.8,3.2,56.0,4.5,2.3,1.5};

（2）int b[10]={3,5,0,12,34,7,8,9,41,88};

（3）float c[2][4]={1.,2.,3.,4.,5.,6.,7.,8.};

（4）int d[3][3]={{1,2,3},{4,5,6},{7,8,9}};

（5）int e[ ][4]={1,2,3,4,5,6,7,8,9,10,11,12};

5.5　按下列要求完成对各数组的初始化数组语句。

（1）实型一维数组 A[12]，其各元素值在内存中排列的顺序为：

　　1.0，15.5，9.5，−23.0，8.4，66.5，7.1，22.0，54.5，−34.0，11.3，32.0

（2）整型二维数组 A[3][3]，其各元素值在内存中排列的顺序为：

　　1，2，3，4，5，6，7，8，9

（3）实型三维数组 A[2][3][2]，其各元素值在内存中排列的顺序为：

　　1.0，15.5，9.5，−23.0，8.4，66.5，7.1，22.0，54.5，−34.0，11.3，32.0

5.6　用数组定义语句和 scanf 语句完成 5.4 题中各小题相应的功能。

5.7　有一整型二维数组 a[10][10]，按下列要求写出各题的 C 语言程序段。

（1）按行输出所有的数组元素。

（2）按列输出所有的数组元素。

（3）输出主对角线上的所有元素。

（4）输出副对角线上的所有元素。

（5）输出上三角阵（包含主对角线元素）的所有元素。

（6）输出上三角阵（包含副对角线元素）的所有元素。

（7）输出下三角阵（包含主对角线元素）的所有元素。

（8）输出下三角阵（包含副对角线元素）的所有元素。

5.8　阅读、分析下列程序，并写出运行相应程序后的输出结果。

（1）

```
#include "stdio.h"
void main()
{ static int a[10]={1,1,1,1,1,1,1,1,1,1};
  int i,j;
  for(i=0;i<10;i++)
  for(j=0;j<i;j++)
    a[i]=a[i]+a[j];
  for(i=0;i<10;i++)
    printf("%d\n",a[i]);
}
```

（2）

```
#include "stdio.h"
void main()
{  static int a[200];
   int i,j,n;
   for(i=0;i<200;i++)
     a[i]=0;
   n=100;
   for(i=0;i<n;i++)
   for(j=0;j<n;j++)
     a[j]=a[i]+1;
   printf("%d\n",a[n-1]);
}
```

（3）

```
#include "stdio.h"
void main()
{ int a,b=0;
  static int c[10]={1,2,3,4,5,6,7,8,9,0};
  for(a=0;a<10;++a)
    if((c[a]%2)==0) b+=c[a];
```

```
      printf("%d",b);
    }
```

（4）

```
#include "stdio.h"
void main()
{ int a,b=0;
  static int c[10]={1,2,3,4,5,6,7,8,9,0};
  for(a=0;a<10;++a)
    if((a%2)==0) b+=c[a];
  printf("%d",b);
}
```

（5）

```
#include "stdio.h"
void main( )
{ int a,b=0;
  int c[10]={1,2,3,4,5,6,7,8,9,0};
  for(a=0;a<10;++a)
    b+=c[a];
  printf("%d",b);
}
```

（6）

```
#include "stdio.h"
int c[10]={1,2,3,4,5,6,7,8,9,0};
void main( )
{ int a,b=0;
  for( a=0;a<10;++a)
    if((c[a]%2)==1) b+=c[a];
  printf("%d",b);
}
```

5.9　编写一个程序，完成 5.1 题的要求。

5.10　编写一个程序，完成 5.2 题的要求。

5.11　对给定的整型一维数组 a[100]赋值，要求给奇数下标值的元素赋负值，偶数下标值的元素赋正值。

5.12　给整型二维数组 b[3][4]输入 12 个数据，计算并输出数组中所有正数之和、所有负数之和。

5.13　对稀疏数组 a[20]（所谓稀疏数组，即有若干数组元素值为 0 的数组），编写一个程序，将所有非零元素值按紧密排列形式转移到数组的前端。（要求：程序中不再开辟其他的单元作为数组元素值的缓存单元）

5.14　用选择法编写一个程序，使存储在整型数组 a[100]中的各元素值按升序排列存放。（要求：程序中至多允许使用一个缓存单元）

5.15　试编写一个程序，把下面的矩阵 a 转置成矩阵 b 的形式。（用两种算法完成）

$$a=\begin{bmatrix}1 & 2 & 5\\3 & 4 & 8\\6 & 7 & 9\end{bmatrix} \qquad b=\begin{bmatrix}9 & 7 & 6\\8 & 4 & 3\\5 & 2 & 1\end{bmatrix}$$

5.16　设二维数组 b[5][4]中有鞍点，即 b[i][j]元素值在第 i 行中最小，且在第 j 列中最大，试编写一程序找出所有的鞍点，并输出其下标值。也可能没有。

5.17 按如下图案打印杨辉三角形的前 10 行。杨辉三角形是由二项式定理系数表组成的图形，其特点是两个腰上的数都为 1，其他位置上的每一个数是它上一行相邻的两个整数之和。

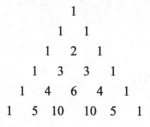

```
            1
          1   1
        1   2   1
      1   3   3   1
    1   4   6   4   1
  1   5  10  10   5   1
```
············

5.18 从键盘输入一个数，然后在一个整型一维数组 a[20]中，用折半查找法找出该数是数组中第几个元素的值。如果该数不在数组中，则打印 "No found"。

5.19 编写一个程序，求一个二维矩阵的转置矩阵，即将原矩阵行列互换的结果。

5.20 说明下面各数组定义的含义，并指出对各数组元素所赋的值。

（1）static char flag[4]={'T', 'R', 'U', 'E'};

（2）static char flag[ ]={"TRUE"};

（3）static char a[3][7]={"Chine","Canada","Japan"};

5.21 输入一串字符，分别统计其中数字 0，1，2，…，9 和各字母出现的次数，并按出现的多少输出（先输出出现次数多的字母，次数相同的按字母表顺序输出，不出现的字母不输出）。

5.22 编程打印如下图形。

```
      *
    *   *
  *       *
    *   *
      *
```

5.23 有一篇文章共有 3 行文字，每行有 80 个字符。要求统计出其中英文大写字母、小写字母、数字、空格以及其他字符的个数。

5.24 有一电文，已按下列规律译成译码：

A→Z   a→z

B→Y   b→y

C→X   c→x

······

即第一个字母变成第 26 个字母，第 i 个字母变成第（26−i+1）个字母，非字母字符不变。编写一个程序将密码译成原文，并输出密码和原文。

5.25 编写一个程序，将两个字符串 s1 和 s2 比较。若 s1 > s2，输出正数 1；若 s1 等于 s2，输出 0；若 s1 < s2，输出负数−1。（要求：不能使用 strcmp 函数）

5.26 输入下述 8 个国家或地区名字的字符串：CHINA、JAPAN、KOREA、INDIA、CANADA、AMERICA、ENGLAND 和 FRANCE，将这些国家或地区名按字典顺序排序。

第6章
函数和模块设计

在 C 语言程序设计中往往将一个较大的程序分解成若干个较小的、功能单一的程序模块来实现，这些完成特定功能的模块称为子程序。通过对这些子程序的组织和调用，来实现整个程序的功能要求。这些功能比较独立的子程序模块称为函数。C 语言程序文件由若干函数组成，具有结构化程序设计的特点。C 语言程序中使用的函数包括两种：一种是由系统提供的标准库函数（简称标准函数），这种函数不需要用户定义即可使用，如 scanf 函数和 printf 函数等。这些在编写程序时常用的函数由 C 语言编译设计者预先按最优化的要求编写好，以程序库的形式提供给用户使用，用户使用时可按库函数给出的函数名和有关规则直接调用。另一种是用户自定义的函数（简称自定义函数），尽管标准库函数能为程序设计提供方便，使程序的质量和效率得以提高，但其数量有限，不能完全满足用户的特殊要求。因此，C 语言容许用户自已设计函数，用户可按 C 语言的函数规则定义其函数名称、使用的参数、完成的功能和运行的结果。这种按用户的需求设计的函数必须先定义后使用。

6.1 结构化程序设计

结构化程序设计（Structured Programming）是荷兰学者 E.W.Dijkstra 等人在研究人的智力局限性随着程序规模的增大而表现出来的不适应之后，于 1969 年提出的一种程序设计方法，这是一种面对复杂任务时避免混乱的技术。程序结构规范化要求对复杂问题的求解过程应按大脑容易理解的方式进行组织，而不是强迫大脑去接受难以忍受的冲击。

程序结构规范化规定了一套方法，要求程序具有合理的结构，以保证和验证程序的正确性，这种方法要求程序设计者不能随心所欲地编写程序，而要按照一定的结构形式来设计和编写程序，它的一个重要目的是使程序具有良好的结构，使程序易于设计，易于理解，易于调试修改，以提高设计和维护程序工作的效率。

在 Dijkstra 的时代，goto 语句曾经引发了一场规模不小的争议，从那以后，goto 就不被程序员青睐了。虽然到了最后，人们并没有把 goto 语句处以"极刑"，然而亦鲜有人撰文提及 goto 语句的用处，只能读到关于 goto 语句弊病的文章。在各种程序设计教科书上几乎都提到了 goto，并且清一色地建议其读者在编程时不用 goto 语句，因为"可以证明，任何一个程序都可以使用 3 种基本的结构来构成，goto 语句是多余的"。

6.1.1 结构化程序设计的基本概念

虽然从严格的学术观点上看，C 语言是块结构（block - structured）语言，但是它还是常被称为结构化语言。这是因为它在结构上类似于 ALGOL、Pascal 和 Modula-2（从技术上讲，块结构语言允许在过程和函数中定义过程或函数。用这种方法，全局和局部的概念可以通过"作用域"规则加以扩展，"作用域"管理变量和过程具有"可见性"。因为 C 语言不允许在函数中定义函数，所以不能称之为通常意义上的块结构语言）。

结构化语言的显著特征是代码和数据的分离。这种语言能够把执行某个特殊任务的指令和数据从程序的其余部分分离出去、隐藏起来。获得隔离的一个方法是调用使用局部（临时）变量的子程序。通过使用局部变量，能够写出对程序其他部分没有副作用的子程序，这使得编写共享代码段的程序变得十分简单。如果开发了一些分离很好的函数，在引用时仅需要知道函数做什么，不必知道它如何做。切记：过度使用全局变量会由于意外的副作用而在程序中引入错误。

结构化语言比非结构化语言更易于程序设计，用结构化语言编写的程序清晰，更易于维护。这已是人们普遍接受的观点。

C 语言的主要结构成分是函数。在 C 语言中，函数是一种构件（程序块），是完成程序功能的基本构件。函数允许一个程序的诸任务被分别定义和编码，使程序模块化。可以确信，一个好的函数不仅能正确工作且不会对程序的其他部分产生副作用。

结构化程序设计方法的 4 条原则如下。

（1）自顶向下。

（2）逐步求精。

（3）模块化。

（4）限制使用 goto 语句。

6.1.2 结构化程序设计的基本特征

具体来说，结构化程序设计的思想包括以下 3 方面的内容。

（1）程序由一些基本结构组成。任何一个大型的程序都由 3 种基本结构所组成，如图 6-1 所示。由这些基本结构顺序地构成了一个结构化的程序。

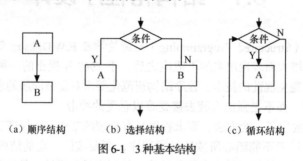

（a）顺序结构　　　（b）选择结构　　　（c）循环结构

图 6-1　3 种基本结构

顺序结构：一种简单的程序设计，最基本、最常用的结构。

选择结构：又称分支结构，包括简单选择和多分支选择结构，可根据条件，判断应该选择哪一条分支来执行相应的语句序列。

循环结构：可根据给定条件，判断是否需要重复执行某一相同程序段。

结构化定理表明，任何一个复杂问题的程序设计都可以用顺序、选择和循环这 3 种基本结构组成，且它们都具有以下特点：只有一个入口；只有一个出口；结构中无死循环，程序中 3 种基本结构之间形成顺序执行关系。

（2）一个大型程序应按功能分割成一些功能模块，并把这些模块按层次关系进行组织。

（3）在程序设计时应采用自顶向下逐步细化的实施方法。

按结构化程序设计方法设计出的程序优点有结构良好、各模块间的关系清晰简单、每一模块内都由基本单元组成。这样设计出的程序清晰易读，可理解性好，容易设计，容易验证其正确性，也容易维护。同时，由于采用了"自顶向下、逐步细化"的实施方法，能有效地组织人们的智力，有利于软件的工程化开发。

6.2 函数的定义和调用

函数是 C 语言程序的一种基本组成部分，C 语言程序的功能是通过函数之间的调用来实现的，一个完整的 C 语言程序可由一个或多个函数组成。

【例 6-1】编写一个程序，从键盘输入立方体的长、宽、高，在屏幕上输出立方体的体积。

程序如下：

```
/*c6_1.c*/
#include "stdio.h"
float volume(float a,float b,float c)
{ float v;
  v=a*b*c;
  return(v);
}
void main( )
{ float a,b,c,v;
  scanf("%f,%f,%f",&a,&b,&c);
  v=volume(a,b,c);
  printf("v=%f",v);
}
```

说明：

① 一个 C 语言程序必须有一个且只能有一个名为 main 的函数，即主函数。无论 main 函数位于程序的什么位置，运行时总是从 main 开始执行。

② 一个 C 语言程序可由一个或多个函数组成，该例中包含 main 和 volume 两个函数。

③ C 语言中函数与函数之间都是互相独立的，不能嵌套定义。

④ 除 main 函数之外，函数都是通过调用来执行的。即使程序中定义了函数，未调用时也不能执行。特别注意的是，任何函数都不能调用 main 函数。

⑤ 自定义函数必须先定义后使用。程序中的 volume 函数就是自定义函数。

⑥ main 函数中的 volume(a,b,c); 就是自定义函数的调用。

⑦ volume 函数中的 return(v); 语句表示将自定义函数计算的结果返回到 main 函数。

6.2.1 函数的定义

函数定义的格式：

[存储类型] [类型说明符] 函数名([形式参数说明列表])
{
  说明部分
  语句部分（函数体部分）
}

说明：

（1）函数名是唯一标识一个函数的字符串，它的命名规则同变量完全一样。应注意的是，在一个程序中不同的函数其名字不能相同。

（2）当函数有返回值时，在函数名的前面应加上返回值的类型说明，必要时还应说明其存储方法。

（3）形式参数说明列表是用于调用函数和被调用函数之间进行数据传递的，使用时需在表中进行类型说明。形参表可以是空的，也可以由多个形参组成，当形参表中有多个形参时，每个形参之间用逗号隔开，不管形参表中是否有参数，都要用左、右圆括号括起来。

（4）由左、右花括号括起来的部分称为函数体，由说明部分和语句部分组成的。

说明部分用于对函数内所使用的变量的类型进行说明，以及对所调用的函数的类型进行说明；语句部分由 C 语言的基本语句组成，是函数功能的核心部分。

【例 6-2】求给定值 x 的阶乘的函数。

程序如下：

```
/*c6_2.c*/
long facto(int x)
{
  long y;
  for(y=1;x>0;--x)
    y=y*x;
  return(y);
}
```

注意

由于返回值 y 是长整型的数据，故应用 long 来说明该函数的数据类型。

没有任何操作内容的函数称为空函数。在程序设计中将准备扩充功能的地方写一个函数，该函数什么也不做，先占一个位置，在程序需要扩充功能时，再用一个编好的函数取代它。例如：

```
函数名()
    { }
```

注意

对于无参函数或空函数，函数名后面的圆括号不能省略。

6.2.2　函数的调用

1．函数调用格式及执行过程

函数调用语句的格式：

函数名([实参列表]);

注意

（1）实参列表中的实参类型、个数及其顺序必须与函数定义时的形参类型、个数及其顺序完全一致，当有多个实参时，相互之间需用逗号隔开。

（2）作为实参的量可以是常量、有值的变量或运算表达式。

（3）C 语言随版本的不同，对实参表求值的顺序也会不同。Visual C++6.0 是按自右向左的顺序求值，而有的系统是按自左向右的顺序求值。

【例 6-3】实参求值顺序举例。

程序如下：

```
/*c6_3.c*/
#include "stdio.h"
void main()
{ int i=1,n;
 n=f(i,++i);
 printf("\nn=%d\n",n);
}
f(int a,int b)
{ int c;
 if(a>=b)
   c=1;
 else
   c=0;
 return(c);
}
```

程序运行结果: n=1

该程序若按自左向右顺序求实参的值，则函数调用相当于 f(1,2)，执行结果应为 n=0；反之，若按自右向左顺序求实参的值，则函数调用相当于 f(2,2)，程序执行结果为 n=1。

函数调用语句的执行过程如下。

（1）首先计算每个实参表达式的值，并把此值存入所对应的形参单元中。

（2）执行流程转入函数体，执行函数体中的各语句。

（3）函数体执行完之后，return(c)返回到调用该函数的函数中的调用处的下一条语句去执行。

2．函数的调用方式

在 C 语言中，调用函数对被调用函数调用时，按函数在程序中出现的位置来分，可以有以下3 种调用方式。

（1）以函数调用语句形式调用

当函数调用不要求返回值时，可由函数调用加上分号构成实现，该函数调用作为一个独立的语句使用。例如：

```
hust();
```

（2）以函数表达式的一个运算对象形式调用

函数调用作为一个运算对象直接出现在一个表达式中，例如：

```
k=hust(m,n)*hust(i,j);
```

该赋值语句包含两个函数调用，每个函数调用都是表达式的一个运算对象。因此，要求函数应带回一个确定的值参加表达式的运算，这种表达式称为函数表达式，其中 hust(m,n)*hust(i,j)就是函数表达式。

（3）以函数调用中的一个实际参数形式调用

将函数调用放在另一个函数调用的实际参数表中，以其值作为该函数调用的一个实参，传递给被调用函数的形参，例如：

```
k=hust(hust(m,n),j);
printf("%d",power(a,b));
```

由于函数调用的实参允许是表达式形式，故函数调用作为实参也是允许的。

3．对被调用函数的使用说明

在程序中调用另一个函数时，要满足以下 3 个条件。

（1）被调用函数可以是已存在的用户自定义函数或库函数。

（2）若是库函数，应用#include命令将有关库函数所需的信息包含到本文件中，例如：

```
#include <stdio.h>   (输入输出库函数)
```

其中，"stdio.h"是一个"头文件"，stdio 是 Standard input & output 的缩写，意为"标准输入/输出"。在 stdio.h 中包含输入/输出库函数所用的一些宏定义信息，否则，就无法使用输入/输出库中的函数。有关文件包含的概念参见第 9 章。

（3）若是用户自定义的函数，且该函数与调用它的函数（即调用函数）在同一个源文件中，则在调用函数中应对被调用函数返回值的类型加以说明。对被调用函数进行说明的作用是告诉系统在本函数中将要用到的某函数是什么类型，也就是说明函数的返回值的类型，以便在主调用函数中按说明的类型对函数值做相应的处理。类型说明的一般格式为：

类型说明符 被调用函数名();

（1）格式中的类型说明与被调用函数在函数定义时的函数类型说明应一致，这种说明称为显式说明。

（2）当被调用函数的定义位于调用函数之前时，可不必做函数类型说明。例如：

```
float count(int n)
{ float s;
  ...
  return(s);
}
void main()
{ float s;
  ...
  s=count(10);
}
```

（3）如果函数没有返回值或返回值的类型为整型，可不进行类型说明，编译系统自动进行处理。

（4）C 语言允许在所有函数的外面、文件的开头对函数的类型进行说明，这样，在调用函数中就可以不对被调用函数的类型进行说明，例如：

```
float count();
#include "stdio.h"
void main()
{ float s;
  ...
  s=count(10);
  ...
}
float count(int n)
{ float s;
  ...
  return;
}
```

【例 6-4】求长方体体积的程序。

程序如下：

```
/*c6_4.c*/
#include <stdio.h>
void main()
{ float volume(float a,float b,float c);  /* 对自定义函数 volume 说明*/
```

```
  float x,y,z,v;
  scanf("%f%f%f",&x,&y,&z);
  v=volume(x,y,z);                        /* 调用自定义函数 volume*/
  printf("v=%f\n",v);
}
float volume(float a,float b,float c)
{ float d;
  d=a*b*c;
  return(d);
}
```

在该程序中，主函数在输入 x，y，z 的值后，调用自定义函数 volume，由于 volume 函数调用在先，定义在后，所以在主函数中需要对被调用函数的函数类型进行说明，因此，在主函数中，使用了"float volume();"语句。

为了明确程序中函数返回值的类型，在调用函数中对被调用函数的说明往往都采用显式类型说明的方法，以便阅读和理解。

6.2.3 函数的返回值

函数调用的目的通常是为了得到一个计算结果（即函数值），利用返回语句（return）将计算结果（返回值）返回给调用程序，同时，也使程序的执行流程转到调用语句的下一语句去执行。

返回语句格式：

```
return (表达式);
或  return 表达式;
```

【例 6-5】编一函数，求 $1+1/2+1/3+\cdots+1/n$ 的值。

在此题目中，由于 n 是可变的，不同的 n 将会得到不同的结果，所以，应该把 n 作为函数的参数。

程序如下：

```
/*c6_5.c*/
float count(int n)
{ int i;
  float s;
  if(n<=0)
  { printf("The%d is invalid",n);
    return(0);
  }
  else
  { s=0;
    for(i=1;i<=n;i++)
      s+=1/(float)i;              /*将值强制转换成实型，否则，1/i 可能为 0*/
    return(s);
  }
}
```

若函数有返回值，在函数定义和函数调用时应对返回值的类型加以说明，并且数据类型一般都要求一致。

示例 1 在被调函数中的说明

```
float count(int n)                    /*float 说明返回值 s 的数据类型*/
{ float s;
  ...
```

```
    return(s);
}
```

示例 2　在调用函数中的说明

```
#include "stdio.h"
void main()
{ float count(int n);            /*说明被调用函数的数据类型*/
  float s;
  ...
  s=count(20);
  ...
}
```

下面对函数的返回值说明如下。

（1）系统默认的返回值类型为整型，故当函数的返回值为 int 型时，在函数定义时，返回值的类型说明可以省略。

（2）当函数有返回值时，凡是允许表达式出现的地方，都可以调用该函数。

（3）当函数没有返回值时，函数的返回值类型可以说明为 void 型，它表示"无类型"或"空类型"。在调用无返回值的函数时，往往是以单独的调用语句出现的。常用的 printf 函数就是这种形式的函数调用，如

```
printf("Hello!");
```

（4）函数的返回值类型一般应当与 return 语句中的表达式值的类型一致，但 C 语言也允许不一致，这时，则以函数定义时的返回值类型说明为准，并自动地将 return 语句中表达式的值转换为函数的返回值类型。

（5）无返回值的函数中使用 return 语句的格式为：

```
return;
```

无返回值的函数应说明为 void 型，如【例6-6】。

【例 6-6】 打印 n 个空格的函数。

程序如下：

```
/*c6_6a.c*/              或         /*c6-6b.c*/
void spc(int n)                    void spc(int n)
{                                  {
 int i;                             int i;
 for(i=0;i<n;i++)                   for(i=0;i<n;i++)
   printf("%c",' ');                  printf("%c",' ');
 return;                 }
}
```

（1）上例函数中不带 return 时，其右花括号将流程返回调用函数。

（2）当无返回值的函数将 void 省掉时，函数将返回一个不确定的值。例如：

定义一个函数：

```
line(int n)
{
  int i;
  for(i=1;i<=n;i++)
```

```
        printf("%c",'-');
     return;
   }
```

调用该函数：

```
...
printf("%d",line(30));
...
```

运行结果：

输出一段虚线的同时，还输出 line 函数的返回值，它是一个不确定的值。

若将上例定义改为：

```
void line(int n)
```

在调用时就不能使用其函数值了，否则，将引起编译错误。

（3）在一个函数中容许使用一个或多个 return 语句，程序执行到其中一个 return 即返回到调用函数。

【例 6-7】编一函数，求 x 的 n 次方的值，其中 n 是整数。

该程序可以将 x 和 n 作为函数参数，所求结果通过 return 语句返回调用程序。

程序如下：

```
/*c6_7.c*/
double power(float x,int n)
{
  int i;
  double pw;
  pw=1;
  for(i=1;i<=n;i++)
    pw*=x;
  return pw;
}
```

【例 6-8】编一函数，将一个给定的整数转换成相应的字符串后显示出来。

程序如下：

```
/*c6_8.c*/
void to_str(int n)
{ char str[10];
  int i;
  if(n<0)
  { putchar('-');
    n=-n;
  }
  i=0;
  do
  { str[i++]=n%10+'0';        /*将数值型的数据转换成数值字符的内码*/
    n/=10;
  }while(n>0);
  while(--i>=0)
    putchar(str[i]);
}
```

① 本程序通过反复以 10 为模求余数来依次从低位到高位分离出每一位数字，并转换成相应的字符存入数组中，转换结束后，再按递序显示数组中的每一个字符。

② 应注意增 1、减 1 运算符的后缀运算与前缀运算的差异。

6.2.4 函数参数及函数间的数据传递

在函数定义时，函数名后面圆括号内的参数称为形式参数，简称形参。下例中的 a，b 均为形参。

```
int hust(int a,int b)
```

下面对形参的定义是错误的。

```
int hust(int a,b)
```

在函数调用时，函数名后面圆括号内的参数称为实际参数，简称实参。实参可以是常量、已赋值的变量或表达式。实参在次序、类型和个数上应与相应形参表中的形参保持一致。通常，当需要从调用函数中传值（或传地址）到被调用函数中的形参时应设置实参。下例中的 x，y 均为实参。

```
...
s=hust(x,y);
...
```

对于实参，在调用函数中对其进行定义时，不仅指明它的类型，而且系统还为其分配存储单元。而对于形参，定义时仅仅只是指明它的类型，并不在内存中为它们分配存储单元，只是在调用时才为其分配临时存储单元标志，函数执行结束，返回调用函数后，该存储单元标志立即撤销。

C 语言中传递形参值有两种方法。第一种方法是"值的传递"，使用这种方法时，调用函数将实参（常数、变量、数组元素或可计算的表达式）的值传递到被调用函数形参设置的临时变量存储单元中，被调用函数形参值的改变对调用函数的实参没有影响。调用结束后，形参存储单元被释放，实参仍保持原值不变。该方法只能由实参向形参传递数据，即单向传递。

【例 6-9】值的传递程序举例 1。

程序如下：

```
/*c6_9.c*/
#include "stdio.h"
void main()
{
  int i=25;
  printf("The value of i in main() before calling sqr(x) is %d\n",i);
  printf("Calling sqr(x):sqr(%d)=%d\n",i,sqr(i));
  printf("The value of i in main() after calling sqr(x) is %d\n",i);
}
  sqr(int x)
  {
    x=x*x;
    return(x);
  }
```

程序运行结果：

```
The value of i in main() before calling sqr(x) is 25
Calling sqr(x):sqr(25)=625
The value of i in main() after calling sqr(x) is 25
```

通过这个例子再次说明，在值的传递调用中，只是实参的复制值被传递，被调用函数中的操作不会影响实参的值。

【例 6-10】有数组 a[10]、b[10]，要求统计输出两数组相应元素大于、小于、等于的次数和两数组大小的情况（若数组 a 大于数组 b 的次数多于数组 b 大于数组 a 的次数，则认为数组 a 大于数组 b，反之，则认为数组 b 大于数组 a）。

程序如下：

```
/*c6_10.c*/
#include "stdio.h"
void main()
{
  int a[10],b[10],i,n=0,m=0,k=0;
  printf("enter array a:\n");
  for(i=0;i<10;i++)
    scanf("%d",&a[i]);
  printf("\n");
  printf("enter array b:\n");
  for(i=0;i<10;i++)
    scanf("%d",&b[i]);
  printf("\n");
  for(i=0;i<10;i++)
    if(large(a[i],b[i])==1) n=n+1;
    else if(large(a[i],b[i])==0) m=m+1;
    else k=k+1;
  printf("a[i]>b[i]%d times\na[i]=b[i]%d times \na[i]<b[i]%d times\n",n,m,k);
  if(n>k) printf("array a is larger than array b\n");
  else if(n<k) printf("array a is smaller than array b\n");
  else printf("array a is equal to array b\n");
}
  large(int x,int y)
  { int flag;
    if(x>y) flag=1;
    else if(x<y) flag=-1;
    else flag=0;
    return (flag);
  }
```

程序运行结果：

```
enter array a:
1 3 5 7 9 8 6 4 2 0
enter array b:
5 3 8 9 -1 -3 5 6 0 4
  a[i]>b[i] 4 times
  a[i]=b[i] 1 times
  a[i]<b[i] 5 times
  array a is smaller than array b
```

另一种方法是"地址的传递"。在值的传递调用中，不能将形参的值返回给实参，但在实际运用中往往需要双向传递。为达此目的，通常使用地址传递，当实参是数组名或指针型变量（实参变量地址）时，实参传递给形参的是地址。若实参是数组名，则调用函数将实参数组的起始地址传递给被调用函数形参的临时变量单元，而不是传递实参数组元素的值。此时，相应的形参可以是形参数组名，也可以是形参指针变量。在这种传递方法下，被调用函数执行时，形参通过实参传递来的实参数组起始地址和下标增量，直接去存取相应的数组元素，故形参值的变化实际上是对调用函数实参数组元素值的改变。若实参是指针变量或地址表达式，则调用函数将实参指针变量所指向单元的地址或实参的地址传递给被调用函数形参的临时变量存储单元。此时，相应的形参必须是指针型变量。在被调用函数执行时，也是直接去访问相应的单元，形参的变化直接修改调用函数实参相应的单元，因此，当实参是数组名、指针变量或地址表达式时，实参与形参间的传递是双向传递，称为"地址的传递"。关于指针的内容，详见第7章，地址传递程序例子如下。

【例6-11】将数组中的最大元素值与第一个元素值交换。

程序如下：

```
/*c6_11.c*/
#include "stdio.h"
void main()
{ void f(int b[ ]);
  int a[10],i;
  for(i=0;i<10;i++)
    scanf("%d",&a[i]);
  f(a);
  for(i=0;i<10;i++)
    printf("\n%4d",a[i]);
}
  void f(int b[ ])
  { int max,max_i,i;
    max=b[0],max_i=0;
    for(i=0;i<10;i++)
      if(max<b[i])
       {max=b[i];max_i=i;}
      max=b[0];
      b[0]=b[max_i];
      b[max_i]=max;
      return;
  }
```

程序运行结果：

```
0 1 2 3 4 5 6 7 8 9
9 1 2 3 4 5 6 7 8 0
```

该函数的调用是将调用函数的数组 a 的首地址值传给被调函数的数组 b，使数组 b 与数组 a 共用同一存储空间。实参与形参的这种传递方式是地址传递方式。函数 f()的功能是实现将数组 b 中的最大元素值9与第一个元素值0位置互换，对数组 a 也产生了相应的效果。

用地址传递方法传递数据的特点如下。

因为数据在传递方和被传递方都使用同一地址空间，所以被传递的数据在被调用函数中对存储空间的值做出某种变动后，必然会影响到使用该空间的调用函数中变量的值。利用这个特点，可以在被调用函数中把它的处理结果送入某个参数的存储空间，当函数控制返回时，通过该参数就可以将处理结果回传给调用函数。

从以上内容不难看出，函数调用过程中，首先需要将实参值（或地址）传递给形参，然后执行函数体。必要时还要将指定的数值回传给调用函数。函数的参数主要用于在调用函数和被调用函数之间进行数据传递。在实际应用中，参数传递可归纳为非数组名作为函数参数和数组名作为函数参数的传递。

1. 非数组名作为函数参数

当非数组名作为函数参数，在函数调用时，C 语言编译系统根据形参的类型为每个形参分配存储单元，并将实参的值复制到对应的形参单元之中，形参和实参分别占用不同的存储单元，且形参值的改变不影响与其对应的实参，即按"值的传递"方法操作。

下面举一例子来说明函数参数的"值传递"方式。

【例 6-12】值的传递程序举例 2。

程序如下：

```
/*c6_12.c*/
#include "stdio.h"
void main()
{ int f(int a,int b);
  int x=1,y=2,z;
  static int a[]={0,1,2,3,4};
  z=f(x,y);
  printf("z=%d,x=%d,y=%d\n",z,x,y);
  z=f(a[3],a[4]);
  printf("z=%d,a[3]=%d,a[4]=%d\n",z,a[3],a[4]);
  z=f(x,y+1);
  printf("z=%d,x=%d,y=%d\n",z,x,y);
}
f(int a,int b)
{  a=a+2;
   b=b+4;
   printf("a=%d,b=%d\n",a,b);
   return(a);
}
```

程序运行结果：

```
a=3,b=6
z=3,x=1,y=2
a=5,b=8
z=5,a[3]=3,a[4]=4
a=3,b=7
z=3,x=1,y=2
```

程序中由于 x、y 分别已有确定值 1 和 2，所以，在第一次调用 f(x，y)时，实参向形参 a，b 传递值 1 和 2，f 函数中经过"a=a+2；b=b+4；"的运算，a，b 的值分别是 3 和 6。第 1 次调用结束后，形参 a，b 所占的临时存储单元被释放，不再有定义，实参仍保持原值不变。故第 1 次调用 f 函数结束后，实参变量 x 的值仍为 1，y 的值仍为 2。同理，第 2 次调用 f 函数结束后，数组元素 a[3]的值仍为 3，a[4]的值仍为 4；第 3 次调用 f 函数结束后，变量 x 和 y 仍保持原值 1 和 2 不变。

2. 数组名作为函数参数

单个数组元素可以作为函数参数，这同非数组名作为函数参数的情形完全一样，即遵守"值传递"方式，下面再看看数组名作为函数参数的处理方法。

（1）数组名作为函数参数的表示方法

当数组名作为函数参数时，也需要对其类型进行相应的说明，例如：

```
int test(int array[10])
{
    ...
}
```

其中，形参 array 被说明为具有 10 个元素的一维整型数组。

为了提高函数的通用性，C 语言允许在对形参数组说明时不指定数组的长度，而仅给出类型、数组名和一对方括号，以便允许同一个函数可根据需要来处理不同长度的数组。为了使程序能了解当前处理的数组的实际长度，往往需要用另一个参数来表示数组的长度。例如：

```
int test(int array[ ],int n)
{
    ...
}
```

用形参 n 来表示 array 数组的实际长度。

【例 6-13】编一函数，用来统计一个一维数组中非 0 元素的个数。

程序如下：

```
/*c6_13.c*/
int solve(int a[ ],int n)
{
    int sum,i;
    sum=0;
    for(i=0;i<n;i++)
        if(a[i]!=0) sum++;
    return(sum);
}
```

当多维数组名作为函数参数时，除第一维可以不指定长度外，其余各维都必须指定长度，例如：

```
check(float a[ ][10],float n)
{
    ...
}
```

下面的参数说明都是不正确的：

```
float a[ ][ ];
```
或
```
float a[10][ ];
```

① 用数组名作为函数参数时，应该在调用函数和被调用函数中分别定义数组。

② 实参数组和形参数组类型应一致，否则出错。

③ 形参数组的大小应大于等于实参数组的大小，否则得不到实参数组的全部值。

④ 特别注意的是，数组名作为函数参数时，是将实参数组的首地址传给形参数组，两数组的对应元素占用同一内存单元。传递时按数组在内存中排列的顺序进行。

（2）数组名作为函数参数的传递方式

数组名作为函数参数时，不是采用"值传递"方式，而是采用"地址传递"方式，也就是说，在函数调用时，是把实参数组的起始地址传递给形参数组，这样，形参数组和实参数组实际上占用同样的存储区域，对形参数组中某一元素的存取，也就是存取相应实参数组中的对应元素，换句话来说，形参数组中某一元素的改变，将直接影响到与其对应的实参数组中的元素。这一点是与非数组作为函数参数的情形不同的，应引起注意。

下面举例说明函数参数的"地址传递"方式。

【例 6-14】将一个 10 个元素的一维数组用函数调用实现选择排序。

程序如下：

```
/*c6_14.c*/
#include <stdio.h>
void main()
{ int x[10],i;
  void sort(int array[10]);
  for(i=0;i<10;i++)
    scanf("%d,",&x[i]);
  sort(x);
  printf("The sorted array:\n");
  for(i=0;i<10;i++)
    printf("%d,",x[i]);
  printf("\n");
}
void sort(int array[10])
{ int i,j,k,t;
  for(i=0;i<9;i++)
  { k=i;
    for(j=i+1;j<10;j++)
      if(array[j]<array[k]) k=j;
    t=array[k];
    array[k]=array[i];
    array[i]=t;
  }
}
```

程序运行结果：

```
9,8,7,6,5,4,3,2,1,0
The sorted array:
0,1,2,3,4,5,6,7,8,9,
```

程序中调用函数以数组名 x 作为实参，被调用函数中形参数组是 array[10]。数组传递时，实参数组的起始地址传递给形参数组，两数组占用同一段内存单元，从而实现了函数间数组值的传递。

6.3 函数的嵌套调用和递归调用

6.3.1 函数的嵌套调用

C 语言中的函数定义是互相独立的，函数和函数之间没有从属关系，即一个函数内不允许包含另一个函数的定义。一个函数既可以被其他函数调用，同时，它也可以调用别的函数，这就是函数的嵌套调用。函数的嵌套调用为自顶向下、逐步求精及模块化的结构化程序设计技术提供了最基本的支持。

函数的嵌套调用如图 6-2 所示。这是一个两层嵌套（连同 main 主函数共 3 层）调用的示意图，其执行过程如下：

（1）先执行 main 主函数的开头部分；

（2）遇调用 a 函数语句，执行转到 a 函数；

（3）执行 a 函数的开头部分；

（4）遇调用 b 函数语句，执行转到 b 函数；

（5）执行 b 函数直至结束；

（6）返回 a 函数中的调用 b 函数处；

（7）执行 a 函数余下部分直至结束；

（8）返回 main 主函数中的调用 a 函数处；

（9）执行 main 主函数余下部分直至结束。

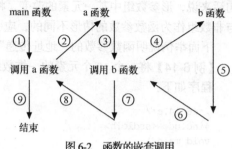

图 6-2　函数的嵌套调用

【例 6-15】用弦截法求方程的近似根。

$$x^3 - 2x^2 + 8x - 16 = 0$$

画出方程的曲线如图 6-3 所示。

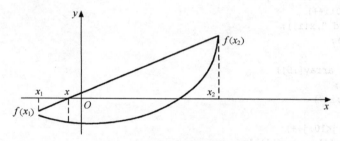

图 6-3　用弦截法求方程的近似根

弦截法的算法思路如下：

（1）先取两个不同的点 x_1 和 x_2，确保 $f(x_1)$ 和 $f(x_2)$ 的符号相反，否则，重新另取 x_1 和 x_2。x_1 与 x_2 也不宜相差太大，以免在 (x_1, x_2) 区间出现多根；

（2）连接 $f(x_1)$ 与 $f(x_2)$ 得一弦线交 x 轴于 x，可求得 x 点的坐标为：

$$x = x_1 \cdot \frac{f(x_2) - x_2 \cdot f(x_1)}{f(x_2) - f(x_1)}$$

将 x 代入方程可求出 $f(x)$；

（3）判别 $f(x)$ 与 $f(x_1)$，若符号相同，则根在 (x, x_2) 区间内，可将 x 作为新的 x_1；若符号相异，则根在 (x_1, x) 区间内，可将 x 作为新的 x_2；

（4）重复上述（2）、（3）步骤，直到 $|f(x)| < \varepsilon$ 为止。这里 ε 为一个很小的数，若设 $\varepsilon = 10^{-4}$，则可认为 $f(x) \approx 0$，C_x 为该方程的近似根。

根据以上思路，在程序中应定义如下 4 个函数：

（1）用 $f(x)$ 来求 x 的函数：$f(x) = x^3 - 2x^2 + 8x - 16$；

（2）用 xpoint(x_1, x_2) 来求 $f(x_1)$ 和 $f(x_2)$ 的连线与 x 轴的交点 x 的坐标；

（3）用 root(x_1, x_2) 来求 (x_1, x_2) 区间内的那个实根；

（4）main() 为主函数。

程序如下：

```
/*c6_15.c*/
#include <math.h>
```

```
float f(float x)
{ float y;
  y=((x-2.0)*x+8.0)*x-16.0;
  return(y);
}
 float xpoint(float x1,float x2)
 { float x;
  x=(x1*f(x2)-x2*f(x1))/(f(x2)-f(x1));
  return(x);
}
float root(float x1,float x2)
{ float x,y,y1;
  y1=f(x1);
  do
  { x=xpoint(x1,x2);
    y=f(x);
    if(y*y1>0)
    { y1=y;
      x1=x;
    }
    else
      x2=x;
  }while(fabs(y)>0.0001);
  return(x);
}
 void main()
 { float x1,x2,f1,f2,x;
   do
   { printf("\n Input x1,x2:\n");
     scanf ("%f,%f",&x1,&x2);
     f1=f(x1);
     f2=f(x2);
   }while(f1*f2>=0);
   x=root(x1,x2);
   printf("The root of equation is:%8.4f\n",x);
 }
```

程序运行结果：

```
Input x1,x2:
-1,3
The root of equation is:2.0000
```

程序执行过程如下。

程序从 main 主函数开始执行，首先执行 do-while 循环，输入 x_1 和 x_2 后判断 $f(x_1)$ 和 $f(x_2)$ 是否异号，若符号相同，在 do-while 循环控制下，重新输入 x_1 和 x_2，直到 $f(x_1)$ 和 $f(x_2)$ 异号后退出循环，再调用函数 $\text{root}(x_1, x_2)$ 求根 x。在调用 root 函数过程中，又要调用 $\text{xpoint}(x_1, x_2)$ 函数求 (x_1) 与 $f(x_2)$ 连线的交点 x，在调用 xpoint 函数的过程中，还要调用 $f(x)$ 函数来求 x_1 和 x_2 的相应函数值 $f(x_1)$ 和 $f(x_2)$。这就是函数的嵌套调用，其嵌套过程如图 6-4 所示。

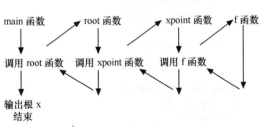

图 6-4　程序嵌套过程

从程序中可以看出：

① 每个函数都是相互平行、独立的，彼此

之间不互相从属；

② f、xpoint、root 3 个函数的定义均出现在 main 函数之前，故在 main 函数中不用对它们作类型说明；

③ root 函数中要用到求绝对值函数 fabs，它属于 C 语言的数学函数库中的函数。

故需在程序开始处使用文件包含处理命令：#include <math.h>。

6.3.2 函数的递归调用

所谓递归调用，就是在调用一个函数过程中又出现直接或间接地调用该函数本身。当一个问题具有递归关系时，采用递归调用方式，可以使程序更加简洁。C 语言的递归调用分为直接递归调用和间接递归调用。

1. 直接递归调用

一个函数可直接调用该函数本身的情况称为直接递归调用。例如：

```
float func(int n)
{ int m;
  float f;
  …
  f=func(m);
  …
}
```

2. 间接递归调用

一个函数可间接地调用该函数本身的情况称为间接递归调用。例如：

```
func1(int n)              func2(int x)
{ int m;                  { int y;
  …                         …
  func2(m);                 func1(y);
  …                         …
}                         }
```

【例 6-16】从键盘输入一非负整数 n，并求出 $n!$ 的值。

由于 $n!=n\times(n-1)!$，所以，此题目可以利用函数的递归调用来实现。

程序如下：

```
/*c6_16.c*/
#include "stdio.h"
void main()
{ int n;
  long int result;
  long int fact();
  while(1)
  { printf("Input a number:");
    scanf("%d",&n);
    if(n>=0) break;
  }
  result=fact(n);
  printf("Result=%ld",result);
}
long int fact(int n)
{ long int f;
  if(n==0)
    f=1;
```

```
else
  f=n*fact(n-1);
return(f);
}
```

注意

① main 函数中的 while(1) 是无限循环，是为读取正整数而设置的，当读入的数是负数时，重复读操作，直到读入的数大于等于 0 为止。

② 在递归调用过程中，必须保证一步比一步更简单，最后是有终结的，而不能无限递归下去。在本例中，当 n=0 时，f=1，它不再用递归来定义，因而结束递归调用过程。

下面给出当 n=4 时 fact 函数的简单递归调用过程。

```
fact(4)=4×fact(3)
       =4×3×fact(2)
       =4×3×2×fact(1)
       =4×3×2×1×fact(0)
       =4×3×2×1×1
       =24
```

【例 6-17】编一程序，利用函数的递归调用求 x 的 n 次方的值，其中 n 为正整数。

程序如下：

```
/*c6_17.c*/
#include "stdio.h"
void main()
{
  double xpower(float x,int n);
  float x;
  int n;
  double r;
  scanf("%f%d",&x,&n);
  r=xpower(x,n);
  printf("Result=%f",r);
}
double xpower(float x,int n)
{
  if(n<=0)
    return(1);
  else
    return(x*xpower(x,n-1));
}
```

函数递归调用是 C 语言的重要特点之一。尽管函数的递归调用并不节省存储空间，运行效率也不高，但当一个问题具有递归关系时，采用递归调用处理方式，将使得所要处理的问题更易于表达，程序也更简洁。

另外，任何有意义的递归调用总是由两部分组成的，即递归方式与递归终止条件。【例 6-17】中的递归终止条件为：

```
if(n<=0)
  return(1);
```

6.4　作用域和存储类型

在 C 语言中变量都具有确定的数据类型，其在使用之前应加以说明。变量使用不仅对数据类型有要求，而且还对存储类型有要求。变量的数据类型是其操作属性，如 int、char、float 等，而变量的存储类型（或称存储类别）是其存储属性，即变量（数据）在内存中的存储方法，不同的存储方法，将影响变量值的存在时间（即生存期）。所谓变量的生存期就是变量占用存储空间的时限。若一个在函数内部定义的变量，随着函数的被执行而为其申请存储单元，又随着函数的退出而释放其占用的单元，那么这个变量的生存期就是在执行这个函数期间的时限内。若定义的变量在若干个函数执行的期间内，其随着函数的执行而生存，又随着这些函数的退出而释放其占用的存储空间，则这些函数执行期间就是所定义的变量的生存期。另外，除了数据类型和存储类型的要求外，还应包含变量的作用域。所谓变量的作用域，是指一个变量能够起作用（被引用）的程序范围。也就是说，一个变量定义好之后，在何处能够使用该变量。若是"全局"的，则说明该变量在整个程序范围内的各个函数中均可被访问，称其为全程变量或全局变量；若是"局部"的，则说明该变量仅在特定的函数或程序块内可被访问，其他函数或程序均不能访问它，称其为局部变量。在 C 语言中，变量的作用域是由变量的定义位置决定的，不同位置的变量，其作用域也是有差异的。不难看出一个变量定义的完整形式应为：

存储类型定义符　数据类型　变量名

供用户使用的 C 语言程序占用的存储空间通常分为 3 部分（见图 6-5），分别称为程序区、静态存储区和动态存储区。其中，程序区（又称代码区）中存放的是可执行程序的机器指令；静态存储区（又称全局数据区）中存放的是需要占用固定存储单元的全局数据或静态数据；动态存储区（又称堆栈区）中存放的是不需要占用固定存储单元的局部数据及程序运行过程中的临时数据。全局变量和静态变量数据存放在静态存储区中，占据固定的存储单元，其值直到程序执行完毕才释放。动态存储区中存放的数据有：函数形参变量、局部变量、函数调用时的现场保护和返回地址。

| 程序区 |
| 静态存储区 |
| 动态存储区 |

图 6-5　C 语言程序
占用的内存空间

注意　多次调用同一函数时，每次分配给局部变量的存储空间地址不一定相同。

1. 局部变量及其存储类型

在函数或复合语句内部定义的变量称为局部变量。该变量只在本函数或复合语句内部范围内才有效。例如：

```
float hust1(int a)
{ int x,y;
  ...                  局部变量a, x, y的作用范围
}

float hust2(int b, int c)
{   char s;
  ...                  局部变量b, c, s的作用范围
}
void main()
{   int m,n;
  ...                  局部变量m, n的作用范围
}
```

其中，a，x，y，b，c，s，m，n 都是局部变量，它们都只在各自的函数内部范围才有效。

（1）局部变量或复合语句的变量的作用域仅仅局限于定义它的函数或复合语句内，一般在一个函数中不能使用其他函数中定义的局部变量。

（2）不同函数或复合语句中可以使用相同的变量名，但它们代表不同的对象，互相无联系，不会发生冲突。

若一个变量是在某函数中的复合语句中定义，那么，它只在该复合语句中才有效，在该复合语句之外不能引用该变量。例如：

```
#include "stdio.h"
void main()
{ int p,q;
  ...
  { int x;
    x=p+q;
  }
  ...
}
```

x 在此范围内有效　　p、q 在此范围内有效

局部变量有 3 种存储类型：自动存储变量、静态局部变量和寄存器变量，其定义符分别为 auto、static 和 register。

（1）自动存储变量

在函数内或复合语句中定义的变量，如果不指定其存储类型，那么它就是自动存储变量。在定义自动存储类变量时，可使用定义符"auto"，例如：

```
 auto float a;
```

C 语言编译系统规定，函数内或复合语句中定义的变量的默认存储类型就是 auto，所以，关键字 auto 可以省略。

在函数调用时，系统为自动存储变量在动态存储区内分配临时存储单元，函数返回时，系统将放弃这些存储单元。因此，当函数调用结束时，自动存储类变量中存放的数据也就消失了。在变量初始化方面，自动存储类变量在每调用一次函数时都赋一次初值，且自动存储变量的默认初值不确定。

下面的例子将与自动存储类变量的初始化有关。

【例 6-18】在不同的函数中使用相同的变量名的程序。

程序如下：

```
/*c6_18.c*/
#include "stdio.h"
void main()
{
  int a;
  a=0;
  data();
  a=a+100;
  printf("%d\n",a);
}
 data()
{
  int a;
  a=-199;
  printf("%d\n",a);
}
```

程序运行结果：

```
-199
100
```

在两个函数中都分别定义了变量a，从运行结果可知，二者无任何联系。

（2）静态局部变量

如果希望在函数调用结束后仍然保留函数中定义的局部变量的值，则可以将该局部变量定义为静态局部变量（或称局部静态变量）。在定义静态局部变量时，应该在定义变量的类型说明符的前面使用 static 定义符，例如：

```
static int t,s;
```

静态局部变量的数据存储在静态存储区的存储单元中，因此，在函数调用结束后，它的值并不消失，其值能够保持连续性。

① 静态局部变量的作用域是在定义它的函数内部，尽管它的值在函数调用结束后并不消失，但其他函数仍然不能访问它。

② 静态局部变量赋初值是在编译过程中进行的，其只赋一次初值，而且是连续保留上一次函数调用时的结果。

③ 静态局部变量的默认初值为 0（数值型）或空字符（字符型）。

【例 6-19】编一程序，观察静态局部变量在调用过程中的情况。

程序如下：

```
/*c6_19.c*/
#include "stdio.h"
void test()
{ static int a=0;
  printf("a=%d\n",a);
  ++a;
}
 void main()
{ int i;
  for(i=0;i<4;i++)
    test();
}
```

执行结果：

```
a=0
a=1
a=2
a=3
```

由于 test 函数中的变量 a 是静态的，所以，它仅在程序编译阶段赋一次初值，在函数调用结束后仍然能保持其原来的值。

（3）寄存器变量

为提高程序的运行速度，可将使用十分频繁的局部变量说明为寄存器变量，即在局部变量前冠以 register，告知编译系统将其存储在 CPU 的寄存器中。例如：

```
void test_r(register int n)
```

```
{  register char c;
   ...
}
```

由于访问存储单元要比访问寄存器的速度慢得多，因此，这一方法是很有效的。变量的存储类型为寄存器变量时，auto 说明符可省略，只要冠以 register 说明符即可。例如：

语句：

```
register int a;
```

可简写为：

```
register a;
```

由于寄存器变量的使用与机器的硬件特性有关，对它的使用常有一些限制，如寄存器变量的个数，它只适用于自动变量和函数的形参；它的类型只能是 char、short int、unsigned int、int 和指针型；不允许对寄存器变量取地址等。

Turbo C 中寄存器变量只能用于整型和字符型，且限制最多只允许定义两个寄存器变量。一旦超过，系统就自动地将其余的作为非寄存器变量来处理。

【例 6-20】输出 1 ~ 5 的阶乘的值。

程序如下：

```
/*c6_20.c*/
#include <stdio.h>
void main()
{
  int fac(int n);
  int i;
  for(i=1;i<=5;i++)
    printf("%d!=%d\n",i,fac(i));
}
 int fac(int n)
{
  register int i,f=1;
  for(i=1;i<=n;i++)
    f=f*i;
  return(f);
}
```

程序运行结果如下：

```
1!=1
2!=2
3!=6
4!=24
5!=120
```

【例 6-21】编写一个程序，输入 20 名学生的成绩，并求出平均成绩。

程序如下：

```
/*c6_21.c*/
#include "stdio.h"
float ascore(float a[ ],int n)
{
  register int i;
  float sum;
  sum=0;
```

```
    for(i=0;i<n;i++)
        sum+=a[i];
    return(sum/n);
}
void main()
{
    float array[20];
    register int i;
    for(i=0;i<20;i++)
        scanf("%f",&array[i]);
    printf("Average score=%f",ascore(array,20));
}
```

2. 全局变量及其存储类型

在函数外定义的变量称为全局变量，全局变量就是外部变量（或称全程变量），全局变量的作用域是其定义点之后的程序部分，如【例 6-22】。

【例 6-22】编写一个程序，打印九九乘法表（全局变量的作用域是其定义点之后）。

程序如下：

```
/*c6_22.c*/
#include <stdio.h>
void row();
int a=1;
void main()
{
    int k;
    for(k=1;k<=9;++k,++a)
        row();
}
void row()
{
    int b;
    for(b=1;b<=a;++b)
        printf("%4d",a*b);
    printf("\n");
}
```

全局变量定义点之后的程序部分为全局变量的作用域。在程序运行之时，编译程序首先为全局变量分配存储单元，直到程序运行结束才释放。

全局变量的存储类型有两种：外部的（extern）和静态的（static）。

（1）外部变量

没有说明为 static 的全局变量，其存储类型都是外部的，统称为外部变量，如上例程序中的 a 变量就是外部变量。

如果在同一个文件中全局变量的定义位于使用它的函数之后，可在要使用该全局变量的函数中，用 extern 来说明该变量是外部的，然后再使用该变量，如【例 6-23】。

【例 6-23】编写一个程序，打印九九乘法表（全局变量的作用域是其定义点之前）。

程序如下：

```
/*c6_23.c*/
#include <stdio.h>
void row();
void main()
{
    int k;
```

```
    extern int a;
    for(k=1;k<=9;++k,++a)
        row();
}
    int a=1;
    void row()
    {
      int b;
      for(b=1;b<=a;++b)
          printf("%4d",a*b);
      printf("\n");
    }
```

由于全局变量 a 的定义位于 main 函数的后面，如果在 main 函数中要使用 a 变量，就应该在 main 函数中用 extern 进行说明，故程序中的 extern int a;语句不可少。为了处理上的方便，一般都把外部变量定义在位于所有使用它的函数的前面。

使用 extern 来说明变量的存储类型时需要注意以下几点：

① extern 只能用来说明变量，而不能用来定义变量，它只是说明其后的变量是已在程序的其他地方定义的外部变量；

② 由于 extern 只能说明变量而不能定义变量，因此，不能用 extern 来初始化变量。

例如：extern int x=100; 是错误的。

外部变量的定义技术的应用使变量的应用范围扩大了，只要利用说明符进行说明，在组成一个程序的所有文件中都可以使用在程序中定义的外部变量。

一个大型的 C 语言程序可由多个源文件组成，这些文件经过分别编译之后，通过连接程序最终连接成一个可执行的文件。如果其中一个文件要引用另一个文件中定义的外部变量，就应该在需要引用此变量的文件中，用 extern 说明符把此变量说明为外部变量。这种说明一般应在文件的开头且位于所有函数的外面。例如：

文件 f1.c 的内容如下：

```
#include "stdio.h"
int x;
void main()
{ int sum,y;
  scanf("%d",&y);
  store();
  sum=x+y;
  printf("sum=%d",sum);
}
```

文件 f2.c 中的内容如下：

```
extern int x;
void store()
{
  x=10;
}
```

由于文件 f2.c 中的 store 函数里需要使用 f1.c 文件中定义的外部变量 x，所以，应在 f2.c 文件的开头、所有函数的外面，用 extern 说明符来说明 x 是外部变量。

请读者注意以下几点：

① 全局变量一经定义，系统就为其分配固定的存储空间，由于它与函数内定义的变量无关，因此，不会因为某个函数的返回而释放全局变量所占用的存储空间；

② 凡在函数外部定义的全局变量，按默认规则可以不写说明符 extern，但在函数体内说明其后所定义的全局变量时，一定要冠以 extern 说明符；

③ 全局变量的作用域是其定义点之后的程序部分，若在全局变量定义之前的函数中引用它，或在同属一个程序系统中的其他文件中引用它，则只需在相应的函数或文件中用 extern 说明它就行了；

④ 由于通过函数的 return 语句只能返回一个函数值，同时由于非数组作函数参数时采用"值传递"方式，这样，要想在函数之间传递大量的数据，一般来讲就只能利用全局变量或数组参数；

⑤ 所有全局变量都是在静态存储区内分配存储单元的，其默认的初值为 0（数值型）或空字符（字符型）。

（2）静态外部变量

如果希望在一个文件中定义的全局变量的作用域仅局限于此文件中，而不能被其他文件所访问，则可以在定义此全局变量的类型说明符的前面使用 static 关键字，如

```
static float f;
```

此时，全局变量 f 被称为静态外部变量（或称为外部静态变量），它的作用范围是从定义它的位置开始到该文件的结束，在其他文件中，即使使用了 extern 说明，也无法使用该变量。例如，下面对静态全局变量的引用是错误的。

```
file1.c                          file2.c
static int a;                    extern int a;
void main()                      int f(int x)
{                                {
a=1;                             x=a+x;
printf("%d\n",f(a));             printf("%d\n",x);
}                                return(x);
                                 }
```

在 file1.c 中定义了一个静态全局变量 a，它只能用于本文件，虽然在 file2.c 中用了"extern int a"，但 file2.c 文件中仍无法使用 file1.c 中的静态全局变量。静态全局变量这种"屏蔽"特性是十分有用的。对于一个大型、复杂的程序设计，通常是由若干人分别完成各个模块的，每个人可以独立地设计模块而不必考虑变量是否有重名，以及文件间的数据的交叉。为此，可将不让其他文件引用本文件的全局变量都加上 static，成为静态全局变量，对其他文件屏蔽起来，以免其他文件被误用。

进一步来看，static 说明符还可以用在函数标识符的前面，来限制该函数的作用域。将函数说明成静态后，则该函数在定义它的文件之外就成为不可见的。用这种方法能使文件不仅可以屏蔽变量，而且还可以屏蔽函数。将与外界无关的函数和变量屏蔽后，可以只将那些与外界有关的成分陈列在"窗口"上。

需要注意的是，全局变量总是静态存储的，即在静态存储区中为其分配单元，并不是加上 static 后才是静态存储的。静态外部变量和一般外部变量的区别仅仅是作用域的不同。

6.5 内部函数和外部函数

C 语言程序系统由若干个函数组成，这些函数既可在同一文件中，也可分散在多个不同的文件中，根据函数能否被其他源文件调用，可将它们分为内部函数和外部函数。

6.5.1　内部函数

只能在定义它的文件中被调用的函数，称为内部函数，或称为静态函数。定义内部函数只需在函数定义的前面冠以 static 说明符，即

static 类型标识符 函数名<形参表>

例如：

```
static float hust(int a,int b)
{
    ...

}
```

此时，函数 hust 的作用范围仅局限于定义它的文件，而在其他文件中不能调用此函数。

6.5.2　外部函数

在函数定义的前面冠以 extern 说明符的函数，称为外部函数，即

extern 类型标识符 函数名<形参表>

注意

（1）在定义函数时省去了 extern 说明符时，则隐含为外部函数。

（2）在需要调用外部函数的文件中，应该用 extern 说明所用的函数是外部函数。

【例 6-24】输入一个字符，将已知字符串中的该字符删除，要求用外部函数实现。

程序如下：

```
/*file1.c*/
#include "stdio.h"
void main()
{
    extern enter_string(char str[80]);
    extern delete_string(char str[ ],char ch);
    extern print_string(char str[ ]);
    char c;
    static char str[80];
    enter_string(str);
    scanf("%c",&c);
    delete_string(str,c);
    print_string(str);
}
/*file2.c*/
#include "stdio.h"
extern enter_string(char str[80])
{ gets(str); }
/*files3.c*/
extern delete_string(char str[ ],char ch)
{ int i,j;
    for(i=j=0;str[i]!='\0';i++)
        if(str[i]!=ch)
            str[j++]=str[i];
    str[j]='\0';
}
/*file4.c*/
```

```
extern print_string(char str[ ])
{
  printf("%s",str);
}
```

程序运行结果：

```
abcdefgc
c
abdefg
```

整个程序系统由 4 个文件组成，每个文件包含一个函数：	
主函数：	主控函数
enter_string()函数：	输入字符串
delete_string()函数：	删除给定的字符
print_string()函数：	打印操作结果

上机操作过程有以下两种方法。

方法一

（1）在 file1.c 文件开头加入如下内容：

```
#include "file2.c"
#include "file3.c"
#include "file4.c"
```

（2）对 file1.c 文件进行编译、连接、运行。

方法二

（1）分别对 4 个文件进行编译得到 4 个目标文件（.obj 文件）；

（2）用 link 功能将 4 个目标文件连接起来：

在 MS C 系统上用命令 link file1+file2+file3+file4，执行结果生成一个可执行文件（.exe 文件）。

6.6 模块化程序设计

6.6.1 模块化程序设计方法的指导思想

在程序设计时，如果待解决的问题比较简单，所编制的程序又不大，可将整个程序放在一个模块中。但对大而复杂的设计任务，不可能由一个人用一个程序来实现。

为了解决这些问题，必须采用自顶向下、逐步求精的模块化和结构化的设计方法，即将一个大而复杂的设计任务按其需要实现的主要功能分解为若干相对独立的模块，并确定好各模块之间的调用关系和参数传递方式，对其中的公共部分还可以抽出来作为独立的公用子程序模块供调用，然后就可以将这些模块分配给个人，每个人在设计自己的一部分时，还可以采用自顶向下、逐步求精的方法进一步细化，分解成一些更小的模块，并将各模块的功能逐步细化为一系列的处理步骤或程序设计语言的语句，分别编写、调试，最后再将它们的目标模块连接装配成一个完整的整体。故模块可定义为是一个具有独立功能的程序，可以单独设计、调试与管理。C 程序中的模块可分为功能模块和控制模块两种。

每个模块都编写成一个合法的 C 函数，然后用主函数调用函数及函数调用函数实现一个大的 C 程序，即 C 程序是主函数（main）和若干函数的集合。

在程序设计中，常将一些常用的功能模块写成函数，也可以将大程序段分割成若干函数，前者的目的在于减少重复编写程序段的工作量，后者的目的在于缩短模块长度，以便程序阅读方便。一个源程序文件可由一个或多个函数组成，它是一个编译单位。对较大的 C 程序也可由一个或多个源程序文件组成。对于由多个文件组成的较大程序，可以分别编写、分别编译，提高调试效率。一个源程序文件也可被多个 C 程序共用。

C 程序的执行是从 main()函数开始，调用其他函数后流程最后要回到 main 函数，在 main 函数中结束整个函数运行。main 函数的名称是系统规定的，用户可以修改其内容即函数体，但不能修改其名称和参数，一个 C 程序必须有一个 main 函数，也只能有一个 main 函数。

在 C 程序中所有函数都是平行的，即在定义函数时是互相独立的，每个函数都不从属于另一个函数，即函数不能嵌套定义，却可以互相调用，但不能调用 main 函数。

C 程序中的函数分成两类，即标准函数和用户自定义函数，标准函数又称库函数，由系统提供，用户可直接调用。C 语言提供了丰富的库函数，在编写 C 程序时节省了编程工作量。用户自定义函数由编程者自己编写。

6.6.2　模块分解的原则

模块分解用"自顶向下"的方法进行系统设计，即先整体后局部，将复杂系统化大为小，化繁为简。按功能划分法把模块组成树状结构，层次清楚，提高系统设计效率（多人并行开发），便于维护。模块的大小要适中，语句行数不大于 100 行。各模块间的接口要简单，尽可能使每个模块只有一个入口，一个出口。

模块的划分和设计可参考如下规则。

（1）如果一个程序段被很多模块所共用，则它应是一个独立的模块。

（2）如果若干个程序段处理的数据是共用的，则这些程序段应放在一个模块中。

（3）若两个程序段的利用率差别很大，则应分属于两个模块。

（4）一个模块既不能过大，也不能过小。过大则模块的通用性较差，过小则会造成时间和空间上的浪费。

（5）力求使模块具有通用性，通用性越强的模块利用性越高。

（6）各模块间应在功能上、逻辑上相互独立，尽量截然分开，特别应避免用转移语句在模块间转来转去。

（7）各模块间的接口应该简单，要尽量减少公共符号的个数，尽量不用共用数据存储单元，在结构或编排上有联系的数据应放在一个模块中，以免相互影响，造成查错困难。

（8）每个模块的结构应尽量设计成单入口、单出口的形式。这样的程序便于调试、阅读和理解且可靠性高。

6.7　程序设计举例

【例 6-25】编写一个程序，从键盘为一个 10×10 维整型数组输入数据，并对该数组进行转置操作，即行、列互换。

程序如下：

```
/*c6_25.c*/
#include "stdio.h"
void rotate(int a[10][10])
```

```
{ int i,j,temp;
  for(i=0;i<10;i++)
  for(j=i+1;j<10;j++)
  { temp=a[i][j];
    a[i][j]=a[j][i];
    a[j][i]=temp;
  }
}
void main()
{ int a[10][10],i,j;
  for(i=0;i<10;i++)
  for(j=0;j<10;j++)
    scanf("%d",&a[i][j]);
  putchar('\n');
  rotate(a);
  for(i=0;i<10;i++)
  for(j=0;j<10;j++)
    printf("%d",a[i][j]);
}
```

注意
　　　　　　由于 rotate 函数的参数 a 是数组，因此，它采用的是"地址传递"方式，即 rotate 函数中形参 a 数组的改变，直接影响到在 main 函数中调用 rotate 函数时的实参数组 a。

【例 6-26】编写一个计算字符串长度的递归函数。

分析：题意要求计算字符串长度，可以用字符数组来存储字符串。主函数 main 用来输入字符串和输出字符串长度值，函数 strlen()用来计算字符串长度。

其递归结束条件是元素值为'\0'，此时，应返回字符串长度，否则应判断下一个字符。

程序如下：

```
/*c6_26.c*/
#include <stdio.h>
int i=0;
void main()
{ int str_len(char s[]);
  char str[100];
  printf("Input string:\n");
  gets(str);
  printf("Output string:\n");
  puts(str);
  i=str_len(str);
  printf("The string length=%d\n",i);
}
  int str_len(char s[])
  { if(s[i]=='\0')
    return(i);
  else
  { i++;
    str_len(s);          /* 也可传下一个元素的地址 str_len(&s[i]);*/
  }
  }
```

程序运行结果：

```
Input string:
abcdefghijk
Output string:
```

```
abcdefghijk
The string length=11
```

程序的递归函数中，若不满足条件(s[i]=='\0')时，一方面长度 i 要加 1，另一方面将数组中下一个元素的地址作为实参进行递归调用。这是因为 s 是数组的第 1 个元素的地址，则 s+1 是第 2 个元素的地址…s+i 是第 i+1 个元素的地址。

【例 6-27】变量存储类型及作用域应用举例。

程序如下：

```
/*c6_27.c*/
/*文件file1.c内容*/
#include "stdio.h"
 int i=1;
 next()
 { return(i++); }
 void main()
 { int i,j;
   i=reset();
   for(j=1;j<=3;j++)
   {  printf("i=%d\tj=%d\t",i,j);
     printf("next()=%d\t",next());
     printf("last()=%d\t",last());
     printf("new(i+j)=%d\t",new(i+j));
     printf("\n");
   }
  }
/*文件file2.c*/
static int i=10;
last()
{  return(i-=1); }
new(int i)
{ static int j=5;
  return(i=j+=++i);
}
/*文件file3.c*/
extern int i;
reset()
{  return(i); }
```

程序运行结果：

```
i=1  j=1  next()=1  last()=9  new(i+j)=8
i=1  j=2  next()=2  last()=8  new(i+j)=12
i=1  j=3  next()=3  last()=7  new(i+j)=17
```

这是一个由 3 个文件组成的程序，它们分别是 file1.c、file2.c、file3.c。在 file1.c 的头部对 i 变量进行了外部说明，照例它是全局变量，其作用域是整个文件。然而，主函数 main()内又对 i 变量重新做了说明，这个 i 是自动变量，它与外部那个全局的 i 无关。在函数 next()中，i 在使用前已经做了外部说明，所以可直接引用，不需用 extern 做外部说明。在文件 file2.c 中，把 i 说明成外部静态变量，照例它的作用域是在文件 file2.c 内，但是在 new()函数中，i 为形参，和自动变量一样，它与外部静态变量 i 无关，而且它也与文件 file1.c 中的外部变量 i 无关。在文件 file3.c 中，开头就对 i 变量做了外部说明，因此，它与 file1.c 中的外部变量 i 是同一个变量。

在不同的系统中，将多个源文件合成为一个程序的方法是不同的。在 Turbo C 中，是通过用户定义的 project 文件将多个源文件合并成一个程序的。

就本例而言，可以建立 project 文件 file.prj。先在编辑器中编辑 file.prj 文件，文件内容为：

```
file1.c
file2.c
file3.c
```

存盘后按 "Alt+P" 组合键，进入 project 窗口，选择 project Name 一栏，按 Enter 键后随之出现一窗口，输入 "file.prj" 文件名，再按 Esc 键即可回到编辑状态。按 "Ctrl+F9" 组合键即可分别编译各个模块，然后自动地连接、执行。最后生成的执行文件与 file 文件同名，其后缀是.exe。

【例 6-28】编写一个程序，要求用函数实现以下功能。

（1）输入 10 个学生的学号和姓名。

（2）将学号由小到大以升序排序。

（3）根据输入的某个学号，使用折半查找法找出该学生的姓名。

（4）主函数完成输入某学号和输出相应学生姓名的操作。

分析：本题要求完成 3 种操作，即录入数据、排序和查找。这 3 种操作分别用函数实现。从数据结构上看，学号可用一个一维整型数组来描述；而姓名可用一个二维字符数组来描述。若姓名的长度不超过 8 个字符，则这个字符型二维数组为 10 行 8 列。在排序中，学号的调整是在一维数组列元素中进行的；姓名顺序随之调整时，则是对二维数组行的调整。

程序如下：

```
/*c6_28.c*/
#include <stdio.h>
#define N 10
void input(int num[],char name[N][8])
{ int i;
  for(i=0;i<N;i++)
  { printf ("\n Input number: ");
    scanf("%d",& num[i]);
    printf("\n Input name:");
    getchar();
    gets(name[i]);
  }
}
void sort(int num[],char name[N][8])
{ int i,j,min,temp1;
  char temp2[8];
  for(i=0;i<N-1;i++)
  { min=i;
    for(j=i+1;j<N;j++)
      if(num[min]<num[j]) min=j;
    temp1=num[i];
    num[i]=num[min];
    num[min]=temp1;
    strcpy(temp2,name[i]);
    strcpy(name[i],name[min]);
    strcpy(name[min],temp2);
  }
  printf("The sorted result:\n");
  for(i=0;i<N;i++)
    printf("%5d,%10s\n",num[i],name[i]);
}
void search(int n,int num[],char name[N][8])
{ int lft,rit,min;
```

```
        lft=0;rit=N-1;
        if((n<num[0])||(n>num[N-1]))
          printf("Error number input:\n");
        while(lft<=rit)
        {  min=(lft+rit)/2;
          if(n==num[min])
          {  printf("number%dstudent's name is%s\n",n,name[min]);
            break;
          }
          else
            if(n>num[min])
              rit=min-1;
          else
              lft=min+1;
        }
        if((num[min]!=n)||(lft>rit))
          printf("No found\n");
}
void main()
{ int num[N], number,c,flag;
  char name[N][8];
  input(num,name);
  sort(num,name);
  for(flag=1;flag;)
    { printf("\n Input number:");
      scanf("%d",&number);
      search(number,num,name);
      printf("Continue search?[Y/N]\n");
      getchar();
      c=getchar();
      if((c=='n')||(c=='N'))
         flag=0;
    }
}
```

程序运行结果：

```
Input number:10
Input name:li
Input number:9
Input name:wang
Input number:8
Input name:liu
Input number:7
Input name:ma
Input number:12
Input name:chen
Input number:14
Input name:zhou
Input number:1
Input name:zhang
Input number:4
Input name:guo
Input number:6
Input name:zhu
Input number:28
Input name:yang
```

```
The sorted result:
 1 zhang
 4 guo
 6 zhu
 7 ma
 8 liu
10 li
12 chen
14 zhou
28 yang
Input number:4
number 4 student's name is guo
continue search?[Y/N]Y
Input number:
No found
Continue search?[Y/N]Y
Input number:28
number 28 student's name is yang
Continue search?[Y/N]N
```

程序中函数 input() 是用来输入学号和姓名的，函数 sort() 是用来排序的。在排序时，一旦学号调整，则相应的姓名也应随之调整。姓名的调整使用了字符串复制库函数 strcpy()。函数 search() 是查找学生姓名的，而学号是从主函数中传递过来的参数，根据这个学号，采用折半查找法，先查找相应的学号，再根据学号，输出相应的姓名信息。如果找不到相应的学号，则输出查找不到的信息 "No found"。如果输入的学号超出了界限，则输出学号输入错误的信息 "Error number input"。

小　　结

　　函数是 C 语言程序中最主要的结构，使用它可以遵循"自顶向下、逐步求精"的结构化程序设计思想，把一个大的问题分解成若干小的且易解决的问题，由这些彼此相互独立、相互平行的函数构成了 C 语言程序，从而实现了对复杂问题的描述和编程。

　　C 语言中的函数和变量一样具有存储类型和数据类型的描述，定义时有规定的形式，不能嵌套。调用时程序控制从调用函数转移到被调用函数，被调用函数执行完毕，或遇到被调用函数中的 return 语句，程序控制就返回到调用函数中原来的断点位置继续执行。C 语言程序中函数间的数据传递方式有两种，即值传递方式和地址传递方式。值传递方式不会影响调用函数中实参的值，因为调用函数中的实参和被调用函数中的形参占用不同的内存单元；而在地址传递方式中，实参和形参都对应着相同的存储空间，所以在被调用函数中对该存储空间的值做出某种变动后，必然会影响到使用该空间的调用函数中变量的值。除此之外，利用全局变量也可以实现函数间的数据传递。

　　C 语言程序在被调用函数的执行过程中，又可以调用其他函数，称为函数的嵌套调用。函数也可以调用它自身，称递归调用。递归通常包含一个易求解的特殊情况以及解决问题的一般情况，这样才能保证递归调用一定能终止。递归程序的执行通常要花较多的机器时间和占用较大的存储空间，但其程序精炼、简洁，可能更受欢迎。

　　C 语言对一个数据的定义需要指定两种属性：数据类型和存储类别。按其作用域又可分为全局变量和局部变量。

习　题

6.1　更正下面函数中的错误。

（1）返回求 x 和 y 平方和的函数。

```
sum_of_sq(x,y)
{
  double x,y;
  return(x*x+y*y);
}
```

（2）返回求 x 和 y 为直角边的斜边的函数。

```
hypot(double x,y)
{
  h=sqrt(x*x+y*y);
  return(h);
}
```

6.2　说明下面函数的功能。

（1）
```
itoa(int n,char s[ ])
{
  static int i=0,j=0;
  int c;
  if(n!=0)
  {
    j++;
    c=n%10+'0';
    itoa(n/10,s);
    s[i++]=c;
  }
  else
  {
    if(j==0) s[j++]='0';
    s[j]='\0';
    i=j=0;
  }
}
```

（2）
```
int htod(char hex [ ])
{ int i,dec=0;
    for(i=0;hex[i]!='\0';i++)
  { if(hex[i]>='0'&&hex[i]<='9')
      dec=dec*16+hex[i]-'0';
    if(hex[i]>='A'&&hex[i]<='F')
      dec=dec*16+hex[i]-'A'+10;
    if(hex[i]>='a'&&hex[i]<='f')
      dec=dec*16+hex[i]-'a'+10;
  }
  return(dec);
}
```

（3）
```
void stod(int n)
{ int i;
  if(n<0)
    { putchar('-');n=-n;}
  if((i=n/10)!=0) stod(i);
    putchar(n%10+'0');
}
```

6.3　编写已知三角形三边求面积的函数，对于给定的 3 个量（正值），按两边之和大于第三边的规定，判别其能否构成三角形，若能构成三角形，输出对应的三角形面积。要求主函数输入 10 组三角形三边，输出其构成三角形的情况。

6.4　设有两个一维数组 a[100],b[100]，试编写程序分别将它们按升序排序，再将 a，b 两数组合并存入 c 数组，使得 c 数组也按升序排序。若 a，b 有相等的元素，则把 a 数组的相等元素优先存入 c 数组中（其中 c 数组为 c[200]）。

6.5　编写一判别素数的函数，在主函数中输入一个整数，输出该数是否为素数的信息。

6.6　编写一程序，把 M×N 矩阵 a 的元素逐列按降序排列。假设 M、N 不超过 10，分别编写求一维数组元素值最大和元素值最小的函数，主函数中初始化一个二维数组 a[10][10]，调用定义的两函数输出每行、每列的最大值和最小值。

6.7　编写程序，实现由主函数输入 m，n，按下述公式计算并输出 C_m^n 的值。

$$C_m^n = \frac{m!}{n!(m-n)!}$$

6.8　分别编写求圆面积和圆周长的函数，另编写一主函数调用它，要求主函数能输入多个圆半径，且显示相应的圆面积和周长。

6.9　编写一个将两个字符串连接起来的函数（即实现 strcat 函数的功能），两个字符串由主函数输入，连接后的字符串也由主函数输出。

6.10　编写一个实现 strcpy 函数功能的函数，并试用主函数调用。

6.11　编写一个实现 strcmp 函数功能的函数，并试用主函数调用。

6.12　编写一函数，调用 6.10 题的函数，将字符数组 char1[10] 的前 5 个字符复制到字符数组 char2[10] 中。主函数实现字符数组 char1[10] 的初始化，并输出复制后的字符数组 ch2[10] 的内容。

6.13　编写一个实现 strlen 函数功能的函数，并试用主函数调用。

6.14　编写一函数实现用弦截法求方程 $x^3-3x^2+3x-9=0$ 的近似根。主函数完成各系数值的输入及所求得的根值的输出。

6.15　编写一函数实现用牛顿迭代法求方程 $ax^3+bx^2+cx+d=0$ 在 $x=1$ 附近的一个实根。主函数完成各系数值的输入及所求得的根值的输出。

6.16　编写程序完成用递归方法求 n 阶勒让德多项式的值。递归公式为：

$$H_n(x)=\begin{cases} 1 & n=0 \\ x & n=1 \\ ((2n-1)\cdot x\cdot H_{n-1}(x)-(n-1)\cdot H_{n-2}(x))/n & n>1 \end{cases}$$

6.17　编写计算最小公倍数的函数，试由主函数输入两个正整数 a 和 b 调用它。计算最小公倍数的公式为：

```
lcm(u,v) = u*v/gcd(u,v)  (u,v≥0)
```

其中，$gcd(u,v)$ 是 u、v 的最大公约数，$lcm(u,v)$ 是 u、v 的最小公倍数。

6.18　编写一个计算 x 的 y 次幂的递归函数，x 为 double 型，y 为 int 型，函数返回值为 double 型。函数中使用下面的格式：

```
power(x,0)=1.0;
power(x,y)=power(x,y-1)*x;
```

要求从主程序输入浮点数，调用这个递归函数，求其整数次幂。

6.19　将 6.8 题改为用带参数的宏名来求面积。

6.20　编写一个实现将十六进制数转换成相应十进制数的函数，并试用主函数调用。

6.21　编写一个将英文字符串中所有字的首字符转换成相应大写字符的函数，并试用主函数调用。

6.22　编写一函数 aver(a,n)，其中 a 是整型一维数组，n 是 a 数组的长度，要求通过全局变量 pave 和 nave 将 a 数组中正数和负数的平均值传递给调用程序。

6.23　编写一程序，每调用一次函数，显示一静态局部变量中的内容，然后为其加 1。

6.24　输入 10 个学生的 3 门课的成绩，分别用函数求：

（1）每个学生的平均分；

（2）每门课的平均分；

（3）按学生平均分降序排列输出学生信息；

（4）统计不及格学生，输出其相应信息；

（5）编写一菜单主函数，菜单内容包括以上 4 部分。

第7章
指　针

C 语言的自由性及其功能的强大，很大部分体现在其灵活的指针运用上。指针是 C 语言中一个重要的概念，也是 C 语言的精华部分，它提供了一种较为直观的操作方式。正确地运用指针，可以有效地描述数据结构，编写出简洁、高效的程序。

7.1　指针的概念

要正确地理解以及灵活地运用指针，必须理解地址与指针的概念，掌握指针的基本定义及使用方法。

7.1.1　地址与指针

计算机中的内存是以字节为单位的存储空间。一般把内存中的一个字节（8 个二进制位）称为一个内存单元，为了正确地访问内存中的信息，每个内存单元都有一个编号，根据这个编号即可准确地找到该内存单元，这个编号就叫作内存单元的地址。内存单元的地址和内存单元的内容是两个完全不同的概念。好比宾馆住宿，宾馆将每一间房都编了号，房间里可以住不同的客人，房间号就相当于地址，住宿的客人就相当于内容。

若在 C 程序中定义一个变量，系统会根据要求给这个变量分配存储空间，分配时会根据变量类型的不同决定分配内存空间的大小。变量通常有 3 个特征：名字、地址和内容（值）。例如，有如下的变量定义：

```
int i=10 ;
char c='a';
```

系统根据变量的类型，分别给 i、c 分配 4 个字节和 1 个字节的存储单元。数据存储空间首字节的地址就是数据的地址。如图 7-1 所示，假设系统给变量 i 分配的 4 个字节是从 1000 到 1003，给 c 分配的 1 个字节是 1004，那么变量 i 的地址就是 1000，内容为整数 10；变量 c 的地址是 1004，内容为字符'a'。而 i 和 c 就是变量的名字，变量名是对变量存储空间的抽象表示。

变量的地址可用如下表达式来表示：

&变量名

&是单目运算符，称为取地址运算符，其操作数是变量名，该

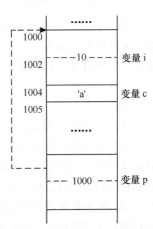

图 7-1　变量的地址和变量的内容

表达式的值为操作数变量的地址。如针对图 7-1，&i 表示的就是变量 i 的地址 1000；&c 表示的就是变量 c 的地址 1004。&运算符只能作用于变量，包括基本类型的变量和数组元素、结构变量或结构的成员，不能作用于数组名、常量、非左值表达式或寄存器变量。

&运算符在前面章节介绍 scanf 函数时出现过，如"scanf("%d", &x);"语句中的&即是取地址运算符。也就是说，使用 scanf 函数输入数据时，必须提供存储单元的地址，该语句会将用户输入的数据写入到变量 x 的存储单元中。如果此处省略&，编译时系统并不会报错，但该语句将不能正确地接收用户输入的数据。

存放地址的变量称为指针变量。例如，程序中又定义一个指针变量 int *p，则语句：

```
p=&i;
```

将上例中定义的整型变量 i 的地址（1000）存放到变量 p 中，则变量 p 就是一个指针变量，称"p 指向变量 i"或"p 是变量 i 的指针"，被指向的变量 i 称为 p 所指向的对象。如图 7-1 所示。

变量的地址称为指针，指针变量就是存放指针的变量。但在习惯上，指针变量也常简称为指针。在阅读时应结合上下文来理解其具体含义。

单目运算符*是&的逆运算，称为取内容运算符，也叫间接访问运算符，它的使用形式为：

　　*地址表达式

*运算的操作数是地址表达式，运算的结果是以该地址表达式的值为指针所指向的对象。例如：

```
char c,*pc;
pc=&c;
```

pc 是指向字符变量 c 的指针，则*pc 和*(&c)表示同一字符对象 c。因而赋值语句：

```
*pc='A';        /*将字符'A'赋给指针变量pc所指向的对象*/
c='A';          /*将字符'A'赋给变量c*/
*(&c)='A';      /*将字符'A'赋给&c所指向的对象，&c表示变量c的地址，地址也就是指针*/
```

效果是一样的，都是将'A'赋予变量 c。

7.1.2　指针变量的定义和引用

1. 指针变量的定义

和其他变量一样，指针变量必须在使用前定义。简单的指针变量定义的一般形式为：

　　类型说明符　*变量名；

其中，此处的*不是间接访问运算符，仅仅是一个标志，它表示定义的是指针变量；变量名即为定义的指针变量名；类型说明符表示指针变量所指向的对象的数据类型。例如：int *pi；表示 pi 是一个指针变量，它指向整型变量，通过下列语句：

```
int i=3;
pi=&i;
```

可以使指针 pi 指向整型变量 i，如图 7-2 所示。

要强调的是，指针变量对应的存储单元存放的是地址，地址本身无类型可言，因为无论定义哪一种数据类型的变量，它们的地址都是相应的内存单元编号，而编号本身并没有类型；但是指针变量指向的对象一定有确切的数据类型，

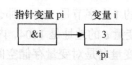

图 7-2　指针 pi 指向整型变量 i

一旦指针变量被定义，它就只能指向相应数据类型的对象。因此，通常将指针变量所指向对象的数据类型称为指针变量的数据类型。所以，上例说明语句 int *pi 中的 int 并非是指针变量 pi 的类

型，而是 pi 所指向的对象的数据类型，即，pi 只能指向类似于 i 这样的整型变量。

C 语言中允许定义指向各种数据类型的指针变量。

再如：

```
int *p1;            /* p1 是整型指针变量，即指向的对象是整型 */
char *p2;           /* p2 是字符型指针变量，即指向的对象是字符型 */
float *p3;          /* p3 是单精度浮点型指针变量，即指向的对象是单精度浮点型*/
double *p4;         /* p4 是双精度浮点型指针变量，即指向的对象是双精度浮点型*/
```

应该注意的是，定义指针时的类型说明符指出了指针变量所指向对象的数据类型。一般情况下，一旦指针变量的数据类型被确定后，其只能指向同一类型的数据对象。指针的操作都是基于指针类型的，例如，当定义一个指向整型数据的指针时，编译程序假定它所保存的任何地址都是指向一个整数，而无论实际上是否如此。所以在定义指针时，必须保证它的类型与要指向的对象的类型一致。

2. 指针变量的初始化

指针变量同普通变量一样可以初始化。可以把指针初始化为 0、NULL 或某个地址，作为初值的地址表达式必须是与指针所指向的对象同类型的变量的地址，例如：

```
float x,*px=&x;
```

也可以写成以下形式：

```
float x;
float *px=&x;
```

px 被定义为 float 类型的指针变量，初值地址表达式&x 是 float 类型变量的地址。要注意的是，变量 x 必须在给变量 px 赋值前定义。

在定义指针变量时，使用空指针 NULL 初始化可以避免指针变量指向一个随机的内存位置，它表示指针不指向任何对象。例如：

```
char *pc=NULL;
```

NULL 是在头文件<stdio.h>和<stdlib.h>中被定义了的符号常量，是取值为 0 的特殊指针。将指针变量 pc 初始化为 NULL，从技术的角度来看是使 pc 指向地址为 0 的存储单元。地址为 0 的内存单元是系统使用的单元，不允许向该单元赋值，否则将导致系统出现异常。所以 NULL 一般作为异常指针的标志使用。

3. 指针变量的引用

使用指针时要注意，指针变量本身存放的是它指向对象的地址，程序中必须明确使用的是指针变量本身还是指针变量所指向的对象；其次，在使用指针变量指向的对象之前，必须给指针变量赋值，使指针指向一个明确的对象。

以下语句说明如何使用&和*运算符，以及如何引用指针变量。

```
int i=10, j,*p=&i ;
```

i, j 是两个整型变量，i 的初值为 10；p 是指向整型变量 i 的指针，不难看出本例中*p≡*(&i)≡i≡10，*p 可以出现在程序中 i 能够出现的任何位置。例如：

```
j=*p;               /*等价于  j=i;*/
(*p)++;             /*等价于  i++;*/
*p=j;               /*等价于  i=j;*/
printf("%d",*p);    /*等价于  printf("%d",i);*/
scanf("%d",p);      /*等价于  scanf("%d",&i);*/
```

通过指针 p 对变量 i 输入数据时，由于 p=&i，p 已经是 i 的地址了，所以不要写成 scanf("%d",&p)。

此例中，p 与&i 表示的都是变量 i 的地址，但它们是否完全一样呢？这一点请读者自行思考。

指针的数据类型可以定义为 void 类型。void 指针是数据类型为 void *类型的指针，它是一种通用指针类型，一般称为普通指针，用于表示指针指向对象的数据类型未知。void 指针可以指向任何数据类型。例如，有如下语句：

```
char *p1;              //p1 是字符型指针
void *p2;              //p2 是一个 void 类型指针，即指向对象的数据类型未知。
p1=p2;                 //错误，void 指针赋值给其他类型的指针时要进行类型转换。
p2=p1;                 //合法，任何指针都可以直接赋予 void 类型的指针。
*p2;                   //错误，void 指针不能复引用，因为 void 指针只知道指向对象的起始地址，而不知道指向对
```
象的大小（占几个字节），所以无法正确引用。

下面是关于指针变量应用的例题。

【例 7-1】通过指针变量给所指向的变量赋值。

程序编写如下：

```
/*c7_1.cpp*/
#include<stdio.h>
void main()
{
    int a,b,*pa,*pb;
    pa=&a;
    pb=&b;
    scanf("%d,%d",pa,pb);
    printf("%d,%d\n",*pa,*pb);
}
```

程序运行如下：

```
3,5↵
3,5
```

程序中定义了两个指针变量 pa 和 pb，其中 pa 指向变量 a，pb 指向变量 b。通过 scanf 函数将用户输入的数据分别写入 pa 和 pb 所指示的地址中，即写入到 a 与 b 的存储单元中；再通过 printf 函数输出*pa 与*pb 所指向的对象，即将 a 和 b 的值输出。

【例 7-2】交换。请读者仔细对照分析，并讨论两种方式的区别。

程序编写如下：

```
/*c7_2_1.cpp*/
#include<stdio.h>
void main()
{
    int a=3,b=5,*pa,*pb,*p;
    pa=&a;
    pb=&b;
    printf("%d,%d\n",*pa,*pb);
    p=pa;
    pa=pb;
    pb=p;
    printf("%d,%d\n",a,b);
    printf("%d,%d\n",*pa,*pb);
}
```

程序运行如下：

3,5
3,5
5,3

```
/*c7_2_2.cpp*/
#include<stdio.h>
void main()
{
    int a=3,b=5,*pa,*pb,p;
    pa=&a;
    pb=&b;
    printf("%d,%d\n",*pa,*pb);
    p=*pa;
    *pa=*pb;
    *pb=p;
    printf("%d,%d\n",a,b);
    printf("%d,%d\n",*pa,*pb);
}
```

程序运行如下：

3,5
5,3
5,3

【例 7-3】输入 a 和 b 两个整数，按先大后小的顺序输出 a 和 b。

程序编写如下：

```
/*c7_3.cpp*/
#include <stdio.h>
void main(void)
{
    int a,b,*pa=&a,*pb=&b,*p;        /* 指针变量 pa 指向 a，pb 指向 b */
    scanf("%d%d",&a,&b);
    if(a<b)                          /* 如果 a 小于 b */
    {
        p=pa;
        pa=pb;
        pb=p;
    }                                /* 交换指针变量 pa 和 pb 的指向 */
    printf("a=%d,b=%d\n",a,b);
    printf("max=%d,min=%d\n",*pa,*pb);
}
```

程序运行如下：

3 5↵
a=3,b=5
max=5,min=3

7.1.3 指针变量的运算

1. 赋值运算
指针赋值应遵循以下规则。

（1）任何指针均可以直接赋予同类型的指针变量或地址表达式。

（2）不同类型的指针变量赋值时，必须使用强制类型转换（不服从基本类型赋值时的自动类型转换规则）。

（3）任何类型的指针都可以直接赋给 void 指针（void *类型的指针）。NULL 指针可以直接赋给任何类型的指针变量。void 指针赋给其他类型指针变量时，必须经过类型转换。

例如：

```
int i,*p;
char *q;
p=&i;                //合法，p指向整型变量i
q=&i;                //非法，操作数类型不一致（q为char *类型，而&i为int *类型）
q=(char *)&i;        //合法，将int *类型强制转换为char *类型，操作数类型一致
```

需要注意的是，不同类型的指针变量赋值后，可能会产生不明确的行为，如下面的程序所示。

```
#include <stdio.h>
void main(void)
{
    int x=10;
    char *p;
    p=(char *)&x;         //将int *类型的地址强制转换为char *类型
    printf("%c\n",*p);
}
```

p 为字符型指针，变量 x 的地址经过强制转换后赋予了 p，输出 p 所指向的对象的信息。看起来 p 指向的是 int 类型的 x，但是这不能改变 p 是字符型指针的事实。这样，p 实际上操作的只有变量 x（4 个字节）中 1 个字节的信息。

虽然通过强制类型转换后，指针可以指向其他类型，但指针始终认为它指向的是其定义时指定的数据类型的对象。

指针变量赋值时只能赋予地址，不能直接把整型数据或任何其他非地址类数据赋予指针变量。但允许将 0 赋予一个指针变量，它等价于把指针变量赋为 NULL，数值 0 是唯一能够直接赋予指针变量的整型数。

例如：

```
int *p=0;                //合法，允许将0直接赋予指针变量，等价于int *p=NULL
int *q=1000;             //非法，不允许将除0以外的任何整型数据赋予指针变量
```

2. 算术运算

在算术表达式、赋值表达式和关系表达式中，指针是合法的操作数。但并非所有的运算符在与指针变量一起使用时都是合法的。可以对指针进行有限的算术运算，包括自增运算（++）、自减运算（——）、加上一个整数（+或+=）、减去一个整数（-或-=）以及两个指针相减。

例如：

```
int a[5],*pa;
pa=&a[2];
```

定义了整型数组 a[5]，假设其存储单元首地址为 0x2000。图 7-3 所示为指针的算术运算，它表示了数组 a 在整数占 4 个字节的机器中的内存映像。整型指针变量 pa 的值为地址 0x2008 即指针变量 pa 指向数组 a 中的 a[2]元素。

在常规的算术运算中，0x2008+2 的结果为 0x200a，但指针

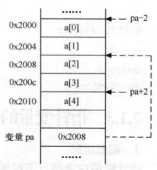

图 7-3　指针的算术运算

算术运算通常不是这种情况。当指针变量加或减一个整数时，指针并非简单地加上或减去该整数值，而是加上该整数与指针指向对象的大小的乘积。即，pa±n 的结果为 pa±n*d，其中，n 表示一个整数，d 表示指向对象的大小。对象的大小即指针指向对象所占存储空间的字节数，其取决于对象的数据类型。指针算术运算的结果仍为地址类数据。

例如，表达式 pa+2 不是简单地将指针变量 pa 的值加上 2，而是指向 pa 当前指向元素的后面第 2 个元素即数组元素 a[4]。这是因为一个整数在内存中占 4 个字节，pa+2 就意味着将 pa 的值加上 2*4 即 8 个字节，其结果为 0x2010(即 0x2008+2*4)，pa+2 指向数组 a 中的 a[4]。同理，表达式 pa-2 是指向 pa 当前所指元素的前面 2 个元素即 a[0]，意味着将 pa 的值减去 2*4 即 8 个字节，结果为 0x2000(即 0x2008-2*4)。

可以这样理解，pa+n 即表示指向了当前 pa 所指对象的后面第 n 个同类型的数据；pa-n 即表示指向了当前 pa 所指对象的前面第 n 个同类型的数据。这里的 n 为正整数。

如果要把指针加 1 或减 1，这时可使用自增运算符（++）或自减运算符（—）。语句++pa; 或 pa++;是将指针指向数组的下一个元素。语句 pa--;或--pa;是将指针指向数组的上一个元素。程序中使用这类表达式时，要注意表达式的结果指向的对象应当是一个明确的对象，否则程序可能出现错误。例如，上例中的 pa 指向 a[2]元素，那么在程序中使用表达式 pa+3 时就应该是指向 a[4]的后一个元素，即以 0x2014 为首地址向后的连续 4 个字节的内存空间，而这个内存空间中存放的具体数据是不确定的，类似于数组的越界使用，这样可能会导致程序出现严重错误。

指针加、减一个整数得到的结果仍然是地址，那两个指针相减呢？两指针变量相减所得之差是两个指针所指对象之间间隔的元素个数，即两个指针值（地址）相减之差再除以所指对象的大小，结果是一个整型数据。

例如：int a[5],*p1=&a[3],*p2=&a[0];

设数组 a 的首地址为 0x2000，则 p1 的值为 0x200c，p2 的值为 0x2000。那么表达式 p1-p2 的结果为(0x200c-0x2000)/4=3，即 p1 和 p2 指向的对象之间间隔的元素数目为 3。

参加减法的两个指针应当是同类型的指针，一般指向同一个数组中的元素，否则没有意义。两个指针不能进行加法运算。例如，p1+p2 是毫无实际意义的。同样的，指针变量不存在进行乘法和除法运算。

3. 关系运算

两个指针可以进行任何关系运算。进行比较的两个指针应当是同类型的指针，否则不能进行比较。通常对指向同一数组的两个指针变量进行关系运算，表示它们所指数组元素之间的关系。

例如，设 pa 和 pb 是同类型的指针。

```
pa==pb      //若pa与pb指向同一个对象，则结果为真（1），否则结果为假（0）。
pa!=pb      //若pa与pb不指向同一个对象，则结果为真（1），否则结果为假（0）。
pa>pb       //若pa指向的对象在pb指向的对象之后，则结果为真（1），否则结果为假（0）。
pa<pb       //若pa指向的对象在pb指向的对象之前，则结果为真（1），否则结果为假（0）。
```

指针在进行关系运算之前必须先赋值，即使指针有明确的指向。不同类型的指针之间或指针与非零整数之间的关系运算是没有意义的。

7.2　指针变量作为函数参数

函数间参数传递的方式有两种，值传递和地址传递。在函数章节中介绍过变量的值作为函数的实参传给被调用函数，这种传递实现的是值传递。数组名即数组的地址作为函数的实参传给被调用函数，实现的是地址的传递。指针也可以作为函数的参数。指针变量作为函数参数时，函数间传递的是地址，在调用函数时，要把变量的地址作为实参，被调用函数使用指针变量作为形参接收传递的地址。

有时，数据的处理必须用指针传递来完成，比如在函数中交换两个变量的值并将交换后的值返回，不采用指针作为函数参数就很难完成。用下面的程序来说明这个问题。

【例 7-4】编写一个数据交换的函数 swap()，并调用该函数将 a，b 两个变量的值交换。

程序编写如下：

```
/*c7_4.cpp*/
#include <stdio.h>
void swap(int x,int y)
{
    int temp;
    temp=x;
    x=y;
    y=temp;
}
void main(void)
{
    int a=3, b=5;
    swap(a,b);
    printf("a=%d,b=%d\n",a,b);
}
```

程序运行结果：

```
a=3,b=5
```

这是采用值传递的方法，将变量 a，b 的值作为函数的参数。而这种方法达不到交换变量 a 和 b 的目的，因为在 swap 函数中被交换的形参 x 和 y 只是 a 和 b 的副本，而不是 a，b 本身，如图 7-4 所示。

为了达到交换调用函数中变量 a 和 b 的目的，需要用指针作为参数。正确的程序应如下：

```
#include <stdio.h>
void swap(int *x,int *y)
{
    int temp;
    temp=*x;
    *x=*y;
    *y=temp;
}
void main(void)
{
    int a=3,b=5;
    swap(&a,&b);
    printf("a=%d,b=%d\n",a,b);
}
```

程序运行结果：

```
a=5,b=3
```

函数 swap 中形参*x，*y 是指针变量，实参是变量 a 和 b 的地址，实参向形参传送数据采用地址传递方式，所以指针 x 指向变量 a，指针 y 指向变量 b。在 swap 函数体中交换了*x 和*y，实际上交换的就是 x 和 y 所指向的对象 a 和 b 的值。返回主函数后，虽然形参 x 和 y 的空间被释放掉，但 a 和 b 的值已经交换了，如图 7-5 所示。

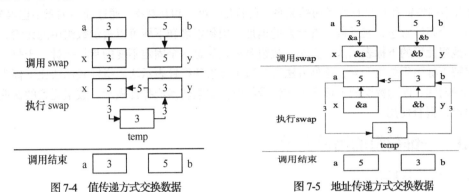

图 7-4 值传递方式交换数据　　　　图 7-5 地址传递方式交换数据

从上例可以看出，通过指针参数可以实现多个函数之间共享内存空间。一方面实现函数之间多个数据传递，另一方面可以通过形参对数据的改变影响到实参的值。

指针变量作为形参时，对应的实参必须是一个地址值，可以是变量的地址、指针变量或数组名。

【例 7-5】指针变量作为函数参数示例。

程序编写如下：

```c
/*c7_5.cpp*/
#include<stdio.h>
void print(int *,int *);
void main(void)
{
    int x=1,y=5;
    printf("x=%d,y=%d\n",x,y);
    print(&x,&y);
    printf("x=%d,y=%d\n",x,y);
}
void print(int *p, int *q)
{
    printf("*p=%d,*q=%d\n",*p,*q);
    (*p)++;
    --(*q);
}
```

程序运行结果：

```
x=1,y=5
*p=1,*q=5
x=2,y=4
```

形参 p 和 q 为指针变量，实参为变量 x 和 y 的地址，实现的是地址传递，使得 p 指向变量 x，q 指向变量 y。(*p)++是使 p 指向的对象自增 1，实际上是变量 x 自增 1，而--(*q)实际上是使变量 y 自减 1，所以返回主函数后再输出 x 和 y 的值时，x 和 y 的值都已经被改变了。

7.3 指针与一维数组

C语言中的指针和数组有着密切的关系，它们几乎可以相互转换。通过前面的章节已经知道，数组名是一个指针常量，表示数组首元素的地址。用数组名和下标可以表示数组中的元素，这种方法叫作数组元素的下标表示法。其实，数组名可认为是一个固定不变的常量指针。于是，可用指针来代替下标引用数组元素，这种方法称为数组元素的指针表示法。指针表示法比下标表示法更节省编译时间，因为数组的下标表示在编译的时候要被转换成指针表示。数组元素的这两种引用方法也可以混合使用。

7.3.1 一维数组的指针表示

若定义一个整数数组：

```
int a[10];          /*定义a为包含10个整型数据的数组*/
```

数组 a 中的元素可以用下标法表示为 a[i](i=0,1,…,9)，数组元素的地址可以表示为&a[i]。由于数组名可以认为是指针常量，根据前面介绍的指针运算可以知道，a+i 也可以表示元素 a[i]的地址，那么*(a+i)就可以表示这个地址所指向的对象，即 a[i]。一般来说，形如 a[i]的表示方法就是数组元素的下标表示法；形如*(a+i)的表示方法就是数组元素的指针表示法。

数组元素 a[i]中的[ ]事实上是下标运算符，该运算符的计算规则是编译程序在计算数组元素的地址前，先按照地址表达式 a+i 计算地址，再根据这个地址值找到对应的数据。也就是说，编译系统是将 a[i]转换为*(a+i)来处理的。用下标法和指针法表示数组元素时，由于下标法会先转化为指针法，所以指针法比下标法运算速度要快，但是下标法要更为直观、更易理解一些。

通常，为了用指针法表示数组元素，会说明一个与 a 的元素同类型的指针变量，并使这个指针指向数组的首地址，如有下列语句：

```
int a[10],*p;
p=a;
```

由于数组 a 的首地址就是 a[0]元素的存放地址，所以 p=a;等价于 p=&a[0];。这两条语句都可以使 p 指向 a 的第 0 号元素，习惯上称为 p 指向数组 a。那么地址表达式 p+i 实际上就是&a[i]，而*(p+i)和 p[i]表示的就是数组元素 a[i]。

归纳来说，当指针变量 p 指向数组 a 的首地址时，&a[i]、a+i、p+i 和&p[i]都表示数组元素 a[i]的地址；a[i]、*(a+i)、*(p+i)和 p[i]都表示数组元素 a[i]本身，如图 7-6 所示。

在具体使用时要注意数组名和指针变量的区别，指针变量是左值表达式，可以改变本身的值，使用时要明确指针变量具体的指向。但是数组名是地址常量，在程序运行过程中固定不变，如

```
p=&a[1];
```

此时*(a+2)仍然表示数组元素 a[2]，但*(p+2)表示的却是数组元素 a[3]。又如

```
p--;          //合法，指针指向a[0]元素
```

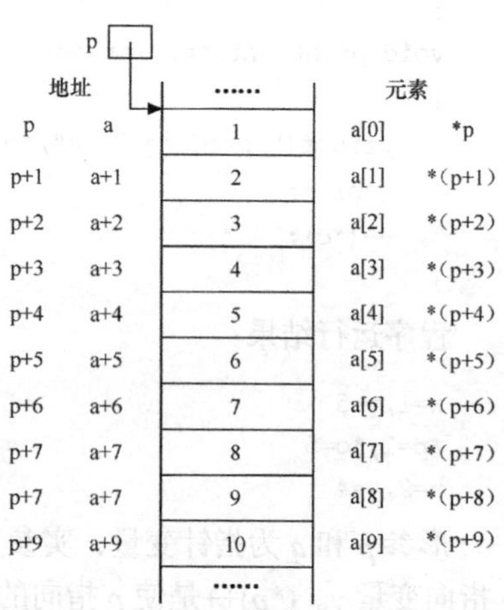

地址		......		元素	
p	a	1		a[0]	*p
p+1	a+1	2		a[1]	*(p+1)
p+2	a+2	3		a[2]	*(p+2)
p+3	a+3	4		a[3]	*(p+3)
p+4	a+4	5		a[4]	*(p+4)
p+5	a+5	6		a[5]	*(p+5)
p+6	a+6	7		a[6]	*(p+6)
p+7	a+7	8		a[7]	*(p+7)
p+7	a+7	9		a[8]	*(p+8)
p+9	a+9	10		a[9]	*(p+9)
		......			

图 7-6 指针 p 与数组 a 的关系

```
    a--;                    //非法，a是地址常量，不能自减
    p+=2;                   //合法，指针指向a[3]元素
    a+=2;                   //非法，a是地址常量，不能被赋值
```

可以这样理解，当指针变量 p 指向数组 a 的首地址时，即 p=a 时，任何出现数组名 a 的表达式中，均可用 p 替代 a，如 a[i]等价于 p[i]，a+i 等价于 p+i；但反之并不一定成立，如 p++中的 p 不可用 a 替代，因为 a++是非法表达式。究其原因，是因为 p 是指针变量，而 a 是指针常量，请读者仔细理解它们之间的联系和差异。

【例 7-6】用指针实现数组元素的输入及输出。

程序编写如下：

```
/*c7_6.cpp*/
#include <stdio.h>
void main(void)
{
    int i,*p,a[7];
    p=a;
    printf("\n请输入数组元素的值:\n");
    for(i=0;i<7;i++)
        scanf("%d",p++);
    printf("\n");
    p=a;
    printf("输出数组a:\n");
    for(i=0;i<7;i++)
        printf("%d ",*p++);
    printf("\n");
}
```

程序运行如下：

请输入数组元素的值:
1 2 3 4 5 6 7↵

输出数组 a:
1 2 3 4 5 6 7

程序中定义了一个整型指针变量 p，并将它指向了数组 a，然后通过这个指针 p 来操纵数组中的数组元素。程序中有 2 个 for 循环。第一个 for 循环的功能是从键盘上输入数组元素的值，循环中用 p++表示数组元素的地址，每次循环中 p 的值都会发生变化，依次从下标为 0 的元素向后指，循环结束后，p 指针指向了数组的末尾。

第 2 个 for 循环输出数组 a 的各元素，循环中用*p++来引用数组元素，由于单目*和++是属于同一优先级按从右至左结合的运算符，而++是后缀位置，所以*p++等价于*(p++)，即++运算是作用于指针 p 而不是指针指向的对象*p。由于++后置，所以*p++是先将*p 的内容在屏幕上显示，然后将 p 指针加 1，即向后指一个元素。

请读者注意，程序中两次出现了"p=a"，第一次出现的"p=a"是为了让指针 p 与数组 a 建立起联系，让 p 指向数组 a 的首地址，然后用 p 来操纵数组 a。而第二次的"p=a"，则是因为当第一个 for 循环执行完后 p 指针指向了数组的末尾。而第 2 个 for 循环仍然需要用指针 p 来操纵数组元素，所以需要将 p 重新指向数组 a 的首地址。

为帮助读者加深理解这一知识点，下面提供一程序供读者自己分析。

```
#include <stdio.h>
```

```
void main(void)
{
  int x,a[5]= {1,2,3,4,5},*p;
  p=a;
  printf("%d\t",*p);
  printf("%d\t",(*p)++);
  p=a;
  printf("%d\t",*p++);
  p=a;
  printf("%d\t",*(p++));
  printf("----\t");
  p=a;
  x=*p;
  printf("%d\t",x);
  x=(*p)++;
  printf("%d\t",x);
  p=a;
  x=*p++;
  printf("%d\t",x);
  p=a;
  x=*(p++);
  printf("%d\n",x);
}
```

程序运行结果：

```
1    1    2    2    ----    2    2    3    3
```

7.3.2 数组作为函数参数时的指针表示

在前面的章节中已经介绍过，将一维数组名作为实参传给被调函数时，被传送的是数组的首地址，被调函数中的形参可以定义成与实参数组类型一致、大小相同的数组，或者是类型一致、大小不定的数组。其实，当形参是数组类型时，C 实际上把它直接处理成了相应的指针类型，所以当数组名作为函数时，可以将形参直接定义成与实参数组元素类型一致的指针变量。

【例 7-7】求 10 名学生的平均成绩。

程序编写如下：

```
/*c7_7.cpp*/
#include <stdio.h>
#define N 10
float average(int *stu)
{ int i;
  float av,total=0;
  for(i=0;i<N;i++)
    total+=*stu++;
  av=total/N;
  return av;
}
void main(void)
{  int score[N],i;
   float av;
   printf("Input %d scores:\n",N);
   for(i=0;i<N;i++)
```

```
        scanf("%d", &score[i]);
    av=average(score);
    printf("Average is: %.2f\n",av);
}
```

程序运行如下：

```
Input 10 scores:
85 93 78 98 62 53 85 60 38 76↵
Average is: 72.80
```

average 函数中形参 stu 是一个整型指针，实参传送的是数组名 score，数组名是一个地址常量，stu 接收实参传递的地址后，就指向了 score 数组的存储空间。在 average 函数中，通过指针 stu 来逐个访问数组元素，实现将数组元素的值累加，再除以符号常量 N（表示的数组长度），就得到了平均成绩。再将这个平均成绩返回给主函数，然后输出结果。

上例中 average 函数与如下定义形式是等价的。

```
float average(int stu[ ])
{… …}
```

或

```
float average(int stu[N])
{… …}
```

【例 7-8】用指针实现对 10 个整数进行冒泡排序。

程序编写如下：

```
/*c7_8.cpp*/
#include <stdio.h>
void sort(int *,int);
void main(void)
{
  int a[10],i,*p;
  printf("请输入10个整数:\n");
  for(i=0;i<10;i++)
    scanf("%d",&a[i]);
  printf("排序前:");
  for(i=0;i<10;i++)
    printf("%4d",a[i]);
  p=a;
  sort(p,10);
  printf("\n排序后:");
  for(i=0;i<10;i++)
    printf("%4d",a[i]);
  printf("\n");
}
void sort(int *b,int n)
{
  int i,temp,*p;
  for(i=0;i<n-1;i++)
    for(p=b;p<b+n-i-1;p++)
      if(*p>*(p+1))
      {
        temp=*p;
        *p=*(p+1);
```

```
        *(p+1)=temp;
    }
}
```

程序运行如下：

请输入 10 个整数：
9 5 10 20 5 8 1 11 4 2↵
排序前： 9 5 10 20 5 8 1 11 4 2
排序后： 1 2 4 5 5 8 9 10 11 20

sort 函数的形参是一个整型指针 b，调用时传给它的是数组 a 的首地址，那么 b 实际就指向了数组 a，函数中再通过 b 指针来引用 a 数组中的数组元素实现排序。设 sort 函数中 p 当前指向 a[j]，则被交换的*p 与*(p+1)分别等价于 a[j]与 a[j+1]。

7.3.3　字符串的指针表示

字符串常量在机器内部表示是一个以'\0'结尾的一维字符数组，例如"It's a string"，其存储长度比双引号之间的实际长度多一个字节。程序中表示一个字符串有两种方式。

1. 字符数组表示字符串

例如：char str[20]= " It's a string ";

长度为 20 的字符型数组 str，最多能存储长度为 19 的字符串，该语句执行后字符型数组 str 被初始化为"It's a string"，如图 7-7 所示。

图 7-7　用字符数组表示字符串

也可以通过标准输入函数读入字符串的内容，语句如下：

```
scanf("%s",str);或gets(str);
```

2. 字符指针指向字符串

例如：char *pstr = "It's a string" ;

pstr 是指向字符串"It's a string"的指针，如图 7-8 所示。

图 7-8　用字符指针指向字符串

字符串可以赋予一个字符指针，所以上述的定义可以等价地表示为：

```
char *pstr ;
pstr="It's a string" ;
```

对于字符串的两种表示，在使用时要注意如下几点。

（1）C 语言没有提供将字符串作为一个单位来处理的语言方法，对字符串的各种处理是由标准库函数来完成的；使用有关字符串处理的标准库函数时须先加上#include <string.h>预处理命令。例如，给字符数组 str 赋值时可使用语句：

```
strcpy(str,"C Language");
```

而不能直接写成：

```
str="C Language";
```

而对字符指针变量 pstr，赋值语句"pstr = "C Language";"是合法的，它不是串复制，实际赋予 pstr 的仅仅是字符串的首地址，即字符'C'的存储地址。

（2）通过字符指针用下面的方式来获取字符串是错误的。

例如：

```
char *pstr;
scanf("%s",pstr);
```

这样做 C 编译程序可能不会指出任何错误，但这样的程序是不安全的。因为 pstr 是字符指针，在定义时没有被赋初值，也就是说在读入字符串之前没有给 pstr 指向的对象分配存储空间。只有先定义一个字符数组或调用动态分配的存储单元标准库函数 malloc 向系统申请分配足够的存储单元，使指针变量指向数组或动态分配的存储单元后，再向指针的对象赋值才是安全的。

（3）字符数组名是指针常量，而字符指针是指针变量，因而以下语句是合法的：

```
pstr++;          使 pstr 指向下一个字符
pstr+=2;         使 pstr 向后指两个字符
```

而以下语句是非法的：

```
str++;           数组名是常量，不能参与自增或自减运算
str="Hello";     不能向数组名赋值
```

【例 7-9】输入一个字符串，输出这个字符串中第 n 个字符后的所有字符（$n <$ 输入字符串的长度）。

程序编写如下：

```
/*c7_9.cpp*/
#include <stdio.h>
#include <string.h>
void main(void)
 {
  char str[30],*ps;
  unsigned int n;
  ps=str;
  printf("请输入字符串:");
  gets(ps);
  printf("请输入 n 的值:");
  scanf("%d",&n);
  if(n<=strlen(ps))
    {
    ps=ps+n;
    printf("结果为:%s\n",ps);
    }
  else
    printf("n 值非法!\n");
 }
```

程序运行如下：

```
请输入字符串:computer↵
请输入 n 的值:5↵
结果为:ter
```

字符指针 ps 首先指向数组 str 的首地址，当 n 值小于输入字符串的长度时，执行 ps=ps+n；此时 ps 指针向后指 n 个字符，再从第 n+1 个字符开始输出，碰到字符串结束符'\0'为止。

【例 7-10】用指针实现字符串的复制。

程序编写如下：

```
/*c7_10.cpp*/
```

```
#include <stdio.h>
void copy_string(char *from,char  *to)
{
        while(*from!='\0')
                *to++=*from++;
        *to='\0';
}
void main( )
{
        char a[20]="I am a teacher.";
        char b[20]="You are a student.";
        printf("string_a=%s\nstring_b=%s\n",a,b);
        copy_string(a,b);
        printf("string_a=%s\nstring_b=%s\n",a,b);
}
```

程序运行如下：

```
string_a=I am a teacher.
string_b=You are a student.
string_a=I am a teacher.
string_b=I am a teacher.
```

程序中定义两个字符数组 a 和 b，以数组名 a 和 b 作为实参调用 copy_string 函数。copy_string 函数中的形参是两个字符指针 from 和 to，它们接收实参传来的地址后，from 指针指向数组 a 的首地址，to 指针指向数组 b 的首地址。然后通过 while 循环逐个将 from 指向的数组元素赋给 to 指向的数组元素，也就是将 a 中的元素逐个赋给 b 数组。当 from 指针指向字符串结束符时，即 a 中数组元素全部复制至 b 中后循环结束。然后在 to 指向的 b 数组的末尾添加上字符串结束符。至于 b 中原有的内容，无需理会。

【例 7-11】输入两个字符串，通过函数比较两个字符串的大小。

程序编写如下：

```
/*c7_11.cpp*/
#include <stdio.h>
#define  SIZE 20
int str_cmp(char *qs,char *qt)
{
        for(;*qs==*qt;qs++,qt++)
                if(*qs=='\0')
                        return 0;
        return (*qs-*qt);
}

void main(void)
{    char s[SIZE],t[SIZE],*ps,*pt;
     int n;
     ps=s;
     pt=t;
     printf("请输入字符串 1: ");
     gets(ps);
     printf("请输入字符串 2: ");
     gets(pt);
```

```
        n=str_cmp(ps,pt);
        printf("比较结果:");
        if (n>0)
            printf("%s > %s\n",s,t);
        else
            if(n<0)
                printf("%s < %s\n",s,t);
            else
                printf("%s = %s\n",s,t);
    }
```

程序运行如下：

请输入字符串 1: hello↵
请输入字符串 2: how↵
比较结果:hello < how

程序中定义两个字符数组 s 和 t，通过指向它们的两个字符指针 ps 和 pt 来获取两个字符串，然后以指针 ps 和 pt 作为实参调用 str_cmp 函数。str_cmp 函数中的形参也是两个字符指针 qs 和 qt，它们接收实参传来的地址后，将和 ps、pt 一样分别指向 s 和 t 的首地址。然后逐个判断 s 和 t 的每一对字符是否相等，从左到右直到找到第一对不相等的字符，或者所有字符判断完成为止。

7.4　指针与多维数组

在 C 语言中，数组在实现方法上只有一维的概念，多维数组可被看成是以多个一维数组为元素的集合，形式上看其具有两个以上的下标。例如：int a[2][3],b[2][3][4], c[2][3][4][5];语句定义了二维数组 a、三维数组 b、四维数组 c 这 3 个多维数组。多维数组的数组名指向数组的首地址，例如，数组名 a 代表了 a 数组的首地址。多维数组的元素名指向各一维数组的首地址，例如：对 a[2][3] 数组而言，可以看作由两个一维数组 a[0]、a[1] 组成，数组名 a[0]、a[1] 分别代表了各一维数组的首地址。本节将以二维数组为例进行介绍指针与多维数组的关系。

7.4.1　多维数组的处理

设有如下定义：

```
int a[3][4];
```

数组 a 是一个 3 行 4 列的二维整型数组。a 是二维数组名、地址常量，a 的值等于&a[0][0]，代表第 0 行的首地址。根据前面章节的介绍可以知道，C 语言在处理二维数组 a 时，会将 a 处理成由 3 个数组元素 a[0]、a[1] 和 a[2]组成的一维数组。而 a[0]、a[1] 和 a[2] 又是 3 个长度为 4 的一维数组，也就是说，二维数组可以看成是数组元素为一维数组的一维数组。地址 a 指向的是由 4 个 int 型整数组成的一维数组。地址表达式 a+1 代表数组 a 的第 1 行地址，其值等于&a[1][0]。a 和 a+i 指向的对象都是一维数组，所以 a 和 a+i 是一维数组的指针。

a[0]可以看作是由 a[0][0]、a[0][1]、a[0][2] 和 a[0][3]组成的一维数组的数组名，所以 a[0]的值等于&a[0][0]，代表第 0 行第 0 个元素的地址，它和*a 是等价的。由于 a[0]指向的对象是 int 类型，所以地址表达式 a[0]+1 表示 a[0][1]的地址。a[0]、a[0]+i 都是整型数据的指针。

要注意区别 a 和 a[0]，它们的值都等于&a[0][0]，都是地址常量。但是二者的类型是完全不同的指针，从表达式 a+1 和 a[0]+1 的结果可以看出来，a+1 的值等于&a[1][0]，而 a[0]+1 的值等于&a[0][1]，如图 7-9 所示。

假设要表示数组 a 第 i 行第 j 列的数组元素，由数组元素下标表示法和指针表示法可以等价地写为：a[i][j]、*(a[i]+j)或*(*(a+i)+j)。

要表示数组 a 第 i 行第 j 列的数组元素的地址，可以等价地写为：&a[i][j]、a[i]+j 或*(a+i)+j。

请读者注意区别 a+i 和*(a+i)。这两种表示的取值是相同的，都是&a[i][0]，但是它们的含义却不同。a+i 指向的对象是一维数组，即由 4 个 int 类型数据组成的一维数组，所以是 int (*)[4]类型的指针；而*(a+i)等价于 a[i]，它指向的是 int 类型的数据，所以是 int * 类型的指针，即整型指针。

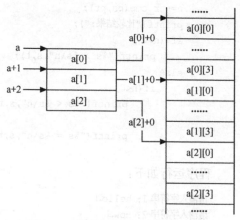

图 7-9　二维数组 a 及其元素的对应关系

7.4.2　指向多维数组的指针

可以用两种方法来定义指针变量访问多维数组及其元素。

1. 用指向数组元素的指针表示多维数组

设有如下语句：

```
int *p,a[3][4];
p=&a[0][0];
```

其定义了二维数组 a 和整型指针 p，并使指针 p 指向该数组的首地址，即元素 a[0][0]的地址。

数组元素 a[i][j]利用指针 p 可表示为：*(p+4*i+j)。

数组元素的地址&a[i][j]利用指针 p 可表示为：(p+4*i+j)。

【例 7-12】用指针输入输出二维数组。

程序编写如下：

```
/*c7_12.cpp*/
#include <stdio.h>
void main(void)
{
  int a[2][3];
  int *p,i,j;
  p=&a[0][0];
  printf("输入数组 a[2][3]:\n");
  for(i=0;i<2;i++)
  for(j=0;j<3;j++)
    scanf("%d",p+3*i+j);
  printf("逐行输出数组元素: \n");
  for(i=0;i<2;i++)
  {
    for(j=0;j<3;j++)
      printf("%4d",*(p+3*i+j));
    printf("\n");
  }
}
```

程序运行如下：

输入数组 a[2][3]：
1 2 3 4 5 6↵
逐行输出数组元素：
    1   2   3
    4   5   6

其中 scanf 语句和 printf 语句可以改写为：

```
scanf("%d",p++);
printf("%4d",*p++);
```

这样改写在输入/输出循环时会修改 p 指针的内容，所以必须在输出前将 p 指针重新指向 a[0][0] 元素，即在 scanf 语句后重新通过"p=&a[0][0]；"给 p 指针赋值。

2. 用指向数组的指针表示多维数组

由于二维数组可以看成数组元素是一维数组的一维数组，那么除了定义指向简单类型的指针外，也可以定义指向数组的指针，称为指向一维数组的指针变量。例如：

```
int a[3][4] ;
int (*p)[4] ;
```

p 被定义成指向有 4 个元素的 int 型数组的指针变量，p 的类型为 int (*)[4]。(*p)效果上等同有 4 个元素的 int 数组的数组名，类型为 int *。

注意不要将 int (*p)[4]写成 int *p[4]，这两种形式说明的是不同类型的对象。前者定义的是指向长度为 4 的一维数组的指针，而后者定义的是指针数组（参见 7.5 节），即有 4 个 int *类型数组元素的一维数组。在 C 语言中，[ ]是下标运算符，其优先级高于单目运算符*，所以 int *p[4]等同于 int *(p[4])。通常将指向数组的指针简称为数组指针变量。

定义好数组指针变量后通过下列语句给 p 赋值。

```
p=a ;
```

注意不要把 a[0]或者&a[0][0]赋予 p，虽然这二者与 a 取值相同，但是 a[0]和&a[0][0]的类型是 int *，而 p 的类型是 int (*)[4]。

数组元素 a[i][j]利用数组指针变量 p 表示为：(*(p+i))[j] 或者 *(*(p+i)+j)。

数组元素的地址&a[i][j]利用数组指针变量 p 表示为：*(p+i)+j。

【例 7-13】分别用数组指针和指向整型变量的指针输出二维数组第 1 行的元素值。

程序编写如下：

```
/*c7_13.cpp*/
#include <stdio.h>
void main(void)
{
  int a[3][4]= {{0,1,2,3},{4,5,6,7},{8,9,10,11}};
  int(*p)[4];
  int *q;
  int j;
  printf("pointer of array:\n");
  p=a;
  for(j=0;j<4;j++)
     printf("%4d",*(*(p+1)+j));
  printf("\n");
  printf("pointer of integer:\n");
```

```
        q=*(a+1);
        for(j=0;j<4;j++)
        {
            printf("%4d",*q);
            q++;
        }
        printf("\n");
    }
```

程序运行如下：

```
pointer of array:
   4   5   6   7
pointer of integer:
   4   5   6   7
```

　　p 是一个指向包含 4 个元素的一维数组的数组指针变量，p+1 是二维数组第 1 行的首地址，表达式*(*(p+1)+j)表示第 1 行的第 j 个元素。q 是一个指向整型变量的指针变量，q 被赋值为*(a+1)，即指向数组的第 1 行元素，然后通过 q++来输出第 1 行的所有元素。注意两条赋值语句：

```
p=a;            不能写为p=*a;
q=*(a+1);       不能写为q=a+1;
```

　　这是因为 p 和 q 是不同类型的指针变量，p 的类型是 int (*)[4]，q 的类型是 int *；a 是二维数组名，类型为 int (*)[4]，而*(a+1)是 int *类型的指针。

7.5　指针数组和多级指针

　　C 语言中，数组的元素也可以由指针变量来充当，称为指针数组，其主要用于表示二维数组，特别是字符串数组，在实际应用中运用较多。多级指针主要实现多级间址，实际运用中使用到二级就足够了。

7.5.1　指针数组的概念

　　指针变量可以同其他变量一样作为数组的元素，由同类型的指针变量组成的数组称为指针数组。一维指针数组说明的形式如下：

　类型说明符 *数组名[数组长度]；

　　例如：int *p[3];

　　下标运算符[ ]的优先级高于单目运算符*，因此表示 p 先与[3]结合，表示 p 是一个数组，它有 3 个数组元素；再与*结合，表示数组的每个元素都是 int *类型的，即数组元素都是整型指针变量。

　　使用指针数组可以表示二维数组，例如：int a[3][4], *p[3]；

```
p[0]=&a[0][0];      或p[0]=a[0];
p[1]=&a[1][0];      或p[1]=a[1];
p[2]=&a[2][0];      或p[2]=a[2];
```

　　p[0]、p[1]和 p[2]等同于 3 个一维数组名，每个一维数组有 4 个 int 型元素。*(p[i]+j) 表示数组元素 a[i][j]。p[i]和 a[i]都是整型指针，区别是 p[i]是 int *型变量，而 a[i]是 int *型常量。

应该注意指针数组和二维数组指针变量的区别。这两者虽然都可用来表示二维数组，但是其表示方法和意义是不同的。

二维数组指针变量是单个的变量，其一般形式中"（*指针变量名）"两边的括号不可少。而指针数组类型表示的是多个指针（一组有序指针）在一般形式中"*指针数组名"两边不能有括号。

例如：

```
int (*p)[3];
```

表示 p 是一个指向二维数组的指针变量。该二维数组的列数为 3 或分解为一维数组的长度为 3。

```
int *p[3];
```

表示 p 是一个指针数组，3 个数组元素 p[0]，p[1]，p[2]均为指针变量。

指针数组的主要用途是表示二维数组，指针数组的元素不仅可以指向二维数组的各行，而且可以指向长度不同的一维数组，所以指针数组特别适合于表示和操作字符串数组。

7.5.2　指针数组的应用

字符串数组即二维字符数组，其中每一个元素都是一个字符串，除了用二维数组来表示字符串数组之外，常用字符指针数组来表示字符串数组。例如：

```
char week[ ][10]={
    "Monday",
    "Tuesday",
    "Wednesday",
    "Thursday",
    "Friday",
    "Saturday",
    "Sunday"
};
```

这是用二维数组来表示字符串数组。week 是一个 7×10 的二维字符数组，其中第二维的长度必须有显示的说明，它的存储结构如图 7-10 所示。week 包含 7 个字符串，week[i]表示第 i 个字符串的首地址，等同于一个字符数组名，是 char *常量。

又如：

```
char *week[ ]={
    "Monday",
    "Tuesday",
    "Wednesday",
    "Thursday",
    "Friday",
    "Saturday",
    "Sunday"
};
```

这是用指针数组来表示字符串数组。week 是一个长度为 7 的字符指针数组，该数组的元素是 char *类型的，存储结构如图 7-11 所示。week[i]或者*(week+i) 表示第 i 个字符串的首地址，等同于一个字符数组名，是 char *变量。

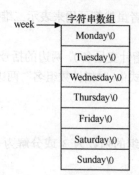

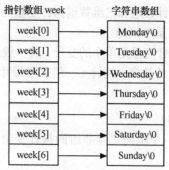

week →

字符串数组
Monday\0
Tuesday\0
Wednesday\0
Thursday\0
Friday\0
Saturday\0
Sunday\0

图 7-10　字符串数组 week 存储示意图

指针数组 week		字符串数组
week[0]	→	Monday\0
week[1]	→	Tuesday\0
week[2]	→	Wednesday\0
week[3]	→	Thursday\0
week[4]	→	Friday\0
week[5]	→	Saturday\0
week[6]	→	Sunday\0

图 7-11　指针数组表示字符串数组

【例 7-14】输入一个整数，输出相应的星期数，如输入 1，显示 Monday。

程序编写如下：

```
/*c7_14.cpp*/
#include <stdio.h>
#include <stdlib.h>
void main(void)
{
  char *week[ ]={
      "Illegal day",
      "Monday",
      "Tuesday",
      "Wednesday",
      "Thursday",
      "Friday",
      "Saturday",
      "Sunday"
  };
  int i;
  printf("input Day No:");
  scanf("%d",&i);
  if(i<0)
      exit(1);
  else
      if(i>=1&&i<=7)
          printf("Day No:%2d-->%s\n",i,week[i]);
      else
          printf("Day No:%2d-->%s\n",i,week[0]);
}
```

程序运行如下：

```
input Day No:3↵
Day No: 3-->Wednesday
```

输入数据小于 0 时调用 exit 函数退出程序，使用 exit 函数必须在程序开始包含 stdlib.h 头文件。week 是含有 8 个元素的字符指针数组，其初值表由表示星期的字符串的首地址组成。为了方便使用，下标为 0 的元素中存放的是表示非法星期数的字符串"Illegal day"。这样，星期数和数组元素的下标保持一致，week[i]可以看作是第 i 个字符串的数组名。

【例 7-15】 将一组指定的字符串按字典顺序输出。

程序编写如下：

```
/*c7_15.cpp*/
#include <stdio.h>
#include <string.h>
void main(void)
{
  char *str[ ]={"Data Structure", "Visual Basic", "C Language"},*p;
  int i,j,k;
  printf("排序前: \n");
  for(i=0; i<3;i++)
     printf("%s\n",str[i]);
  /*排序*/
  for(i=1;i<3;i++)
  {
     k=i;
     for(j=0; j<3-i; j++)
        if(strcmp(str[j],str[j+1])>0)
        {
           p=str[j];
           str[j]=str[j+1];
           str[j+1]=p;
        }
  }
  printf("排序后: \n");
  for(i=0;i<3;i++)
     printf("%s\n",str[i]);
}
```

程序运行如下：

排序前：

```
Data Structure
Visual Basic
C Language
```

排序后：

```
C Language
Data Structure
Visual Basic
```

对字符串排序，不能像一般的数据类型进行数据的直接交换，因为每个字符串长度不同，无法直接交换字符串的位置，故采用交换指针值改变指向的方法。交换指针的效果如图 7-12 所示。

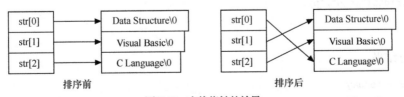

图 7-12　交换指针的效果

程序中采用选择法对字符串进行排序，两个字符串比较大小时，必须使用字符串比较函数

strcmp 函数。不要写成以下形式：

```
if(str[j]>str[j+1]))…;
```

表达式 str[j] > str[j+1]本身是合法的，但是它判断的是第 j 个字符串和第 j+1 个字符串首地址的大小，而不是字符串的大小。

7.5.3　多级指针（指向指针的指针）

指针可以指向各种类型，包括基本类型、数组、函数，同样也可以指向指针。如果一个指针变量存放的又是另一个指针变量的地址，则称这个指针变量为指向指针的指针变量。

在前面已经介绍过，通过指针访问变量称为间接访问。由于指针变量直接指向变量，所以称为"单级间址"。如果通过指向指针的指针变量来访问变量则构成"二级间址"，也可以称为"多级间址"，如图 7-13 所示。

间接寻址的级数不受限制，从理论上讲可以有"多级指针"，但多级指针使用时容易出错，一般用到二级指针就足够了。

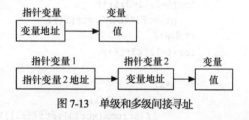

图 7-13　单级和多级间接寻址

以二级间址为例，说明指针的指针的定义形式和使用方法。指针的指针定义形式如下：

类型说明符 **变量名；

例如：char **p;

说明：p 是一个指向字符指针变量的指针。**p 是指针的指针说明符，类型为 char **。由于*是从右至左结合的单目运算符，所以**p 相当于*(*p)。显然*p 是指针变量的定义形式，现在它前面又有一个*号，表示指针变量 p 是指向一个字符指针型变量的。*p 就是 p 所指向的另一个指针变量。

【例 7-16】使用指向指针的指针。

程序编写如下：

```
/*c7_16.cpp*/
#include <stdio.h>
void main(void)
{
  char *name[]={"Monday","Tuesday","Wednesday",
          "Thursday","Friday","Saturday","Sunday"};
  char **p;
  int i;
  for(i=0;i<7;i++)
  {
    p=name+i;
    printf("%p-->",*p);
    printf("%s\n",*p);
  }
}
```

程序运行结果：

```
00420068-->Monday
0042005C-->Tuesday
00420050-->Wednesday
00420044-->Thursday
```

```
0042003C-->Friday
00420030-->Saturday
00420028-->Sunday
```

循环中的第 1 个 printf 语句输出 name[i] 的值（它是一个地址），第 2 个 printf 语句输出以该地址开始的字符串。

【例 7-17】 用指向指针的指针输出二维数组。

程序编写如下：

```
/*c7_17.cpp*/
#include <stdio.h>
void main(void)
{
  int str[3][4]={1,2,3,4,5,6,7,8,9,10,11,12};
  int *a[3]={str[0],str[1],str[2]};
  int **p, i;
  for(p=a;p<a+3;p++)          /* p++分别使p指向 str[0],str[1],str[2] */
  {
      for(i=0;i<4;i++)
          printf("%4d",*(*p+i));
      printf("\n");
  }
}
```

程序运行结果：

```
1   2   3   4
5   6   7   8
9  10  11  12
```

数组 a 是一个指针数组，它的每一个元素都是一个指针，指向二维数组 str 的每一行第 1 个元素的地址，即 str[0]、str[1] 和 str[2]。变量 p 是一个指向指针的指针变量。本例结构如图 7-14 所示。

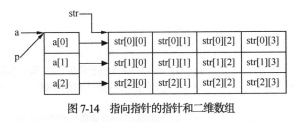

图 7-14　指向指针的指针和二维数组

7.6　指针与函数

C 语言中，指针与函数的关系也较紧密。既可以定义指向某个函数的指针，也可以使函数返回一个指针。

7.6.1　指向函数的指针

一个函数在编译时被分配一个入口地址，存放函数入口地址的变量就是一个指向函数的指针变量，简称为函数指针。函数指针可以被赋值，可以作为数组的元素，可以传给函数，也可以作为函数的返回值。

函数指针的一般定义方式是：

类型说明符 (*指针变量名) (形参列表);

其中"类型说明符"表示被指函数的返回值的类型。"(*指针变量名)"表示"*"后面的标识符是一个指针变量。最后的括号表示指针变量所指的是一个函数，形参列表给出函数指针变量所指向函数的形参信息。

例如：int (*pf)();

表示 pf 是一个可以指向函数入口的指针变量，该函数的返回值（函数值）是整型。(*pf) 外部必须用括号，如果写成*pf()，则 pf 称为指针函数（参见 7.6.2 节）。

和指向变量的指针一样，函数的指针也必须赋初值，才能指向具体的函数。可以直接用函数名为函数指针变量赋值，例如：

```
int max();              函数说明
int (*pf)();            函数指针说明
pf=max;                 pf 指向 max 函数
```

函数指针经定义和赋初值后，在程序中可以引用该指针，目的是调用被指针所指向的函数。

【例 7-18】用指针调用函数，实现从两个数中输出较大者。

程序编写如下：

```
/*c7_18.cpp*/
#include<stdio.h>
int max(int a,int b)              /*求最大数的函数*/
{
  int t;
  if(a>b)
    t=a;
  else
    t=b;
  return t;
}
void main()
{
  int max(int a, int b);          /* max 是一个有两个整型形参、返回值为整型的函数 */
  int(*pf)(int,int);              /* 定义 pf 是指向返回值为整型的函数的指针变量 */
  int x,y,z;
  pf=max;                         /* max 函数的入口地址赋值给指针变量 pf */
  printf("input two numbers:\n");
  scanf("%d%d",&x,&y);
  z=(*pf)(x,y);                   /* 用指向函数的指针变量代替函数名调用函数 */
  printf("max=%d\n",z);
}
```

程序运行如下：

```
input two numbers:
3 9↙
max=9
```

语句 z=(*pf)(x,y)等价于 z=max(x,y)，因此，当一个指针指向一个函数时，通过访问指针就可以访问它指向的函数。

一个函数指针变量可以先后指向不同的函数，但必须用函数的地址为函数指针变量赋值。

7.6.2　函数指针的应用

　　函数指针的主要作用在于通过其值来调用被调函数。C 语言不允许在一个函数的定义中包含其他函数的定义，整个函数也不能作为参数在函数间进行传递；但是允许将函数名作为函数参数传给另一个函数，由于参数传递是传值，相当于将函数名赋予形参，因此在调用函数中，接收函数名的形参应该是指向函数的指针。被调用函数可以通过函数指针来调用完成不同功能的具体函数。

　　【例 7-19】 采用选择排序法对一组数据进行升序或降序排序。

　　程序编写如下：

```
/*c7_19.cpp*/
#include<stdio.h>
#define N 10
void bubble(int *,int,int(*)(int,int));        /*函数声明*/
int ascending(int,int);                        /*函数声明*/
int descending(int,int);                       /*函数声明*/
void main()
{
  int i,order,a[N]={3,7,9,11,0,6,7,5,4,2};
  printf("输入1-----升序排列\n");
  printf("输入2-----降序排列:");
  scanf("%d",&order);
  printf("初始数据:\n");
  for(i=0;i<N;i++)
    printf("%4d",a[i]);
  if (order==1)
    {
      bubble(a,N,ascending);
      printf("\n升序排列:\n");
    }
  else
    {
      bubble(a,N,descending);
      printf("\n降序排列:\n");
    }
  for(i=0;i<N;i++)
    printf("%4d",a[i]);
  printf("\n");
}
void bubble(int *pa,int n,int(*ph)(int,int))
{
  int i,j,k;
  void swap(int *,int *);
  for(i=0;i<n-1;i++)
    {
      k=i;
      for(j=i+1;j<n;j++)
```

```
        if((*ph)(pa[j],pa[k])) k=j;          /* x[j]>x[k] */
      if(k!=i) swap(&pa[i],&pa[k]);          /* t=x[i];x[i]=x[k];x[k]=t; */
    }
  }
  void swap(int *pi,int *pk)
  {
    int temp;
    temp=*pi;
    *pi=*pk;
    *pk=temp;
  }
  int ascending(int a,int b)
  {
    return a<b;
  }
  int descending(int a,int b)
  {
    return a>b;
  }
```

程序运行如下：

输入 1-----升序排列
输入 2-----降序排列：1↵

初始数据：

```
3  7  9  11  0  6  7  5  4  2
```

升序排列：

```
0  2  3  4  5  6  7  7  9  11
```

或者：

输入 1-----升序排列
输入 2-----降序排列：2↵

初始数据：

```
3  7  9  11  0  6  7  5  4  2
```

降序排列：

```
11  9  7  7  6  5  4  3  2  0
```

排序函数 bubble 有 3 个参数，分别表示整型数组、该数组大小以及形参 int(*ph)(int,int) 说明，函数 bubble 要求以指向函数的指针作为参数，指针所指向的函数要带两个整数参数，并且返回值是一个整数。因为"*"的优先级比用于函数参数的圆括号优先级低，所以用于*ph 的圆括号是必需的。如果没有使用这个圆括号，该声明就变成了：

```
int *ph(int,int)
```

它声明了一个函数，函数有两个参数，返回一个指向某个整数的指针，即后续章节介绍的指针型函数。

程序提示用户选择是以升序还是以降序对数组排序。如果用户输入 1，函数名 ascending 传给函数 bubble 的指向函数的指针的形参，使数组按升序排序。如果用户输入 2，函数名 descending 传给函数 bubble 的指向函数的指针的形参，使数组按降序排序。

【例 7-20】设计一个函数 choose，主函数在调用它时，根据要求实现不同的功能，包括求两个数的最大值、最小值以及求两数之和。

程序编写如下：

```
/*c7_20.cpp*/
#include<stdio.h>
int max(int x,int y)
{
  return(x>y?x:y);
}
int min(int x,int y)
{
  return(x<y?x:y);
}
int sum(int x,int y)
{
  return(x+y);
}
int choose(int x,int y,int(*pf)(int,int))
{
  int result;
  result=(*pf)(x,y);
  return result;
}
void main()
{
    int a,b,s;
    char c;
    printf("input a and b:");
    scanf("%d,%d",&a,&b);
    do{
        printf("求最大值----1\n");
        printf("求最小值----2\n");
        printf("求两数和----3\n");
        printf("退出---------0\n");
        printf("请选择: ");
        getchar();               /*吸收多余的回车键*/
        scanf("%c",&c);
        switch(c){
        case '1': s=choose(a,b,max); printf("max=%d\n",s); break;
        case '2': s=choose(a,b,min); printf("min=%d\n",s); break;
        case '3': s=choose(a,b,sum); printf("sum=%d\n",s); break;
        case '0': break;
        }
    }while(c!='0');
}
```

程序运行如下：

```
input a and b:1,5↵
求最大值----1
求最小值----2
求两数和----3
退出---------0
```

请选择：1↵
max=5
求最大值----1
求最小值----2
求两数和----3
退出----------0
请选择：2↵
min=1
求最大值----1
求最小值----2
求两数和----3
退出----------0
请选择：3↵
sum=6
求最大值----1
求最小值----2
求两数和----3
退出----------0
请选择：0↵

程序中，max、min 和 sum 是已定义的 3 个函数，分别实现求最大值、最小值以及求和的功能。choose 函数中定义的 int (*pf)(int, int)表示 pf 是一个指向函数的指针，该函数是一个整型函数，有两个整型形参。在 main 函数中，除了将 a 和 b 作为实参传送给 choose 函数的形参 x、y 外，还根据输入的不同选择项，将函数名 max、min 或 sum 作为实参将其入口地址传送给 choose 函数中的形参 pf。在 choose 函数中语句 result=(*pf)(x, y)实际上就是执行相应的 max、min 或 sum 函数。

7.6.3 返回指针的函数

前面介绍过，所谓函数类型是指函数返回值的类型。在 C 语言中，函数可以返回除数组和函数外的任何类型数据和指向任何类型的指针。返回指针的函数称为指针函数。

定义指针型函数的一般形式为：

```
类型说明符 *函数名(形参表);
```

其中"*函数名（形参表）"是指针函数说明符。例如：int *f(x,y); 其中 f 是一个 int 型指针函数，它有两个 int 型参数。调用 f 之后能得到一个指向整型数据的指针。

注意，不能将*f(x, y)写成(*f)(x, y)，两者说明的对象是两个完全不同的概念。int (*f)()是一个变量说明，说明 f 是一个指向函数入口的指针变量，该函数的返回值是整型量，(*f)的两边的括号不能少；int *f()则不是变量说明而是函数说明，说明 f 是一个指针型函数，其返回值是一个指向整型量的指针，*f 两边没有括号。

【例 7-21】有若干个学生的成绩（每个学生有若干门课程）。要求用 input_stu 函数完成输入学生学号、若干门课程成绩和计算每个学生的总分；用 search 函数根据输入的学生学号确定该学生若干门课程成绩的存放位置。主函数输出该学生的全部成绩。

程序编写如下：

```
/*c7_21.cpp*/
#include <string.h>
#include <stdio.h>
#define N 3
```

```
#define M 4
void input_stu(int score[N][M],char no[N][15])
{                          /* 输入学生的学号、每门课的成绩，并求总分 */
    int i,j,s;
    for(i=0;i<N;i++)
    {
      printf("输入第%d个学生的学号及%d门课程的成绩: \n",i,N);
      s=0; scanf("%s",no[i]);
      for(j=0;j<M-1;j++)
        {
          scanf("%d",&score[i][j]);
          s=s+score[i][j];
        }
      score[i][M-1]=s;
    }
}
int *search(int score[N][M],char no[N][15],char num[15])
 {                          /* 根据学号确定该学生成绩的存放位置 */
   int (*p)[M];int i; int r=0;
   p=&score[0];
   for (i=0; i<N; i++)
     if(strcmp(no[i],num)==0)
      {
        p=p+r;
        break;
      }
     else
        r+=1;
  return *p;
}
void main()
{
    int score[N][M];
    char no[N][15];
    char num[15];
    int i,*q;
    void input_stu(int score[N][M],char no[N][15]);
    int *search(int score[N][M],char no[N][15],char num[15]);
    input_stu(score,no);
    printf("输入要查找的学号: ");
    scanf("%s",num);
    q=search(score,no,num);
    printf("%s--",num);
    for(i=0;i<M-1;i++)
      printf("%d ",*(q+i));
    printf("\n");
}
```

程序运行如下：

输入第 0 个学生的学号及 3 门课程的成绩：

001 85 87 79↵

输入第 1 个学生的学号及 3 门课程的成绩：

002 68 96 83↵

输入第 2 个学生的学号及 3 门课程的成绩：

003 87 68 90↵

输入要查找的学号：002↵

002--68 96 83

search 函数被定义为指针型函数，它的局部变量 p 是一个数组指针，指向包含 M 个元素的一维数组的数组。语句"p=&score[0];"使 p 指向 score 数组的第 1 行的首地址。由于 no 数组的每个元素和 score 数组的每行一一对应，所以执行"if(strcmp(no[i],num)==0){ p=p+r; break;} else r+=1;"语句，使得 p 指向 score 数组的相应行，通过 return *p;将该地址返回到主函数的 q 指针变量。

在主函数 main 中，q 是指向整型变量的指针变量，所以*(q+i)可以引用该行的每一个元素。

【例 7-22】在输入的一段文本中查找一个指定的字符串，如果找到，则显示指定的字符串在文本中第一次出现的位置，否则输出没有找到的信息。

程序编写如下：

```c
/*c7_22.cpp*/
#include <stdio.h>
char *str_search(char *s,char *t)
{/*在串 s 中查找子串 t，如果找到，返回 t 在 s 中第一次出现的起始位置，否则返回 0*/
  char *ps=s,*pt,*pc;
  while(*ps!='\0')
  {
    for(pt=t,pc=ps;*pt!='\0'&&*pt==*pc;pt++,pc++);
    if(*pt=='\0') return ps;
    ps++;
  }
  return 0;
}
void main(void)
{
  char s[20],t[5],*p;
  printf("请输入字符串 s: ");
  scanf("%19s",s);
  printf("请输入字符串 t: ");
  scanf("%4s",t);
  p=str_search(s,t);
  if(p!=NULL)
    printf("\"%s\"在\"%s\"中第一次出现的位置是 %d！\n",t,s,p-s);
  else
    printf("\"%s\"在\"%s\"中没有出现!\n",t,s);
}
```

程序运行如下：

请输入字符串 s: abcdefg↵
请输入字符串 t: cde↵
"cde"在"abcdefg"中第一次出现的位置是 2！

或者：

请输入字符串 s: abcdefg↵
请输入字符串 t: fed↵
"fed"在"abcdefg"中没有出现！

7.7　命令行参数

在前面的程序中，main 函数都没有参数，实际上，main 函数是整个可执行程序的入口，它与其他函数一样可以有参数，也可以有返回值，其一般形式如下：

```
int main( int argc, char *argv[ ] )
{
    ......
}
```

main 函数的参数习惯上用名字 argc 和 argv 表示。argc 表示传给 main 函数的参数个数，它包括可执行程序名，所以它的值至少是 1；argv 是传给 main 函数的字符指针数组。

前面已经说过，在 C 程序中 main 函数是由操作系统调用，其他函数是不能调用 main 函数的。那么，这些参数从何而来？

main 函数的参数来源于运行可执行程序时在操作系统环境下键入的命令行，称为命令行参数。如以下命令：

```
C:\>copy D:\file1.txt E:\
```

这是 DOS 下的 copy 命令，它实现文件复制的功能。"D:\file1.txt"和"E:\"分别指示复制的源路径和目的路径，"copy D:\file1.txt　E:\"就是命令行参数。

可执行的 C 程序文件的名字，就是操作系统环境下的一个外部命令（DOS 环境）或 shall 命令（UNIX/Linux）。命令名是由 argv[0]指向的字符串，即可执行文件的文件名。命令名之后输入的参数是由空格分隔开的若干个字符串，它们是作为 main 函数的参数传递给相应程序的，依次由 argv[1]，argv[2]，…，argv[argc-1]指示。每个参数字符串的长度可以不同，参数的数目任意。操作系统的命令解释程序将这些字符串的首地址构成一个字符指针数组，并将指针数组元素的个数传给形参 argc；指针数组的首地址传给形参 argv，所以 argv 实际上是一个二级字符指针变量。

【例 7-23】回显命令行参数。

程序编写如下：

```
/*c7_23.cpp*/
#include <stdio.h>
void main(int argc,char *argv[ ])
{
  int i=0;
  while(i<argc)
  { printf("arg[%d]:%s\n",i,argv[i]);
    i++;
  }
  getchar();
}
```

假定经过编译，连接后生成的可执行文件的名字为 Ex7-21.exe（DOS 环境下），则在操作系统环境下输入下面的命令行并按回车：

```
C:\>D:\Ex7-21 How are you ? ↵
```

则输出：

```
arg[0] : D:\Ex7-21
arg[1] : How
arg[2] : are
arg[3] : you
arg[4] : ?
```

命令行参数的个数 argc 的值为 5，argv[i]的值是指向字符串的指针，也就是命令行参数对应字符串的首地址。其中，argv[0]指向 "D:\Ex7-21"，它是命令名，即可执行 C 程序的文件名（可省略后缀.exe）。

小　结

数据的地址称为指针，包括常量和变量。指针变量是存放地址的变量，地址值绝不是普通整数。变量的地址是由编译程序产生的，不能将任意的整数赋予指针变量，也不能像对普通整数那样对指针变量进行任意的运算。虽然内存单元的地址本身并没有类型可言，但是由于不同类型的数据在内存中占据单元数目各不相同，从同一个地址开始的内存单元中存放的数据究竟要作为哪种类型的数据读出，取决于数据的类型，因此，指针指向的数据类型就称为指针的类型。

1. 有关指针的数据类型

常见有关指针的数据类型如表 7-1 所示。

表 7–1　　　　　　　　　　　　常见有关指针的数据类型

定　义	含　义
int i;	定义整型变量 i
int *p;	p 为指向整型数据的指针变量
int a[5];	定义整型数组 a，它有 5 个元素
int *p[5];	定义指针数组 p，它由 5 个指向整型数据的指针元素组成
int (*p)[5];	p 为指向含 5 个元素的一维数组的指针变量
int f();	f 为带回整型函数值的函数
int *p();	p 为带回一个指针的函数，该指针指向整型数据
int (*p)();	p 为指向函数的指针，该函数返回一个整型值
int **p;	p 是一个指针变量，它指向一个指向整型数据的指针变量

2. 指针运算

（1）指针加（减）一个整数

设 p 是一个指针，i 表示值为正整数的表达式，则下列运算合法。

```
p++、p--、++p、--p、p+i、p-i
```

一个指针变量加（减）一个整数并不是简单地将原值加（减）一个整数，而是将该指针变量的原值（是一个地址）加上或减去该整数与指针引用对象的大小的乘积。

（2）两个指针变量相减

两个同类型的指针相减，得到一个整型结果数据。通常此时两个指针指向同一个数组中的元素。两个指针之差表示两个指针之间相隔的元素个数。

（3）任一指针可以直接赋予同类型的指针变量；常数 0 和 NULL 可以赋予任意类型的指针变量；不同类型的指针之间必须通过类型强制转换后才能赋值，但 void *除外。

注意，不能将一个整数（常数 0 除外）赋予指针，整数不是地址数据。

（4）两个同类型的指针可以比较，但只有指向同一数组的元素时，两指针的比较才有意义。常数 0（NULL）可以与任何类型的指针进行==和!=运算。

（5）void 指针是指向空值类型的指针。任何一个类型的指针均可以直接赋值给一个 void 指针变量，一个 void 指针也可以赋予任一类型的指针变量，但需要进行类型转换。

（6）指针的值为 0，称为空指针，即不指向任何对象。通常用符号常量 NULL 表示。NULL 是作为异常指针标志的一个特殊指针值，程序中任何时候都不能向 NULL 指针赋值。

3. 指针和数组

C 语言中指针和数组有着密切的关联。使用指针访问数组时，除了要注意指针的类型外，还要注意由于编译系统不会进行越界检查，所以程序员必须保证指针在数组的合法范围内。

（1）可以像数组名那样对指针使用下标。

（2）不带下标的数组名是一个指向数组第一个元素的指针。

（3）数组名是一个常量指针，它总是指向不变的内存单元。不能像常规的指针那样修改数组名。

（4）指针数组常用来构造字符串数组，字符串数组（指针数组）中的每一个元素实际上是每一个字符串的首地址。

4. 指针和函数

（1）当指针和数组作为函数参数时，此时参数间传递的是地址，这是函数带出一个以上返回值的方式之一。

（2）可以用指针指向一个函数，存放函数入口地址的变量就是函数指针。函数指针经定义和赋值之后，可以用它调用函数，还可以把它作为参数传递到其他函数。

（3）函数可以返回除数组和函数外的任何类型数据和指向任何类型的指针。返回指针的函数称为指针函数。

5. 复杂说明的理解

正确理解和表达各种复杂的定义是掌握 C 语言的一个关键。在理解复杂定义时，要注意运算符的优先级和结合性。从定义中的标识符开始，按照运算符的优先级以及结合性，逐步解释说明符。

说明符中，*是指针类型的标志，[ ]是数组类型的标志，( )是函数类型的标志或者是用于提高优先级和改变结合顺序的圆括号运算符。嵌套的( )，内层优先于外层，从内到外进行解释。[ ]和( )的优先级高于*，[ ]和( )属于同一优先级，二者同时出现时，按从左到右的顺序解释；当整个说明符解释完以后，再加上类型符就是最终的类型。例如，图 7-15 所示的复杂说明中，其解释如下。

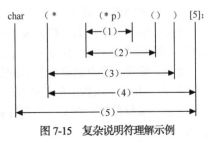

图 7-15 复杂说明符理解示例

（1）p 是一个指针。

（2）p 是指向函数的指针。

（3）p 是指向指针函数的指针。

（4）被 p 指向的指针函数的返回值是指向有 5 个元素的数组的指针。

（5）被 p 指向的指针函数的返回值是指向有 5 个元素的字符数组的指针。

6. 命令行参数

操作系统将命令行参数以字符串的形式传递给 main 函数。命令行参数中 argc 表示参数个数，argv 是由命令行参数字符串的首地址构成的一个字符指针数组。

习　题

7.1　输入 3 个整数，按从小到大的顺序输出。

7.2　编写程序，输入一个十进制的正整数，将其对应的八进制数输出。

7.3　输入一个字符串，用指针方式逐一显示字符，并求其长度。

7.4　用指针方法编写一个程序，输入 3 个字符串，将它们按由小到大的顺序输出。

7.5　从键盘输入一个字符串，然后按照字符顺序从小到大进行排列，并删除重复的字符。

7.6　不使用额外的数组空间，将一个字符串按逆序重新存放。例如，原来的存放顺序是"abcde"，现在改为"edcba"。

7.7　不使用 strcat 函数，通过指针实现字符串的连接功能。

7.8　编写一个函数实现十进制到十六进制的转换。在主函数中输入十进制数并输出相应的十六进制数。

7.9　用函数 void sort(int *p,int n) 实现将 n 个数按递减排序。主函数中输入 n 个数并输出排序后的结果。

7.10　有 n 个人围成一圈，顺序排号，从第 1 个人开始从 1 到 m 报数，凡数到 m 的人出列，问最后留下的是原来圈中第几号的人员。

7.11　有 n 个整数，使其前面各数顺序向后移 m 个位置，最后 m 个数变成最前面的 m 个数。

7.12　用指针的方法实现将明文加密变换成密文。变换规则如下：小写字母 z 变换成 a，其他字母变换成为该字符 ASCII 码顺序后 1 位的字母，比如 o 变换成为 p。

7.13　设二维整型数组 da[4][3]，试用数组指针的方法，求每行元素的和。

7.14　编写函数，对二维数组中的对角线内容求和并作为函数的返回值。

7.15　30 个学生，5 门课，要求在主函数中输入学生成绩，再分别调用函数实现如下要求：

（1）求各门课程的平均分数；

（2）找出不及格学生，输出其序号及成绩；

（3）求每个学生的平均分。

7.16　编写一个函数，输入 n 为偶数时，调用函数求 1/2，1/4，…，1/n 的和，当输入 n 为奇数时，调用函数求 1/1，1/3，…，1/n 的和。

7.17　定义一个存放学生姓名的指针数组。再设计一个根据学生姓名查找的函数，返回查找成功与否，并在主函数中显示查找结果。

7.18　编写程序，定义一个指针数组存放若干个字符串，再通过指向指针的指针访问它并输出各个字符串。

7.19　使用命令行参数编写程序，能实现将一个任意正整数 n 变换成相应的二进制数输出。

7.20　编写程序，统计从键盘输入的命令行中第 2 个参数所包含的英文字符个数。

第8章
结构体与联合体

在第 2 章中介绍了 C 语言中基本数据类型的定义。然而丰富多彩的世界仅靠基本数据类型来描述显然是不够的，在 C 语言中，除了可以定义和使用这些基本数据类型的数据外，还可以定义和使用构造类型的数据。在第 5 章学习的数组就是一种构造类型。数组中的每一个元素都具有相同的数据类型，当处理大量同类型的数据时，利用数组很方便。但在处理实际问题时，经常会遇到需要将若干不同类型的数据项组合在一起作为一个整体来进行处理的情况。例如，在对学生信息进行处理时，一个学生的数据可能包括姓名、学号、年龄、性别、成绩等多个成员，各成员的数据类型不同，显然不能用一个数组来存放这类数据。在 C 语言中，允许用户自己设计一些数据类型。本章为大家介绍的结构体、联合体均属于用户自定义数据类型。

8.1 结 构 体

假想要设计一个学生成绩管理系统，很多学生信息数据需要处理，其中 Apple 学生的信息如表 8-1 所示。

表 8–1　　　　　　　　　　　　　　　Apple 学生信息表

学　号	201310010
姓　名	Apple
性　别	女
年　龄	17
院　系	计算机系
平均成绩	87.25

从表 8-1 来看，我们需要两个字符数组分别用来存储姓名、院系；需要两个整型变量分别用来存储学号和年龄，需要一个字符型变量存储性别，一个浮点型变量存储平均成绩。一个学生至少需要 6 个存储空间，系统如果需要处理 300 个学生信息，就需上千个存储空间，如此多变量空间的分散管理将会非常困难。

把单个变量比作可以装某类东西的小箱子，小箱子太多就会非常杂乱，拿一个大收纳箱来，把小箱子一个个有序地放到收纳箱里面，这样整理起来就比较方便，因此有时需要将很多凌乱的变量整理到一个"大变量"中。C 语言中的结构体类型，允许用户自定义一种数据类型，并且把描述该类型的各种数据类型一一整合到其中。

如表 8-2 所示，将每个学生的信息组合为一个整体，一个学生拥有 6 项属性。结构体既然是一种用户自定义的数据类型，那么在说明和使用之前必须做结构体类型的定义，也就是构造它，然后才能用它来进行变量说明和数组说明。

表8-2   整合后的结构表

	属　　性	类　　型
学	学　　号	整　　型
	姓　　名	字符数组
	性　　别	字　　符
生	年　　龄	整　　型
	院　　系	字符数组
	平均成绩	浮点型

8.1.1　结构体类型的定义

在 C 语言中定义结构体类型的一般形式为：

```
struct  结构体类型名
{
    数据类型  成员数据1;
    数据类型  成员数据2;
    ......
    数据类型  成员数据n;
};
```

其中 struct 是用于定义具体结构体类型的关键字，此关键字告诉编译系统，准备定义一个结构体。结构体类型名是由用户自己定义的标识符。

例如：根据前面说明，定义"学生记录"的结构体如下：

```
struct student
{
    int     num;
    char    name[10];
    char    sex;
    int     age;
    char    department[20];
    float   score;
};
```

8.1.2　结构体类型变量的定义与使用

当在程序中定义了某个具体的结构体类型以后，意味着有了一个新的数据类型，可以定义该类型的变量。定义结构体类型变量可以有以下 3 种方法。

1. 先定义结构体，再说明结构体变量

struct 结构体名 变量1,变量2,…,变量n;

其中，结构体名是已经定义过的结构体类型标识符。例如，struct student stu1,stu2,stu3;定义了 3 个 struct student 类型的变量 stu1、stu2、stu3。

2. 在定义结构体类型的同时说明结构体变量

struct 结构体名

```
{
    数据类型   成员数据1；
    数据类型   成员数据2；
    ……
    数据类型   成员数据n；
}变量表；
```

例如：

```
struct student
{
    int      num;
    char     name[10];
    char     sex;
    int      age;
    char     department[20];
    float    score;
}stu1,stu2,stu3;
```

在这个说明中，定义了结构体类型 student，同时又定义了结构体 student 类型的 3 个变量 stu1、stu2、stu3。如果需要，程序中还可以定义该种结构体类型的其他变量。

3. 直接说明结构体变量

```
struct
{
    数据类型   成员数据1；
    数据类型   成员数据2；
    ……
    数据类型   成员数据n；
} 变量表；
```

例如：

```
struct
{
    int      num;
    char     name[10];
    char     sex;
    int      age;
    char     department[20];
    float    score;
}stu1,stu2,stu3;
```

在这种情况下，由于没有定义结构体类型名，因此，在程序中就不能再定义这种结构体类型的其他变量了。

C 语言规定结构体类型的定义可以嵌套，即结构体中成员也可以是一个结构体。例如，先定义一个结构体类型 date 如下：

```
struct    date
{
    int year;
    int month;
    int day;
};
```

然后再定义一个结构体 student：

```
struct      student
{
  int       num;
  char      name[10];
  char      sex;
  int       age;
  struct date birthday;
  char      department[20];
  float     score;
};
```

在这个定义中，结构体类型 student 中有一个成员又属于前面定义的结构体类型 date。

对于初学者要特别注意：结构体名和结构体变量是两个不同的概念。结构体名表示一种自定义的数据类型，编译系统并不给它分配内存空间。只有通过结构体说明了结构体变量后，才对该变量分配存储空间。

在程序中定义了某结构体类型的变量后才可以使用该变量。

结构体变量的使用分为两种情况：结构体变量名代表的变量整体和成员名代表的该变量的各个成员。在程序中使用结构体变量时，往往不把它作为一个整体来使用。在 ANSI C 中只有将一个结构体变量整体赋值给另一个结构体变量才可以使用结构体变量整体。一般对结构体变量的使用，包括赋值、输入、输出、运算等都是通过结构体变量的成员来实现的。

使用结构体变量成员的一般方式为：

结构体变量.成员名

其中"."为结构体成员运算符，它的优先级最高。

例如：

```
stu1.num                          /*表示第1个学生的学号*/
stu2.name                         /*表示第2个学生的姓名*/
```

如果成员本身又是一个结构，则必须逐级找到最低级的成员才能使用。

例如：

```
stu1.birthday.month               /*表示第1个学生出生的月份*/
```

8.1.3　结构体类型变量的赋值与初始化

结构体变量赋初值后，也可以再赋值。

在定义结构体变量的说明语句中，可以对定义的结构体变量赋初值，即初始化。由于结构体占用内存一片连续的存储单元，因此，结构体变量的初始化与前面介绍的数组相似，只要把对应各成员的初值放在花括号中即可。

【例 8-1】结构体变量的初始化。

```
/*c8_1.c*/
#include <stdio.h>
void main( )
{
  struct  date
  {
      int year;
```

```
        int month;
        int day;
};
struct    student
{
        int      num;
        char     name[10];
        char     sex;
        int      age;
        struct date birthday;
        char     department[20];
        float    score;
    }stu={ 201310013," LiPing",'F',19, 1994, 4, 5, "Computer", 98};
    printf("Number=%d\nName=%s\nsex=%c\nage=%d\nbirthday:%d/%d/%d\ndepartment=%s\n
        Score=%f\n", stu.num, stu.name, stu.sex, stu.age, stu.birthday.year,
        stu.birthday.month, stu.birthday.day, stu.department, stu.score);
    }
```

结构体变量初始化后，C 编译系统按结构体成员的顺序将各个初值置于各成员对应的存储单元，如图 8-1 所示。其中成员 name 存放字符串"LiPing"的首地址，department 存放字符串"Computer"的首地址。

num	name	sex	age	birthday			department	score
201310013	LiPing	F	19	1994	4	5	Computer	98

图 8-1　结构体变量初始化存储示意图

在对结构体变量初始化时，不允许用逗号跳过前面的成员只给后面的成员赋初值，但可以只给前面的成员赋初值，后面未赋初值的成员自动赋 0 值（字符型数组赋空串）。

C 语言不允许对结构体变量名直接进行赋值，只能对它的每个成员赋值，即要将结构体变量的成员作为相对独立的个体看待。

C 语言允许将一个结构体变量整体复制到另一个同类型的结构体变量中。

【例 8-2】给结构体变量赋值并输出。

程序如下：

```
/*c8_2.c*/
#include <stdio.h>
#include <string.h>
void main()
{
  struct student
  {
    int    num;
    char   name[10];
    char   sex;
    int    age;
    char   department[20];
    float  score;
  } stu1,stu2;
  stu1.num=1000;
  strcpy(stu1.name,"LiPing");
  stu1.sex = 'F';
  stu1.age = 19;
```

```
    strcpy(stu1.department,"Computer");
    printf("Input score\n");
    scanf("%f", &stu1.score);
    stu2=stu1;
    printf("stu2:\nNumber=%d\nName=%s\nsex=%c\nage=%d\ndeparment=%s\nScore=%f\n",stu2.num,
stu2.name,stu2.sex, stu2.age, stu2.department,stu2.score);
    }
```

8.1.4 结构体类型数组的定义与引用

前面所述的结构体类型 student，存放着学生的基本情况（如学号、姓名、性别、年龄、院系和分数等）。如果要编写一个程序来处理一个班学生的信息，如 30 个学生的信息，显然定义 30 个结构体变量非常不方便，这时就要用到结构体类型数组，也就是每个元素都是同一结构体类型数据的数组，结构体类型数组在构造树、表、队列等数据结构时特别方便。

1. 结构体类型数组的定义

定义结构体类型数组前要先定义一个结构体类型，然后就可以像定义普通数组一样定义结构体类型数组。与定义结构体变量类似，定义结构体类型数组也有 3 种方式。

方式 1

```
struct student
{
    int    num;
    char   name[10];
    char   sex;
    int    age;
    char   department[20];
    float  score;
}stu[30];
```

方式 2

```
struct student
{
    int    num;
    char   name[10];
    char   sex;
    int    age;
    char   department[20];
    float  score;
};
struct student stu[30];
```

方式 3

```
struct
{
    int    num;
    char   name[10];
    char   sex;
    int    age;
    char   department[20];
    float  score;
}stu[30];
```

以上 3 种方式均定义了"学生情况"类型的一个数组 stu，可存放 30 个学生的情况。每一个学生的情况包括：学号（num）、姓名（name[10]）、性别（sex）、年龄（age）、院系（department[20]）、成绩（score）。

2. 结构体数组的初始化

对结构体数组也可以进行初始化。例如：

```
struct student
{
    int   num;
    char name[10];
    char sex;
    int   age;
    char department[20];
    float      score;
}stu[3]={{201310013,"LiPing",'F',19,"Computer",78.0},
        {201310014,"LiuJun",'M',19,"Computer",88.0},
        {201310015,"ZhangDong",'F',18,"Computer",79.5}};
```

定义后结构体数组中的元素在内存中是连续存放的，如图 8-2 所示。

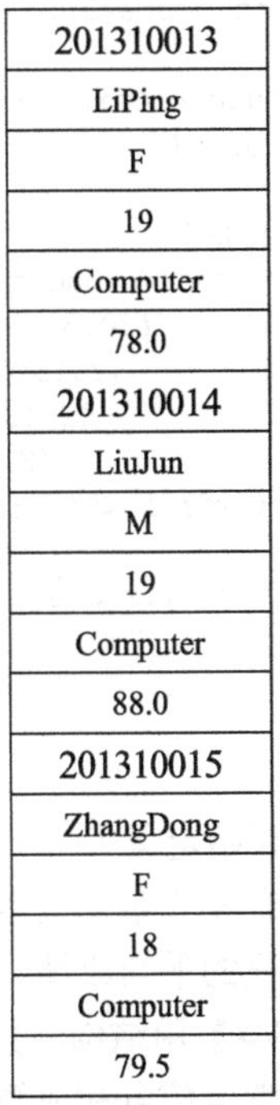

也可以写成下面形式：

```
struct student stu[3]= {{201310013,"LiPing",'F',19,"Computer",78.0},
                        {201310014,"LiuJun",'M',19,"Computer",88.0},
                        {201310015,"ZhangDong",'F',18,"Computer",79.5}};
```

201310013
LiPing
F
19
Computer
78.0
201310014
LiuJun
M
19
Computer
88.0
201310015
ZhangDong
F
18
Computer
79.5

图 8-2　结构体数组在内存中连续存放

下面以一个简单的例子来说明结构体类型数组的定义和使用。

【例 8-3】给定学生成绩登记表如表 8-3 所示。利用结构体数组计算表 8-3 中给定的两门课程成绩的平均成绩，最后输出该学生成绩登记表。

表 8-3　　　　　　　　　　　　学生成绩登记表

学　号	姓　名	性　别	年　龄	数　学	外　语	平均成绩
201310010	Zhao	M	19	79.0	85.0	
201310011	Qian	M	18	92.0	89.0	
201310012	Sun	F	19	75.0	71.0	
201310013	Li	M	20	82.0	76.0	
201310014	Zhou	M	18	75.0	77.0	
201310015	Wu	F	19	81.0	88.0	
201310016	Zheng	M	20	80.0	79.0	
201310017	Wang	F	19	74.0	76.0	
201310018	Liu	F	20	83.0	89.0	

程序如下：

```
/*c8_3.c*/
struct student
{
  int num;
  char name[10];
  char sex;
  int age;
```

```
    float score[3];                        /* 数学、外语、平均成绩 */
};
#include <stdio.h>
void main()
{
    int i;
    struct student stu[9] ={{201310010,"Zhao",'M',19,95.0,84.0},
           {201310011, "Qian",'M',18,95.0,84.0},{201310012, "Sun",'F',19,95.0,84.0},
             {201310013, "Li",'M',20,95.0,84.0},{201310013,"Zhou",'M',18,95.0,84.0},
               {201310015,"Wu",'F',19,95.0,84.0},{201310016, "Zheng",'M',20,95.0,84.0},
                  {201310017, "Wang",'F',19,95.0,84.0},{1008, "Liu",'F',20,95.0,84.0}};
    for(i=0; i <9; i++)
    {
        stu[i].score[2] = (stu[i].score[0]+ stu[i].score[1])/2;
        printf("%-8d%-10s%-5c%-6d%-7.2f%-7.2f\n", stu[i].num, stu[i].name, stu[i].sex,
                       stu[i].age, stu[i].score[0], stu[i].score[1], stu[i].score[2]);
    }
}
```

程序开始定义了一个名为 student 的结构体类型。在主函数定义了结构体 student 类型的一个数组，共有 9 个数组元素，并对数组元素部分内容进行了初始化。利用 for 循环逐个计算每个学生两门课程的平均成绩，并同时输出每个学生的全部信息。

【例 8-4】用结构体数组建立 10 名学生信息，要求从键盘输入学生信息，然后输入编号，查询该编号学生信息和成绩，将查询结果输出到屏幕上。

程序如下：

```
/*c8_4.c*/
#include <stdio.h>
#define NUM 10
struct student
{
    int num;
    char name[10];
    int age;
    float score[3];
};
void main()
{
    struct student stu[NUM];
    int i,number;
    for(i=0;i<NUM;i++)                        /*输入学生信息*/
    {
        printf("Input num,name,age,score:\n");
        scanf("%d%s%d%f%f%f",&stu[i].num,stu[i].name,&stu[i].age,&stu[i].score[0],
                                        &stu[i].score[1], &stu[i].score[2]);
    }
    printf("Input student's number \n");
    scanf("%d", &number);
    for(i=0;i<NUM;i++)                        /*查询信息*/
    {
        if(number==stu[i].num)
        {
            printf("name=%s\nage=%d\nChinese=%6.2f\nMath=%6.2f\nEnglish=%6.2f\n",
stu[i].name, stu[i].age, stu[i].score[0], stu[i].score[1], stu[i].score[2]);
            break;
        }
    }
}
```

8.1.5 结构体类型指针的定义与引用

1. 指向结构体变量的指针

可以定义一个指向结构体变量的指针，指向结构体变量的指针的值是该结构体变量在内存存储区域的首地址。通过结构体指针，即可访问该结构体变量，这与数组指针和函数指针的情况是相同的。

结构体指针变量定义的一般形式为：

struct 结构名 *结构指针变量名；

例如：

```
struct student
{
    int num;
    char name[10];
    char sex;
    int age;
    char department[20];
    float score;
}stu={201310001,"Wang",'F',19,"Computer",80.0};
struct student *p=&stu;
```

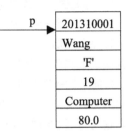

图 8-3 指向结构体变量的指针

p 就是指向 struct student 类型的变量 stu 的指针，如图 8-3 所示。

当然也可在定义 student 结构时同时说明 p。与前面讨论的各类指针变量相同，结构体指针变量也必须要先赋值后才能使用。

结构体指针变量的赋值是把结构体变量的首地址赋给该指针变量。如果 stu 是被说明为 student 类型的结构体变量，则 p=&stu 是正确的，而 p=&student 是错误的，student 是一种自定义的数据类型，不是变量，在内存中没有地址。

有了结构体指针变量，就能更方便地访问结构体变量的各个成员。其访问的一般形式为：

(*结构体指针变量).成员名

或者：

结构体指针变量->成员名

例如：访问结构体变量的 num 成员的格式为：(*p).num 或者：p->num。

应该注意(*p)两侧的括号不可少，因为成员符 "." 的优先级高于 "*"。如去掉括号写成*p.num 则等效于*(p.num)，这样，意义就完全不对了。

【例 8-5】使用指向结构体变量的指针来访问结构体变量的各个成员的值并将其输出。

程序如下：

```
/*c8_5.c*/
#include <stdio.h>
#include <string.h>
void main( )
{
    struct student
    {
        int num;
        char name[20];
        char sex;
        int age;
```

```
        float score;
    }stu={20131001,"Zhang",'M',18,78};
    struct student *p=&stu;
    printf("%d,%s,%c,%d,%6.2f\n", stu.num,stu.name,stu.sex,stu.age,stu.score);
    printf("%d,%s,%c,%d,%6.2f\n", p->num,p->name,p->sex,p->age,p->score);
    printf("%d,%s,%c,%d,%6.2f\n", (*p).num,(*p).name,(*p).sex,(*p).age,(*p).score);
}
```

本程序定义了一个结构体 student，定义了 student 类型结构体变量 stu 并进行了初始化，还定义了一个指向 student 类型结构体的指针变量 p。在 main 函数中，p 指向 stu。然后用 3 种形式输出 stu1 的各个成员值。从运行结果可以看出：

（1）结构变量.成员名

（2）(*结构指针变量).成员名

（3）结构指针变量->成员名

这 3 种用于访问结构体成员的形式是完全等效的。

2. 指向结构体数组的指针

可以用一个指针指向结构体变量，同样也可以用一个指针指向结构体数组。指向结构体数组的指针完全类似于指向普通数组的指针。用结构体类型的指针来访问数组，既方便数组的引用，又提高了数组的利用率。

指向结构体数组的指针的值是该结构体数组所分配的存储区域的首地址。设 ps 为指向结构体数组的指针变量，则 ps 也指向该结构体数组的 0 号元素，ps+1 指向 1 号元素，ps+i 则指向 i 号元素。这与普通数组的情况是一致的。

【例 8-6】 用指向结构体数组的指针改写【例 8-4】。

程序如下：

```
/*c8_6.c*/
#include <stdio.h>
#define NUM 10
struct student
{
  int num;
  char name[10];
  int age;
  float score[3];
};
void main()
{
  struct student stu[NUM],*p;
  p=stu;
  int i,j,number;
  for(i=0;i<NUM;i++)
  {
    printf("Input num,name,age,three score:\n");
    scanf("%d%s%d%f%f%f",&p->num,p->name,&p->age,&p->score[0],&p->score[1],&p->score[2]);
    p++;
  }
  p=stu;
  printf("Input student's number \n");
  scanf("%d",&number);
  for(i=0;i<NUM;p++)
  {
        if(number==p->num)
```

```
    {
        printf("name=%s\nage=%d\n ",p->name,p->age);
        for(j=0;j<3;j++)
            printf("%6.2f ",p->score[j]);
        break;
    }
    }
}
```

应该注意的是，一个结构体指针变量虽然可以用来访问结构体变量或结构体数组元素的成员，但是，不能使它指向结构体变量中的一个成员。也就是说不允许取一个结构体变量的成员的地址来赋给结构体指针。因此，ps=&stu[1].sex 是错误的。

正确的用法是：

```
ps=stu;                    //赋予数组首地址
```

或者：

```
ps=&stu[0];                //赋予 0 号元素地址
```

3. 指向结构体的指针作为函数参数和函数返回值

在程序设计中，常常要将结构体类型的数据传递给一个函数。使用结构体变量作为函数的参数时，形参和实参要求是同一种结构体类型的结构体变量，实现传值调用。下面我们以一个程序实例来说明结构体的传值调用。

【例 8-7】 写一个打印（输出）结构体变量的函数，并写主函数进行测试。

程序如下：

```
/*c8_7.c*/
#include <stdio.h>
struct student
{
    int  num;
    char name[10];
    char sex;
    int  age;
    char department[20];
    float score;
};
void display(struct student arg);

void main()
{
    struct student stu={201310001,"Wang",'F',19,"Computer",80.0};
    display(stu);
}

void display(struct student arg)
{
    printf("num:%d\nname:%s\nsex:%c\nage:%d\ndepartment:%s\nscore:%6.2f\n",
            arg.num, arg.name, arg.sex, arg.age, arg.department, arg.score);
}
```

不同于数组，结构体是按值传递的。也就是说在调用 display 函数时，整个结构体变量 stu 中的内容都复制给了形参 arg，其中包括一些字符数组。如图 8-4 所示，调用 display 函数时，共需复制 43 个字节单元的内容到形参。

思考：通过编译器调试我们发现是 44 个字节，为什么会多 1 个字节呢？

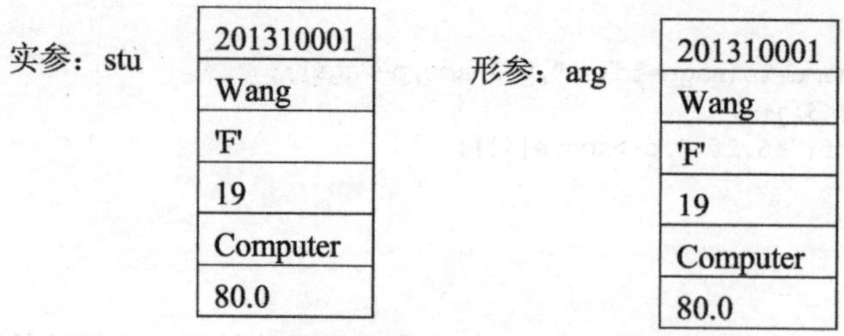

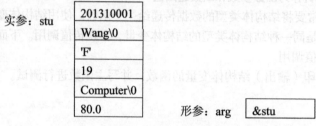

图 8-4 函数调用时结构体变量实参值复制到形参

　　显然，这种使用结构体变量的传值调用方式，会因结构体变量占用较大的存储空间，而造成较大开销，每次调用函数都需要复制大量数据，影响运行效率。因此，较好的办法是使用指针，即使用指向结构体变量的指针作为函数形参，此时要求函数的实参为相同结构体类型的结构体变量的地址值，以实现传地址调用。如图 8-5 所示，这种方式调用时，实参不复制副本给形参，只是用一个地址值来初始化形参，即实参地址值传给形参。这种调用效率比较高，通过传地址调用可以在被调函数中通过改变形参所指向的变量值来达到改变实参值的目的，实现函数之间的数据传递。

图 8-5 函数调用时结构体变量实参的地址复制到形参

【例 8-8】 用传地址的方式改写【例 8-7】。

```
/*c8_8.c*/
#include <stdio.h>
struct student
{
    int  num;
    char name[10];
    char sex;
    int  age;
    char department[20];
    float score;
};
void display(struct student *arg);

void main()
{
    struct student stu={201310001,"Wang",'F',19,"Computer",80.0};
    display(&stu);
}

void display(struct student *arg)
{
    printf("num:%d\nname:%s\nsex:%c\nage:%d\ndepartment:%s\nscore:%6.2f\n",
        arg->num, arg->name, arg->sex, arg->age, arg->department, arg->score);
}
```

【例 8-9】 用结构体数组建立 10 名学生信息，从键盘输入学生信息，并输出总分最高的学生记录，要求将结构体数组的输入写成函数，查找最高分记录的过程写成函数，在 main()函数中调用这些函数。

程序如下：

```
/*c8_9.c*/
#include <stdio.h>
#define NUM 10
struct student
{
  int num;
  char name[10];
  int age;
  float score[3];
};
void main()
{
  struct student stu[NUM],*pmax;
  int i;
  void input(struct student *pstu,int n);
  struct student *search_max(struct student *pstu,int n);
input(stu,NUM);
  pmax=search_max(stu,NUM);
  printf("name=%s\nage=%d\n", pmax->name,pmax->age);
      for(i=0;i<3;i++)
    printf("%5.1f ",pmax->score[i]);
  }
  void input(struct student *pstu,int n)
  {
    int i;
    for(i=0;i<n;i++)
    {
     printf("Input num,name,age,three score:\n");
     scanf("%d%s%d%f%f%f",&pstu->num,pstu->name,&pstu->age,&pstu->score[0],&pstu->
     score[1], &pstu->score[2]);
     pstu++;
   }
 }

struct student *search_max(struct student *pstu,int n)
{
  int  i,k=0;
  for(i=1;i<n;i++)
  {
    int m=(pstu+i)->score[0]+(pstu+i)->score[1]+(pstu+i)->score[2];
    int n=(pstu+k)->score[0]+(pstu+k)->score[1]+(pstu+k)->score[2];
    if(m>n)  k=i;
  }
  return pstu+k;
}
```

本程序中定义了函数 input，其形参为结构体指针变量 pstu。在 main 函数中说明了结构体数组 stu[NUM]，然后以结构体数组名 stu 做实参调用函数 input，即将结构体数组 stu[NUM]的首地址传给指针变量 pstu，在函数 input 中完成数组赋初值的工作。程序中还定义了查找最高分学生的记录函数 search_max()，该函数返回值为结构体指针，其形参为结构体指针变量，调用时使用的也是结构体数组名，函数调用后返回最高分对应的元素的指针。

8.1.6　结构体类型数据的动态存储分配

利用数组存放数据时，需要事先定义好数组的长度，但是在实际的编程中，往往会发生这种情况，即所需的内存空间的大小无法预先确定，取决于实际输入的数据。以前对于这类问题用数组解决时，需要预先设置长度很大的数组，这样就会浪费很多内存空间。对于比较大的软件，浪费内存空间会使效率降低。C 语言提供了一些内存管理函数，用于动态地分配内存空间，可以根据需要开辟内存单元，在程序执行时，需要多少空间就分配多少内存空间，不会造成内存空间的浪费，当空间不再使用时还可以释放。

常用的内存管理函数有以下 3 个。

1．分配内存空间函数 malloc

调用形式为：

```
(类型说明符*) malloc(size)
```

功能：在内存的动态存储区中分配一片长度为 size 字节的连续区域。如果分配成功，就返回所分配空间的起始地址；如果分配失败，就返回空指针 NULL。

说明：

（1）"类型说明符"表示把该区域用于存放何种数据类型。

（2）(类型说明符*)表示把返回值强制转换为该类型指针。

（3）size 是一个无符号整数。

例如：pc=(char *)malloc(80);

表示分配 80 个字节的内存空间，空间首地址强制转换为指向字符的指针，并赋予指针变量 pc。

2．分配内存空间函数 calloc

调用形式为：

```
(类型说明符*)calloc(n,size)
```

功能：分配 n 块长度为 size 字节的连续区域。如果分配成功，就返回该区域的首地址；如果分配不成功，则返回 NULL。

例如：ps=(struct student *)calloc(2,sizeof(struct student));

其中的 sizeof(struct student)是求 student 的结构长度，因此该语句的意思是：按 student 的长度分配 2 块连续区域，首地址强制转换为指向结构 student 的指针，并把其赋予指针变量 ps。

3．释放内存空间函数 free

调用形式为：

```
free(p);
```

功能：释放 p 指向的内存空间，由系统回收。

【例 8-10】编写一个函数，分配一块区域，输入 n 个学生数据。

程序如下：

```
/*c8_10.c*/
#include <stdio.h>
#include <malloc.h>
struct student
{
  int num;
  char name[10];
  char sex;
```

```
    float score;
};
void main( )
{
    struct student *ptr;
    ptr=(struct student*)malloc(sizeof(struct student));
    printf("Please input the num, name, sex and score\n");
    scanf("%d%s\n%c%f",&ptr->num,ptr->name,&ptr->sex,&ptr->score);
    printf("Number=%d\nName=%s\n",ptr->num,ptr->name);
    printf("Sex=%c\nScore=%f\n",ptr->sex,ptr->score);
    free(ptr);
}
```

整个程序包含了申请内存空间、使用内存空间、释放内存空间 3 个步骤，实现存储空间的动态分配。

8.1.7　链表及其基本操作

1. 链表概述

在动态存储分配的程序设计中，当第一次需要内存时，可以由 malloc()函数分配一块连续的内存，第二次需要时，再分配一块连续的内存空间，但是这些内存块之间并不是连续的，现在的问题是怎样把它们组织在一起。

链表就是把多个内存块组织在一起的数据结构，通常在数据结构的书中有详细的介绍。

链表这种数据结构不同于数组。数组在事先必须确定好元素的个数，且数组的若干个元素是按指定的顺序存放在内存中的。实际应用时数组常常很难确定元素的个数，如一个班级的学生，因为班级大小不同，学生数不一样，为了能存放任何班级的学生数，必须把数组定义得足够大，而且当某学生退学或新来的学生加入，需要在数组中插入或删除一个元素时要引起大量数据的移动，而且数据量的扩充也会受到所占用存储空间的限制。

用动态存储的方法可以很好地解决这些问题。有一个学生就分配一个节点，无须预先确定学生的准确人数。某学生退学，可删去该节点，并释放该节点占用的存储空间，从而节约了宝贵的内存资源。该结构中每个节点之间可以是不连续的（节点内是连续的），节点之间的联系用指针实现，即在节点结构中定义一个成员项用来存放下一节点的首地址，这个用于存放地址的成员，常被称为指针域。在第 1 个节点的指针域内存放第 2 个节点的首地址，在第 2 个节点的指针域内又存放第 3 个节点的首地址，如此串联下去直到最后一个节点。最后一个节点因无后续节点连接，其指针域赋为 NULL，这样的一种连接方式在数据结构中称为"链表"。

图 8-6 所示为一简单链表的示意图。

图 8-6　简单链表示意图

图 8-6 中，第 0 个节点称为头节点，又称为头指针，它是一个指针变量，用来存放链表中第 1 个节点的地址。从头节点出发，就可以访问链表中任何一个节点的数据成员。

链表中的每一个节点一般由两部分组成。

（1）数据域。用于存放各种实际的数据，可以是一个数据项，也可以是多个数据项，如学号

num 和成绩 score。

（2）指针域。用于存放和该节点相连接的下一个节点的地址。指针域是同类型的结构体指针变量。链表中的每一个节点都是同一种结构体类型。图 8-4 所示的链表节点可以通过结构体定义如下：

```
struct student
{
  int num;
  float score;
  struct student *next;
}
```

以上定义了一个结构体类型 student，前两个成员项组成数据域，后一个成员项 next 构成指针域，它是一个指向 student 结构体类型的指针变量。

2. 链表的基本操作

对链表的主要操作有：建立链表、链表的遍历、插入一个节点、删除一个节点。

（1）建立链表

所谓建立链表是指在程序执行过程中从无到有地建立起一个链表，即一个一个地开辟节点空间和输入各节点数据，并建立起前后相连的关系。

建立链表的主要步骤如下（链表节点为 struct student 类型的数据结构）。

① 设有 3 个指针变量：head、p1、p2，它们都是用来指向 struct student 类型数据的，例如：

```
struct student *head=NULL,*p1,*p2;
```

head 为头指针变量，指向链表的第 1 个节点，用作函数返回值；p1 指向新申请的节点；p2 指向链表的尾节点，用 p2->next=p1，实现将新申请的节点插入到链表尾，使之成为新的尾节点。

② malloc()函数开辟第 1 个节点，并使 head 和 p2 都指向它，然后从键盘输入数据。

```
head=p2=(struct student)malloc(sizeof(struct student));
scanf("%d%f",&p2->num,&p2->score);
```

③ 再用 malloc()函数开辟另一个节点并使 p1 指向它，接着输入数据，并与上一节点相连，使 p2 指向新建立的节点。

```
p1=(struct student *)malloc(sizeof(struct student));
scanf("%d%f",&p1->num,&p1->score);        //输入数据
p2->next=p1;                              //与上一节点相连
p2=p1;                                    //使 p2 指向新连节点
```

重复执行第③步，可以建立第 3 个节点，并使第 3 个节点和第 2 个节点连接（p2->next=p1），依次创建后面的节点，直到所有的节点建立完毕。

④ 将表尾节点的指针域置 NULL(p2->next=NULL)。

【例 8-11】写一个函数建立有 n 个 student 类型节点的单向链表。

```
/*c8_11.c*/
#define NULL 0
#define LEN sizeof(struct student)
#include <stdlib.h>struct student
{ long num;
  float score;
```

```
      struct student *next;
    };
    struct student *creat(int n)
    {
      struct student *head=NULL,*p1,*p2;
      head=p2=(struct student *) malloc(LEN);      /*建立新节点*/
      scanf("%ld%f",&p2->num,&p2->score);
          for(i=2;i<=n;i++)
      {
        p1=(struct student*)malloc(LEN);
            scanf("%ld%f",&p1->num,&p1->score);
            p2->next=p1;
        p2=p1;
      }
      p2->next=NULL;
      return(head);
    }
```

（2）链表的遍历

链表创建好后，可以将该链表的若干个节点数据部分地或全部地输出显示出来，以便查阅。链表输出的步骤如下。

① 设有一个指向 struct student 类型数据的指针变量：p，head 指向链表的第 1 个节点。

```
    struct student *p;
    p=head;
```

② 如果 p 指向的节点不为空，则输出 p 所指向的节点的类从 p 向后移动，指向下一个节点，直到 p 指向空地址。

```
    while(p!=NULL)
    {
      printf("%d,%f",p->num,&p->score );
      p=p->next;
    }
```

【例 8-12】写一个函数用来输出一个已知的单向链表。

设结构 student 的定义与【例 8-11】相同，程序如下：

```
    /*c8_12.c*/
    void print(struct student *head )
    {
      struct student *p;
      printf("\nNow These%d records are:\n",n);
      p=head;
      while(p!=NULL)
      {
        printf("%d,%f\n",p->num,p->score);
        p=p->next;
      }
    }
```

（3）在链表中插入一个节点

可以在链表中插入一个节点，可以插在链表头、链表尾和链表的任何地方，通常可以按照节点的某一数据项的顺序进行插入，如按照学生学号的顺序。插入节点之前应该先确定该节点数据项的值，以及插入位置，将插入位置的前一个节点的指针域指向插入节点的首地址，将插入节点的指针域设置为与插入位置的前一节点原来的指针域相同即可，如图 8-7 所示。若要插入节点的首地址为 stud，则在链表中插入一个节点的基本步骤如下。

① p1 指向当前节点，开始 p1=head，ptr 指向要插入的节点，即 ptr=stud，p2 指向 p1 原来指向的节点。

② 如果链表是空表，则将 ptr 所指向的节点直接插入到表头，结束。

③ 当 ptr–>num>p1–>num 且 p1 不指向表尾时，

p2=p1

p1=p1–>next

循环结束时 p1 指向插入位置。

④ 插入节点。

如果 ptr–>score≤p1–>score，则

如果 p1 指向表头，则 head=ptr，在头节点之前插入

否则 p2–>next=ptr，在头节点之后尾节点之间插入

ptr–>next=p1

否则 p1–>next=ptr

ptr–>next=NULL　　在尾节点之后插入

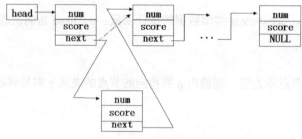

图 8-7　插入节点示意图

【例 8-13】写一个函数用来在一个已排序的链表中插入一个节点。结构 student 的定义与【例 8-11】相同，根据在链表中插入一个节点的算法，函数设计如下：

```c
/*c8_13.c*/
struct student *insert(struct student * head, struct student *stud)
{
  struct student *p1,*p2,*ptr;
  p1=head;
  ptr=stud;
  if(head==NULL)                    /*节点直接插入到表头*/
  {
    head=ptr;
    ptr->next=NULL;
  }
  else
  {
    while((ptr->num>p1->num) &&(p1->next!=NULL))
    {
      p2=p1;p1=p1->next;             /*循环结束时 p1 指向插入位置*/
    }
    if(ptr->num<=p1->num)
    {
      if(head==p1) head=ptr;          /*节点插入到表头*/
      else p2->next=ptr;              /*节点插入到 node1 前*/
```

```
      ptr->next=p1;
    }
    else
    {
      p1->next=ptr;ptr->next=NULL;        /*节点插入到表尾*/
    }
  }
  return(head);
}
```

（4）在链表中删除一个节点

删除一个链表中的指定节点的操作应该是按照指定的方法查找出待删节点，然后将它从链表中删除。例如，在学生成绩链表中，可以按学生学号进行删除。在确定要删除的节点后，将其前一个节点的指针域用被删除节点的指针域代替，然后将被删除的节点空间释放即可，如图 8-8 所示。在链表中删除一个节点的步骤如下。

设有 3 个指向 struct student 类型数据的指针变量：head、p1、p2，head 指向链表头。

① 若 head==NULL，则链表是一个空表，输出信息，转步骤④。

② 查找要删除的节点，使 p1 指向它，p2 指向 p1 的前一节点：p1 先指向头节点，当 p1 不是指向要删除的节点，并且 p1 指向的不是尾节点时，p2 指向 p1，p1 向后移动，指向后面一个节点。

③ 如果 p1 是要删除的节点，则 p2=p1->next; free(p1);

如果 p1 是头节点，则 head=p1->next; free(p1);

否则输出"找不到"的信息。

④ 结束。

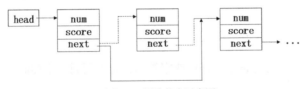

图 8-8　删除节点示意图

【例 8-14】写一个函数用来在给定链表中删除一个节点。

设结构体 student 的定义与【例 8-11】相同，函数设计如下：

```
/*c8_14.c*/
struct student *del(struct student *head,int num)
{
struct student *p1,*p2;
  if (head==NULL)
    printf("\nlist null!\n");
  else
  {
    while(num!=p1->num && p1->next!=NULL)
    { p2=p1;p1=p1->next;  }            /*找出要删除的节点 node1*/
    if(num==p1->num)                   /*找到要删除的节点*/
    {
      if(p1==head) head=p1->next;      /*删除的是头节点*/
      else p2->next=p1->next;          /*删除的是普通节点*/
      printf("delete:%ld\n",num);
      free(p1);
    }
    else printf("%d not been found!\n",num);     /*找不到要删除的节点*/
  }
  return(head);
}
```

8.2 联 合 体

　　联合体和结构体一样，也是一种构造的数据类型，又称为共用体。它的特点是所有的成员共享同一存储单元。

　　目前为止，已介绍过的所有数据类型的变量在任何时刻都只能存放该类型的值。例如，一个 int 变量只能存放 int 整数，当赋值运算符右边的操作数为 int 以外的其他简单类型时，编译程序将它们强制转换成左边变量的类型后再存入接收赋值的变量。在实际程序设计过程中，为了方便处理有时需要在不同的时刻将不同类型的值存放在同一个变量中，而在任一时刻该变量仅含有一个特定类型的值，这时候就要用到联合类型的变量。在实际问题中有很多类似这样的例子，学校的教师和学生填写以下表格项目：姓名、年龄、职业、单位。职业一项可分为"教师"和"学生"两类。对单位一项，学生应填入班级编号，教师应填入院系教研室。班级可用整型量表示，教研室只能用字符类型。要求把这两种类型不同的数据都填入"单位"这个变量中，就必须把"单位"定义为包含整型和字符型数组这两种类型的"联合"。

　　除用关键字 union 代替 struct 外，联合类型的定义和联合变量的说明与结构体类型定义和结构体变量说明的形式完全相同。定义联合类型的一般形式为：

```
union 联合标识符
{
  类型    成员1;
  类型    成员2;
  类型    成员3;
};
```

　　例如，假定一个常量可能是 int、double 或字符串，为了用同一个存储区来存放一个常量可以说明如下联合：

```
union utag
{
  int  ivar;
  double  dvar;
  char str[10];
};
```

　　定义了一个名为 utag 的联合类型，它在不同的时刻可以拥有 int、double 和字符数组中的任一个。编译程序按联合的成员中存储空间最大的那一个类型为联合变量分配存储空间。

　　联合变量可以先定义再说明，在定义的同时说明或直接说明。以 utag 类型为例，说明如下：

```
union utag
{
  int ivar;
  double dvar;
  char str[10];
};
union utag a,b;
```

　　或者说明为：

```
union utag
```

```
    {
      int ivar;
      double dvar;
      char str[10];
    }a,b;
```

或直接说明为：

```
union
    {
      int ivar;
      double dvar;
      char str[10];
    }a,b;
```

经说明后的 a、b 变量均为 utag 类型。a、b 变量的长度应等于 utag 的成员中最长的长度，即等于 str 数组的长度，共 10 个字节。a、b 变量如果赋予整型值时，只使用了 2 个字节，而赋予双精度值时，可用 4 个字节，赋予字符串时，使用了 10 个字节。

联合变量的引用与结构体变量也一样，只能逐个引用联合变量的成员。例如，访问联合变量 a 各成员的格式为：a.ivar、a.dvar、a. str。不允许只用联合变量名做赋值或其他操作，也不允许对联合变量进行初始化。要特别强调的是，一个联合变量在每一瞬时只允许一个成员有值，所以在某一个时刻，起作用的是最后一次存入的成员值。例如，执行 a.ivar=1, a.dvar=3.14, a. str ="Exce" 后，a. str 才是有效的成员。

换言之，一个联合变量的值就是联合变量的某个成员值。因此，联合变量与其各成员的地址相同，即&a、&a.ivar、&a.dvar、&a. str 的值都是相等的。

【例 8-15】假设学生成绩管理系统中一个学生的信息表包括学号、姓名和一门课的成绩。成绩通常可以采用 3 种表示方法：一种是五分制，采用的是整数形式；另一种是百分制，采用的是浮点数形式；还有一种是等级制，采用的是字符串形式。要求编一程序，输入一个学生信息并显示出来。

程序如下：

```
/*c8_15.c*/
#include <stdio.h>
struct stu
{
  int num;
  char name[20];
  int type;              /*type 值为 0 时五分制, type 值为 1 时百分制, type 值为 2 时等级制*/
  union mixed
  {
    int iscore;
        float fscroe;
        char grade[10];
  }score;
};

void main()
{
    struct stu stud1;
    printf("please input num, name, type:\n");
    scanf("%d%s%d",&stud1.num,stud1.name,&stud1.type);
    switch(stud1.type)
    {
    case 0: printf("please input iscore:");
```

```
                scanf("%d",&stud1.score.iscore);
                printf("\n%d,%s,%d",stud1.num,stud1.name,&stud1.score.iscore);
                break;
        case 1: printf("please input fscore:");
            scanf("%f",&stud1.score.fscroe);
            printf("\n%d,%s,%d",stud1.num,stud1.name,&stud1.score.fscroe);
                break;
        case 2: printf("please input grade:");
                scanf("%s",stud1.score.grade);
                printf("\n%d,%s,%s",stud1.num,stud1.name,&stud1.score.grade);
                break;
        default: printf("input error!\n"); break;
        }
    }
```

本例程序定义了结构体类型 stu，该结构体共有 4 个成员。其中成员项 score 是一个联合类型，这个联合又由 3 个成员组成，一个为整型量 iscore，一个为浮点型变量 fscore，一个为字符数组 grade。在程序开始，输入一个 stu 变量的各项数据，先输入结构体类型的前 3 个成员 num、name 和 type，然后判别 type 成员项，如为 0 则对联合 score.iscore 输入，如为 1 则对 score.fscore 输入，如为 2 则对 score.grade 输入。

8.3 其他自定义数据类型

除了结构体和联合数据类型以外，C 语言还可以定义枚举类型。用户还可以使用类型定义符 typedef 自己定义类型说明符，为数据类型取"别名"。

8.3.1 枚举类型

一个变量的值如果是有限的，如月份、星期等，这时可以定义该变量为枚举类型。所谓"枚举"就是将变量的值一一列举出来。变量的值只限于列举出来的值的范围内。枚举类型是由一系列标识符组成的集合，其中每个标识符代表一个整数值。因此，枚举可以看成定义符号常量的另外一个方法。

1. 枚举类型的定义和枚举变量的定义

定义枚举变量之前，先定义枚举类型。枚举类型定义格式如下：

enum 枚举标识符 {枚举元素表};

其中 enum 是关键字，枚举元素表是一个个由用户自行定义的标识符，也称为枚举值。

例如：enum day { sun,mon,tue,wed,thu,fri,sat };

该枚举名为 day，它的枚举元素依次为 sun,mon,tue,wed,thu,fri,sat。

枚举类型变量或数组的定义与结构体类似，可用不同的方式说明，可先定义后说明、在定义时同时说明或直接说明。

定义两个具有 day 枚举类型的枚举变量 d1 和 d2 可以采用以下任一种方式：

enum day{sun,mon,tue,wed,thu,fri,sat};
enum day d1,d2;

或者：

enum day{sun,mon,tue,wed,thu,fri,sat}d1, d2;

或者：

```
enum {sun,mon,tue,wed,thu,fri,sat} d1, d2;
```

2．枚举类型变量的赋值和使用

在使用枚举类型时，需要注意以下几点。

（1）在 C 语言中，对枚举元素是按常量处理的，它们不是变量，不能被赋值。

（2）枚举元素作为常量，它们是有值的，C 语言编译时按定义的顺序依次对它们从 0 开始赋值。例如，在上面的定义中 sun 值为 0，mon 值为 1，……，sat 值为 6。对于赋值语句：d1=sun;，d1 的值为 0，这个数值是可以参加运算的。枚举元素的值也可以由程序员指定，如可以这样定义上面的枚举类型：enum day {sun=5,mon,tue,wed,thu,fri,sat };，以后的元素就依次加 1，mon 的值是 6，tue 的值是 7，wed 的值是 8 等。

（3）一个整数值不能直接赋予一个枚举变量。例如，不能这样赋值：day1=2;，它们属于不同的类型，应先进行强制类型转换：day1=(enum day) 2;。

（4）编译器给枚举变量分配的存储单元的大小与整型量相同，枚举变量在输出时，只能输出对应的枚举元素的值（序号）。

枚举变量可以通过 printf()函数输出其枚举元素的值，即整型数值，而不能直接通过 printf()函数输出其标识符。要想输出其标识符，可以通过数组或 switch 语句将枚举值转换为相应的字符串进行输出。

【例 8-16】 枚举类型变量的赋值和输出。

程序如下：

```
/*c8_16.c*/
#include "stdio.h"
void main()
{
    enum day{sun,mon,tue,wed,thu,fri,sat}day1,day2,day3;
        char *name[7]={"sun", "mon","tue","wed","thu","fri","sat"};
    day1=sun;
    day2=mon;
    day3=tue;
    printf("%d,%d,%d\n",day1,day2,day3);
    printf("%s,%s,%s\n",name[(int)day1], name[(int)day2], name[(int)day3]);
}
```

输出数据为：

```
0,1,2
sun,mon,tue
```

（5）枚举变量可以进行加减整型数运算，可以进行比较运算。例如：

```
enum day{sun,mon,tue,wed,thu,fri,sat}day1,day2;
day1=(enum day)(sun+2);
    day2=(enum day)(sat-2);
…
if(day1 != day2)
…
if(day1>sun) …
```

【例 8-17】 若 10 月 1 日是星期五，任给 10 月中的一天（1~31），试判断该天是星期几，并将其输出。

可以用枚举类型来处理。已知 10 月 1 日是星期五, 任意输入一天 i, 可用 (i + 4) %7 计算出该天的星期数值, 再输出星期的名称。

程序如下:

```c
/*c8_17.c*/
#include <stdio.h>
void main()
{
        enum day{sun,mon,tue,wed,thu,fri,sat}date;
        int i;
        printf("please input the date(1-30):");
        scanf("%d",&i);
        date=(enum day)((i+4)%7);
        switch(date)
        {
         case sun:
           printf("Sunday\n"); break;
         case mon:
           printf("Monday\n"); break;
         case tue:
           printf("Tuesday\n"); break;
         case wed:
           printf("Wednesday\n"); break;
         case thu:
           printf("Thursday\n"); break;
         case fri:
           printf("Friday\n"); break;
         case sat:
           printf("Saturday\n"); break;
         default:
           printf("input error!"); break;
        }
}
```

程序运行后, 输入 2, 显示 Saturday, 表示 10 月 2 日是星期六; 输入 3, 显示 Sunday, 表示 10 月 3 日是星期天。枚举类型的最大优点就是可以做到 "见名知意", 如果不用枚举类型, 而是用常数 0, 1, 2…代替也是可以的, 但是这样很不直观。

8.3.2 类型定义符 typedef

为了适应用户的习惯和便于程序的移植, 除可直接使用 C 语言提供的标准类型和自定义的类型 (数组、结构体、联合和枚举) 外, C 语言允许用户通过类型定义将已有的各种类型定义成新的类型标识符。经类型定义后, 新的类型标识符与标准类型名一样, 可用来定义相应的变量。

类型定义的一般形式为:

typedef 原数据类型 新的类型名;

其中原类型名中含有定义部分, 新类型名习惯上用大写表示, 以便于与标准类型说明符的区别。

例如: typedef int INTERGER;

typedef float REAL;

这样就可以用 INTERGER 代替 int 类型, 用 REAL 代替 float 类型, 然后就能用新定义的 INTERGER、REAL 类型标识符去说明变量、数组等。定义变量:

```
INTERGER i, j;
REAL a,b;
```

在上面的定义中，i，j 被定义成了 int 类型，a，b 被定义成了 float 类型，它们等价于

```
int i, j;
float a,b;
```

用 typedef 除了可以定义简单的数据类型外，还可以定义比较复杂的类型形式，如数组、指针、结构体等类型，还可以定义函数。下面介绍几个类型定义的例子。

1. 数组

```
typedef char CHARACTER[20];
```

表示 CHARACTER 是字符数组类型，数组长度为 20。然后可用 CHARACTER 说明变量：CHARACTER a1,a2;，等价于：char a1[20],a2[20];。

2. 指针

```
typedef float,* PFLOAT;
```

表示 PFLOAT 是指向浮点型变量的指针类型，然后可用 PFLOAT 说明变量：PFLOAT   p1,p2;，等价于：float *p1,*p2;。

3. 结构体

```
typedef struct student
{  char name[20];
   int age;
   char sex;
} STUDENT;
```

定义 STUDENT 表示 student 的结构类型，然后可用 STUDENT 来说明结构变量：

```
STUDENT stu1,stu2;
```

4. 函数

```
typedef char DFCH();
DFCH af;，等价于: char af();。
```

说明：

（1）用 typedef 只是给已有类型增加一个别名，并不能创造一个新的类型。就如同人一样，有了学名以后，可以再取一个小名，但并不能创造出另一个人来。

（2）typedef 与#define 有相似之处，但二者是不同的：前者是由编译器在编译时处理的；后者是由编译预处理器在编译预处理时处理的，而且只能做简单的字符串替换。

小　　结

本章详细讨论了结构体概念、定义和使用方法，介绍了结构体数组与指针，以及结构体类型数据动态存储分配的使用方法，还详细介绍了链表的概念、定义、特点、基本操作等。此外本章还介绍了联合体以及枚举类型和用户定义类型的概念和应用。

（1）结构体和联合体是两种构造类型数据，是用户定义新数据类型的重要手段。结构体和联合体有很多的相似之处，它们都由成员组成。成员可以具有不同的数据类型。成员的表示方法相同，都可用 3 种方式做变量说明。

（2）在结构体中，各成员都占有自己的内存空间，它们是同时存在的。一个结构体变量的总

长度等于所有成员长度之和。在联合体中，所有成员不能同时占用它的内存空间，它们不能同时存在。联合体变量的长度等于最长的成员的长度。

（3）"."是成员运算符，可用它表示成员项；使用指针时，成员还可用"–>"运算符来表示。

（4）结构体变量可以作为函数参数，函数也可返回指向结构体的指针变量。而联合体变量不能作为函数参数，函数也不能返回指向联合体的指针变量，但可以使用指向联合体变量的指针，也可使用联合体数组。

（5）结构体定义允许嵌套，结构体中也可用联合体作为成员，形成结构体和联合体的嵌套。

（6）链表是一种重要的数据结构，它便于实现动态的存储分配。

（7）枚举是一种由用户定义的基本类型，使用枚举使得某些数据的表示更加直观。

（8）用 typedef 来定义已定义的类型，即给已定义的类型取个别名，不仅使程序书写简单而且使意义更为明确，增强了程序的可读性。

习　题

8.1　用一个数组存放图书信息，每本书是一个结构，包括下列几项信息：书名、作者、出版年月、借出否，试写出描述这些信息的说明，并编写一个程序，读入若干本书的信息，然后打印出以上信息。

8.2　编写一个函数，统计并打印所输入的正文中的各个英文单词出现的次数，并按次数的递减顺序输出。

8.3　编写 input() 和 output() 函数，输入、输出 5 个学生记录，每个记录包括 num、name、score[3]。

8.4　试利用指向结构体的指针编制一程序，实现输入 3 个学生的学号、数学期中和期末考试成绩，然后计算其平均成绩并输出成绩表。

8.5　输入某班 30 位学生的姓名及数学、英语成绩，计算每位学生的平均分，然后输出平均分最高的学生的姓名及其数学和英语成绩。

8.6　已知学生的记录由学号和学习成绩构成，N 名学生的数据已存入 a 结构体数组中。试编写函数 fun，函数的功能是：找出成绩最低的学生记录，通过形参返回主函数（规定只有一个最低分），在主函数中调用 fun。

8.7　编程序建立一个带有头节点的单向链表，链表节点中的数据通过键盘输入，当输入数据为–1 时，表示输入结束。

8.8　定义一个可以容纳以下数据的联合：

```
float f
char ch[10]
int date
```

8.9　已知一个链表，链表中的结构为：

```
struct link
{
  char ch;
  struct link *next;
};
```

编写函数统计链表中的节点个数。

8.10 建立一个链表,每个节点包括学号、姓名、性别、年龄、地址。输入一个学号,打印该学号的学生的所有信息。如无此学号,则输出"没有找到!"。

8.11 说明一个枚举类型 enum month,它的枚举元素为 Jan、Feb、…、Dec。编写能显示上个月名称的函数 last_month。例如,输入 Jan 时能显示 Dec。再编写另一个函数 printmon,用于打印枚举变量的值(枚举元素)。最后编写主函数调用上述函数生成一张 12 个月份及其前一个月份的对照表。

8.12 编写程序求解约瑟夫问题:有 n 个小孩围成一圈,给他们从 1 开始编号。现指定从第 w 个小孩开始报数,报到 s 时出列,然后从下个小孩开始重新报数,报到 s 时出列,如此重复下去,直到所有的小孩都出列。求小孩出列的顺序。

8.13 设有一包含职工编号、年龄和性别的单向链表,分别使用函数完成以下功能。

(1)建立链表。

(2)分别统计男女职工的人数。

(3)在链表尾部插入新职工。

(4)删除指定编号的职工。

(5)删除 60 岁以上的男职工和 55 岁以上的女职工,被删除的节点保存到另一个链表中。

在主函数中设计简单的菜单去调用上述函数。

第9章
预处理和标准函数

预处理命令不是 C 语言的语法成分，而是传给 C 编译程序的指令，在编译源程序之前先由编译预处理程序将它们转换成能由 C 编译程序接收的正文。编译预处理程序是 C 编译程序的一部分，由 C 编译程序自动调用，不需要用户使用单独的命令。

标准函数库是由 C 编译系统提供的、以编译后的目标代码形式存储的函数的集合，C 标准函数库中提供了丰富的标准库函数，用户只需将有该函数原型的头文件包含到程序文件中，就可以在程序中根据需要按规定的格式调用其中的函数来完成相应的功能，而不需要自己编写函数。

头文件必须通过编译预处理命令#include 加入到用户程序中，除了 C 语言提供标准库函数的头文件之外，用户还可以自行定义和设计头文件。本章首先介绍预处理命令，然后介绍有关输入/输出的标准函数，最后给出自定义头文件设计的一般原则。

9.1　预处理命令

C 源程序中以#开头，以换行符结尾的行称为预处理命令，它不是 C 语言的语法成分，而是传给 C 编译程序的指令。编译系统在对源程序进行编译前，先根据预处理命令对程序做相应的处理，再对预处理后的源程序进行通常的编译工作。

C 提供的预处理命令包括宏定义、文件包含和条件编译命令。本节将分别予以介绍。

9.1.1　宏定义

宏定义就是通过#define 命令用一个指定的标识符代表一个字符串，这个标识符称为宏名。将程序中出现的与宏名相同的标识符替换字符串的过程称为宏替换，宏替换是在预编译时进行的。已经定义的宏可以用#undef 命令撤销。

宏定义预处理命令有 3 种形式：简单的宏定义、带参数的宏定义和取消宏定义。

1. 简单的宏定义

简单宏定义的一般形式为：

```
#define 标识符 单词串
```

标识符就是宏名，它被定义为代表后面的单词串。单词串可以是任意以回车换行结尾的文字。例如：

```
#define YES 1
#define NO 0
```

定义了宏 YES 和 NO，也就是前面章节中讲述过的符号常量。如果程序中出现 YES 和 NO 时，在预编译时就以 1 和 0 替换。

如果串太长需要写成多行，每行末尾要用一个反斜线"\"表示续行。宏名作用域是从#define 定义之后直到该宏定义所在文件结束。

#define 行通常放在源程序开头部分，也可以放在源程序中任何位置，但必须出现在使用宏名之前。

【例 9-1】求圆的周长和面积。

程序编写如下。

```
/*c9_1.cpp*/
#include <stdio.h>
#define PI 3.14159
void main(void)
{
  float r,l,s ;
  printf("输入圆的半径:");
  scanf("%f",&r);
  l=2*PI*r;
  s=PI*r*r;
  printf("圆的周长=%f\n",l);
  printf("圆的面积=%f\n" ,s);
}
```

程序运行如下：

```
输入圆的半径:1↵
圆的周长=6.283180
圆的面积=3.141590
```

程序中定义宏名 PI 来代表字符串"3.14159"，在编译预处理时，将程序中出现在宏定义之后的所有 PI 都用"3.14159"替换。定义符号常量 PI 的好处是，如果需要降低数据精度将 3.14159 改为 3.14，那么无需修改程序中所有出现该数据的位置，只需修改宏定义，用 PI 代替 3.14 即可。这样，宏定义不仅提高了程序的可读性，便于调试，而且也提高了程序的可移植性。

使用宏定义时要注意以下几点。

（1）通常用大写字母来定义宏名，以便与变量名区别。这样做有助于迅速识别程序中发生宏替换的位置，增强程序的可读性。最好把所有宏定义放在文件的最前面或单独作为一个文件，而不要把宏定义分散在文件的多个位置。

（2）宏替换只是一种简单的字符替换，不进行任何计算，也不做语法检查。例如：

```
#define X 2-1
int y=3*X;
```

在预处理时，会用字符串"2-1"来替换宏名 X，因此 y 的值应该为 3*2-1，结果为 5，而不是 3*(2-1)=3。

（3）对程序中用双引号括起来的字符串常量，即使与宏名相同，也不进行替换。例如：

```
#define TEST this is a string
printf("TEST");
```

执行时输出的是 TEST，而不是 this is a string。

（4）宏定义可以嵌套定义。例如：

```
#define R 2.0
#define PI 3.14
#define S PI*R*R
```

经编译预处理时，宏 S 将被 3.14*2.0*2.0 替换。 但要注意的是，宏 S 的定义必须出现在宏

PI 和 R 的定义之后。

2. 带参数的宏定义

带参数的宏定义的一般形式为：

```
#define 标识符(标识符1, 标识符2, …)    单词串
```

圆括号外的标识符表示宏名，圆括号中的标识符1、标识符2等是宏的形式参数（简称形参）。要注意的是，宏名与圆括号之间不能有空白符。例如：

```
#define sqr(x) ((x)*(x))
#define max(a,b) ((a)>(b)?(a):(b))
```

sqr 是计算 x 的平方的宏，x 是形参。max 是求两个数中较大者的宏，a，b 是形参。在使用带参数的宏时要提供实际参数（简称实参）。例如，以下是对上述宏定义的引用：

```
printf("sqr(%d)=%d\n",4,sqr(4));
```

其中 4 是实际参数，预编译时，此句将被替换成：

```
printf("sqr(%d)=%d\n",4,((4)*(4)));
```

执行后输出 sqr(4)=16。注意双引号中的 sqr(%d)是不会被替换的。

而语句 printf("max(%d,%d)=%d\n",3,5,max(3,5));

在预编译时，将被替换成：

```
printf("max(%d,%d)=%d\n",3,5,((3)>(5)?(3):(5)));
```

执行后输出 max(3,5)=5。

从以上例子可以看出，带参数的宏定义与简单宏定义的不同之处在于，前者不仅进行简单的串替换，而且进行参数替换，即用引用宏时的实际参数替换宏定义中的形式参数。

在带参数的宏定义中，如果单词串是一个含有运算符的表达式，那么单词串中的每个参数都必须用圆括号括起来，并且整个表达式也要括起来，否则替换后的内容可能和原意不同。

如将上例中 sqr(x)的宏定义改为：

```
#define sqr(x) x*x
```

则表达式 sqr(1+2)将被替换成：

```
sqr(1+2*1+2)
```

结果是 5，而不是原意希望得到的 9。

在程序中引用带参数的宏，在形式上很像函数调用，但是二者有本质的区别。程序中引用宏会在编译之前对所有的宏进行宏替换，实际参数与形式参数之间也是替换与被替换的关系。而函数调用是在程序运行时将控制权转移给被调函数，并将实际参数的值传给形式参数，实际参数与形式参数之间是赋值关系。另外，函数定义时对函数的返回值和参数都需要做类型说明，而引用带参数的宏时对宏名和参数都不需要做说明，所以引用带参数的宏，执行速度比较快。但是宏替换的结果会增加源程序代码的长度，占用更多的存储空间，所以带参数的宏比较适合于程序中常用的简短表达式。

3. 取消宏名定义

如果需要终止宏的作用域，可以使用#undef命令，取消宏名定义的形式为：

```
#undef 标识符
```

标识符应该是已定义过的宏名，如

```
#undef PI
```

表示在该命令后，PI 是一个未定义的标识符，不再表示 3.14。这样可以方便程序员灵活地控

制宏所作用的范围。

9.1.2 文件包含

文件包含命令有如下两种形式：

```
#include <文件名>
#include "文件名"
```

文件包含命令的功能是用指定文件的全部内容替换程序中该命令行，从而使指定的文件与当前源文件连成一个源文件。

程序中需要引用标准库函数时，需要在源文件开头用文件包含命令包含库函数的头文件。例如：

```
#include <stdio.h>
#include <math.h>
```

文件包含命令中的两种形式都可以使用，但是两者是有区别的：使用尖括号表示编译系统根据系统头文件存放的目录路径去搜索系统头文件，而不是在源文件目录去查找；使用双引号则表示编译系统首先在当前的源文件目录中查找，若未找到才根据系统头文件存放的目录路径去搜索系统头文件。用户编程时可根据自己文件所在的目录来选择某一种命令形式。一般来说，系统定义的头文件通常用尖括号，用户自定义的头文件通常用双引号。

在#include 命令行中出现的文件名通常是扩展名为.h 的头文件。头文件中一般包括有函数原型、宏定义以及全局变量定义和一些数据类型的定义，它可以是系统提供的头文件，也可以是程序设计人员自定义的头文件。

文件包含命令可以出现在文件的任何位置，但通常放置在文件的开头处。一条#include 命令只能指定一个被包含文件，若有多个文件要包含，则需用多条#include 命令。文件包含允许嵌套，即在一个被包含的文件中又可以包含另一个文件。

当一个 C 程序分散在若干个文件中时，可以将多个文件共用的符号常量定义和宏定义等单独组成一个文件，然后在其他需要这些定义和说明的源文件中用文件包含命令包含该头文件。这样，可避免在每个文件开头都去重复书写那些共用量，也可避免因输入或修改失误造成的不一致性。

9.1.3 条件编译

预处理程序提供了条件编译的功能。可以按不同的条件去编译不同的程序部分，因而产生不同的目标代码文件，从而有利于程序的移植和调试。

条件编译有 3 种形式，下面分别进行介绍。

1. 第 1 种形式

```
#ifdef 标识符
    程序段 1
#else
    程序段 2
#endif
```

它的作用是，如果标识符已被#define 命令定义过，则对程序段 1 进行编译，否则对程序段 2 进行编译。如果没有程序段 2（即它为空），可以写为：

```
#ifdef 标识符
    程序段
#endif
```

【例 9-2】已知 $a_1=3$，$a_2=-1$、$a_n=2a_{n-1}+a_{n-2}$，求 $\{a_n\}$ 前 10 项之和。

程序编写如下：

```
/*c9_2.cpp*/
#include <stdio.h>
#define DEBUG
void main(void)
{   int a1=3,a2=-1,i,x,sum;
    sum=a1+a2;
    for(i=3;i<=10;i++)
    {
        x=2*a2+a1;
        sum+=x;
        a1=a2;
        a2=x;
        #ifdef DEBUG
        printf("x=%d,sum=%d\n",x,sum) ;
        #endif
    }
    printf("前10项和=%d\n",sum) ;
}
```

程序运行如下：

```
x=1,sum=3
x=1,sum=4
x=3,sum=7
x=7,sum=14
x=17,sum=31
x=41,sum=72
x=99,sum=171
x=239,sum=410
前 10 项和=410
```

程序中插入了条件编译预处理命令，因此要根据 DEBUG 是否被定义过来决定是否编译循环语句中的 "printf("x=%d,sum=%d\n",x,sum);" 语句。而在程序的第 2 行已经对 DEBUG 做了宏定义，因此应该对条件编译后#ifdef 后的 printf 语句做编译，所以运行结果中输出了每次循环计算出的 x 和 sum。在定义宏 DEBUG 时，可以给出替换的字符串，也可以不给，上例中没有给出替换字符串。

此做法常常用来调试程序，如上例所示。如果程序计算的结果不正确，则给出第 2 行的宏定义，编译时将编译 "printf("x=%d,sum=%d\n",x,sum);" 语句，在执行程序时可以看到每次循环计算的中间结果是否正确，从而帮助程序员判断什么地方出现问题。如果调试结束，程序结果正确，只需要删除第 2 行的宏定义，重新编译程序即可。

2. 第 2 种形式

```
#ifndef 标识符
  程序段 1
#else
  程序段 2
#endif
```

它与第 1 种形式的区别是将 "ifdef" 改为 "ifndef"，功能正好相反。即，如果标识符未被#define 命令定义过则对程序段 1 进行编译，否则对程序段 2 进行编译。

3. 第 3 种形式

```
#if 常量表达式
  程序段 1
#else
```

　　程序段 2
　　#endif
　　它的功能是，如常量表达式的值为真（非 0），则对程序段 1 进行编译，否则对程序段 2 进行编译。因此可以使程序在不同条件下，完成不同的功能。例如：

```
#define DEBUG 1
#if DEBUG
  printf("test=%d\n",test);
#endif
```

　　在程序调试阶段，将 DEBUG 定义为 1，编译预处理测试到 DEBUG 的值为 1，则将输出语句包含到源文件中，程序运行时就会输出整型变量 test 的值。而当程序调试成功后或生成程序的发布版本时，可将 DEBUG 的定义改为 0，再进行编译和链接，则生成的可执行程序中将不再输出 test。
　　条件编译也可以用条件语句来实现。但是用条件语句将会对整个源程序进行编译，生成的目标代码程序较长，而采用条件编译，则根据条件只编译其中的某段程序，生成的目标程序较短。如果条件选择的程序段很长，采用条件编译的方法是十分必要的。

9.2　输入/输出标准函数

　　标准函数库是由 C 的编译程序提供的、以编译后的目标代码形式存储的函数集合。标准库并不是 C 语言的组成部分，但是，编译器为了方便用户，都会提供标准库供用户使用。C 标准函数库提供了丰富的标准库函数，用户可以根据需要按规定的格式调用其中的函数来完成相应的功能，而不需要自己编写函数。
　　本节主要介绍有关输入/输出的标准函数。它们都在头文件"stdio.h"中定义，如果要使用它们，应使用预处理命令"#include <stdio.h>"将该头文件包含到程序文件中。

9.2.1　格式输出函数

　　printf 和 scanf 函数在数据的输入和输出过程中能够将计算机内部形式的数值数据和输入/输出设备上外部形式的字符数据进行相互转换，故称为格式输出和格式输入函数。
　　printf 函数的函数原型为：

```
int printf(char *format,…)
```

　　printf 函数具有 int 类型的返回值。第一个参数 format 是一个字符串，称为"格式字符串"，"，…"表示其余参数的数目是不确定的，它们代表要被转换并写到标准输出设备的数据。printf 函数的调用形式为：

```
printf(格式字符串,输出项表列);
```

　　printf 函数的功能是按格式字符串规定的格式依次将输出项表列中的各项输出。
　　调用 printf 函数时必须至少给出第一个参数，即格式字符串。格式字符串是用双引号括起来的一串字符，用来说明输出项表列中各输出项的输出格式。输出项表列中各项列出要输出的内容，可以是常量、变量或表达式，各输出项之间用逗号分开。输出项表列也可以不出现。
　　格式字符串中有两类字符：普通字符和用于转换说明的字符。普通字符按原样输出。转换说明用于说明数据输出格式。转换说明的形式为：

```
%[域宽]转换字符
```

例如：%d，%5.2f

一个转换说明以%开始，以转换字符结尾，域宽部分是可选的。每个转换说明对应于一个输出参数，该参数被转换成由转换说明规定的数据格式后输出。

常用的转换字符及说明如表 9-1 所示。

表 9-1   printf 的转换字符

转换字符	参数类型	输出格式
d、i	int	十进制整数
o	int	八进制整数（输出时无前导 0）
x、X	int	十六进制整数（输出时无前缀 0x 或 0X）
u	int	无符号十进制整数
c	char	单个字符
s	char *	字符串
f	double	小数形式的浮点数（默认为 6 位小数）
e、E	double	标准指数格式的浮点数（默认为 6 位小数）
g、G	double	按输出域宽较小的原则选择%e 和%f 中的一种（不输出无效 0）
p	void *	指针值（输出格式与编译版本有关）
%	不转换参数	输出一个%

如果%后面是非转换字符，多数编译系统将它作为普通字符输出。

在%与转换字符之间可以加域宽说明，用于指出输出时的对齐方向、输出数据域的宽度、精度等要求。域宽说明的常用格式为 m.n，其中 m，n 代表正整数。作为一般情况，在域宽说明中可以使用表 9-2 中所示的一个字符或多个字符的组合。

在域宽说明中还可以使用字符*，*号表示一个整型值，这个整型值是由包含*的转换说明对应的参数决定的。例如：printf("%.*s\n", t, string);，该语句执行时从串 string 中输出至多 t 个字符。

表 9-2   printf 域宽说明字符

域宽说明字符	意　义
–（减号）	在指定区域按左对齐方式输出（没有减号时为右对齐）
+（加号）	输出正数时在前面冠以+号
空格	输出的第一个字符不是符号时，要输出一个空格作为前缀
0（零）	在域宽范围内用前导 0 填补空位
#	对于 o 格式输出前导 0，对于 x 或 X 格式要输出 0x 或 0X 前缀，对于 g 或 G 格式不删除尾部的 0
m（正整数）	指出输出数据的最小域宽。如果数据的实际宽度大于该值，则按实际宽度输出，反之，在左边（左对齐时为右边）补空格或 0（当用 0 域宽说明字符时）
·（小数点）	分隔域宽和精度。小数点前面可以没有域宽说明
n（正整数）	指出输出数据的精度。对于 e、E 和 f 格式为小数部分位数，对于 g 或 G 格式为有效数字的个数，对于整数为至少应输出的数字个数（添加前导 0 来满足所需宽度）
h	指出输出参数是短整型
l	指出输出参数是长整型
L	指出输出参数是高精度浮点型（long double）

【例 9-3】转换字符及域宽说明示例。

程序编写如下：

```
/*c9_3.cpp*/

#include <stdio.h>
void main(void)
{
    int i=65;
    printf("%d,%o,%x,%c\n",i,i,i,i);
    printf("%d,%-5d,%05d,%+05d,%.5d\n",i,i,i,i,i);
}
```

程序运行如下：

```
65,101,41,A
65,65   ,00065,+0065,00065
```

程序中第 1 个 printf 语句是将变量 i 分别以十进制整数、八进制整数、十六进制整数以及字符的形式输出。第 2 个 printf 语句中变量 i 均以十进制整数形式输出，所不同的是%-5d 是按数据左对齐共占 5 列的方式显示，右边有两个空格；%05d 是按数据右对齐共占 5 列的方式显示，左边的三个空格由 0 填补；%+05d 是按数据右对齐共占 5 列的方式显示，以+号开头，左边多余的空格由零填补；%.5d 中的 5 是指输出数据的精度，也就是至少输出 5 个数字，左边添加 3 个前导 0 来满足所需宽度的要求。

printf 函数根据格式串中的转换说明来决定输出数据的数目和类型，如果转换说明项目数多于参数个数，或参数类型不正确，则会输出错误的数据（不报语法错）；如果输出参数的数目多于转换说明项数，则多出的参数不被输出。

例如：

```
int i=65;
printf("%%d,%d,%f\n",i);          输出结果: %d,65,0.000000
printf("%d,%c\n",i,i,i);          输出结果: 65,A
```

9.2.2　格式输入函数

scanf 函数的函数原型为：

```
int scanf(char *format ,…)
```

scanf 函数具有 int 类型的返回值。第 1 个参数 format 是格式字符串，它指出输入数据的数目、类型和格式，",…"表示其余参数的数目是不确定的，它们必须是指向存放输入数据的变量的指针。scanf 函数的调用形式为：

```
scanf (格式字符串,输入项地址表列);
```

scanf 函数的功能是按格式字符串规定的格式，在键盘上输入各输入项的数据，并依次赋予各输入项。

scanf 函数中的格式字符串的构成与 printf 函数的基本相同，但使用时要注意以下几点。

（1）空格、制表符将被忽略，其是分隔符。

（2）非%的普通字符，表示在输入时需要输入同样的字符与之匹配。

（3）以%开头，以转换字符结尾的转换说明符如表 9-3 所示。

表 9-3　　　　　　　　　　　　　　　　常见的 scanf 转换字符

转换字符	参数类型	输入数据
d	int *	十进制整数
i	int *	整数，可以是八进制（0 作前导）或十六进制（0x 或 0X 作前导）
o	int *	八进制整数（有无前导 0 均可）
x	int *	十六进制整数（有无前缀 0x 或 0X 均可）
u	unsigned int *	无符号十进制整数
c	char *	所输入的字符放在指定的数组中，输入字符个数由域宽指定，未指定域宽时输入一个字符，此时参数为 char 类型变量的地址
s	char *	无空格字符的字符串（输入时不加引号）
e、f、g	float *	浮点数，可以有或无符号，可以有或无小数点，可以有或无指数部分
p	void *	指针值（与输出的指针值的格式一样）
%	不赋值	输入字符%，不赋值

（4）在%与转换字符之间可以有下列选项。

*：使对应的输入数据不赋予相应变量。

m：指定输入数据宽度。

h、l 或 L：指出参数所指变量类型。

【例 9-4】输入数据示例。

程序编写如下：

```
/*c9_4.cpp*/
#include <stdio.h>
void main(void)
{ int i,j,k;
  scanf("%d%d%d",&i,&j,&k);
  printf("%d,%d,%d\n",i,j,k);
}
```

程序运行如下：

```
3 4 5↵
3,4,5
```

此例要求输入变量 i，j，k 的值，输入多个数据时，可用空格、Tab 键或回车作为分隔符进行分隔。所以此例中若按以下形式输入也是正确的：

```
3↵
4↵
5↵
```

通常在 scanf 函数的格式字符串中不包含非%普通字符，此时输入数据遇到下列 3 种情况表示结束。

（1）从第一个非空字符开始，遇空格、Tab 键或回车结束。

（2）遇宽度结束。

（3）遇非法输入结束。

若在格式字符串中出现了非%普通字符，则表示在输入时应在相应的位置输入同样的字符。

【例 9-5】输入数据示例。

程序如下：

```
/*c9_5.cpp*/
#include <stdio.h>
void main(void)
{ int i, j,k;
  scanf("%d,%d,%d",&i,&j,&k);
  printf("%d,%d,%d\n",i,j,k);
}
```

运行时若仍然按 3 4 5↵ 的方式输入是不正确的。因为没有输入逗号，无法将 4 和 5 正确地赋予变量 j 和 k。正确的输入方式为：

```
3,4,5↵
```

【例 9-6】已有定义：

```
double i; int j; float k;
scanf("%f,%d,%*f,%4f",&i,&j,&k);
```

若在键盘上输入：

```
1.2,123,456,1.23456↵
```

则输入后，变量 i 未被成功赋值，j 的值为 123，k 的值为 1.23。

i 未被成功赋值是因为转换字符用错了，i 是 double 类型，所以输入 i 时只能用%lf 或%le；%*f 对应的数据是 456，但由于有*号，所以 456 实际并未赋予变量 k，而是把 1.23456 按%4f 格式截取 1.23 赋予了变量 k。

9.3　自定义头文件设计的原则

在编写较大的程序时常常用到大量的变量和宏定义，这些内容都和程序放在一个源文件中，使得文件的长度加大，不仅增加程序的阅读难度，而且容易出现失误。此时，程序员可以将多个文件共用的符号常量定义和宏定义等单独组成一个头文件，然后在其他需要这些定义和说明的源文件中用文件包含命令包含该头文件。现在通过一个简单的例子来说明自定义头文件的设计方法。

假设要设计单链表，首先要定义表示链表节点的结构：

```
struct student
{ long num;
  float score;
  struct student *next;
};
```

对链表的操作有建立链表、对链表排序、在链表中插入节点、删除链表的指定节点和输出（遍历）链表。把这些操作都编写成函数，将函数的实现用文件 list.cpp 来保存。将函数原型声明保存到头文件 list.h 中，将 list.cpp 编译成目标文件 list.obj，并用命令 tlib 将 list.obj 添加到自己的库文件 list.lib，这就是自定义函数库。

头文件的内容为：

```
/*文件list.h*/
#ifndef _LIST_H           //防止重复编译，_LIST_H 为符号常量
#define _LIST_H
```

```
int n;
struct student *creat();
void print(struct student *);
struct student *insert(struct student *, struct student *);
struct student *del(struct student *,long);
struct student *sort(struct student *);
#endif
```

函数的实现文件为:

```
/*文件 list.cpp*/
#define NULL 0
#define LEN sizeof(struct student)
#include <stdio.h>
#include <stdlib.h>
struct student
{ long num;
  float score;
  struct student *next;
};
 int n;
 struct student *creat()
{ struct student *head,*node1,*node2;
  float x;
  n=0;
  node1=node2=(struct student *) malloc(LEN);      /*建立新节点*/
  scanf("%ld,%f",&node1->num,&x);
  node1->score=x;
  head=NULL;
  while(node1->num!=0)                              /*输入数据不等于 0 时执行循环*/
  { n=n+1;
    if(n==1) head=node1;                            /*把新节点作为头节点*/
    else node2->next=node1;                         /*把新节点加入到链表后面*/
    node2=node1;
    node1=(struct student *)malloc(LEN);            /*再建立新节点*/
    scanf("%ld,%f",&node1- >num,&x);
    node1->score=x;
  }
  node2->next=NULL;                                 /*将表尾节点的指针域置 NULL*/
  return(head);
 }
 void print(struct student *head )
{  struct student *node;
   printf("\nNow These %d records are:\n",n);
   node=head;
   if(head!=NULL)
   do
   { printf("%ld%5.1f\n",node->num,node->score);
     node=node->next;
   } while (node!=NULL);
 }

struct student *insert(struct student * head, struct student * stud)
{ struct student *node0,*node1,*node2;
  node1=head;
  node0=stud;
```

```
  if(head==NULL)                                        /*节点直接插入到表头*/
{ head=node0;
   node0->next=NULL;
}
else
{ while((node0->score>node1->score) &&(node1->next!=NULL))
     { node2=node1;node1=node1->next;                    /*循环结束时 node1 指向插入位置*/
     }
  if(node0->score<=node1->score)
  { if(head==node1)
     head=node0;                                         /*节点插入到表头*/
   else
     node2->next=node0;                                  /*节点插入到 node1 前*/
   node0->next=node1;
  }
  else
  { node1->next=node0;node0->next=NULL;                  /*节点插入到表尾*/
  }
}
n=n+1;
return(head);
}

struct student *del(struct student * head, long num)
{ struct student *node1,*node2;
  if (head==NULL)
    printf("\nlist null!\n");
  else
  { while(num!=node1->num && node1->next!=NULL)
      { node2=node1;node1=node1->next;}                  /*找出要删除的节点 node1*/
    if(num==node1->num)                                  /*找到要删除的节点*/
    { if(node1==head)
       head=node1->next;                                 /*删除的是头节点*/
      else
       node2->next=node1->next;                          /*删除的是普通节点*/
      printf("delete:%ld\n",num);
      free(node1);
      n=n-1;
    }
    else
     printf("%ld not been found!\n",num);                /*找不到要删除的节点*/
   }
  return(head);
 }

struct student *sort(struct student *head)
 { struct student *p,*node;
   if(head==NULL) return head;
   p=head;
   head=NULL;n=0;
   while(p!=NULL)
   { node=p;
     p=p->next;
     head=insert(head,node);
   }
```

```
    return(head);
  }
```

使用自定义库函数的主文件可以编写如下：

```
#include"list.h"
extern n;
void main()
{  struct studend *head,*stu;
   long del_num; float x;
   printf("input records:\n");
   head=creat();
   print(head);
   head=sort(head);
   printf("The sorted record...");
   print(head);
   printf("\ninput the deleted number:");
   scanf("%ld",&del_num);
   while(del_num!=0)
   {  head=del(head,del_num);
      printf("\ninput the deleted number:");
      scanf("%ld",&del_num);
   }
   printf("After deleting...");
   print(head);
   printf("\ninput the inserted record:");
   stu=(struct student *)malloc(LEN);
   scanf("%ld,%f",&stu->num,&x); stu->score=x;
   while(stu->num!=0)
   {  head=insert(head,stu);
      printf("\ninput the inserted record:");
      stu=(struct student *)malloc(LEN);
      scanf("%ld,%f",&stu->num,&stu->score);
   }
   printf("After inserting...");
   print(head);
}
```

通过本例可以看到，使用自定义头文件可以使程序员在更高的层次考虑问题，从而达到程序抽象的目的。在头文件中的预处理命令：

```
#ifndef _LIST_H
#define _LIST_H
…
#endif
```

的作用是防止编译器对同一个头文件重复编译。这在实际应用中经常用到。

自定义头文件的设计应遵循以下原则。

（1）用途一致。头文件中的各个功能应该属于同一类问题，例如，stdio.h 接口中的函数都是用于输入和输出的，而 math.h 中的函数则都是与数学计算和处理有关的，头文件用途不一致将会增加用户使用头文件的困难。

（2）操作简单。头文件中的各个函数应尽量方便用户程序的调用，将各个函数功能的实现细节尽可能地隐藏起来。

（3）功能充足。在设计头文件前应该对设计问题进行深入广泛的调查研究和需求分析，以便保证有足够完善的功能，其功能具有一定的普遍性，以满足各类用户的需求。

（4）性能稳定。在设计头文件的时候，应该对每个函数的功能进行严格的测试，以确保各函数功能的实现不会受到任何特殊因素的影响。

小　　结

预处理功能是 C 语言特有的功能，它是在对源程序正式编译前由预处理程序完成的。程序员在程序中用预处理命令来调用这些功能。预处理命令包括宏定义、文件包含和条件编译。使用预处理功能便于程序的修改、阅读、移植和调试，也便于实现模块化程序设计。C 标准函数库提供了丰富的标准库函数，有关输入/输出的标准函数，它们都在头文件"stdio.h"中定义，用户可以根据需要按规定的格式调用其中的函数来完成相应的功能，而不需要自己编写函数。

习　　题

9.1　定义一个带参数的宏，使两个参数的值互换。设计主函数调用宏将一维数组 a 和 b 的值进行交换。

9.2　定义一个判断某年 year 是否为闰年的宏，设计主函数调用它。

9.3　编写一个程序，求出 3 个数中的最大数，要求用带参数的宏实现。

9.4　编写一个程序，将用户输入的一个字符串的中大小写字母互换，即大写字母转换为小写字母，小写字母转换为大写字母。要求定义判断是大写、小写字母的宏以及大小写相互转换的宏。

9.5　编写一个程序，求三角形的面积，三角形面积计算公式为：

$$area = \sqrt{s(s-a)(s-b)(s-c)}$$

其中，$s=(a+b+c)/2$，a，b，c 为三角形的边长。定义两个带参数的宏，一个用于求 s，另一个求 $area$。

9.6　设有变量 $a = 3$，$b = 4$，$c = 5$，$d = 1.2$，$e = 2.23$，$f = -43.56$，编写程序，输入这些变量的值，并使程序输出为：

```
a=□□3,b=4□□□,c=**5
d=1.2
e=□□2.23
f=-43.5600□□**
```

（其中□表示空格）

（4）计算机在处理文件时，按一个字符处理时，就会一个字符一个字符地处理，因为这样才能够使数据在不同类型的计算机上的传送更加方便。

第10章 文件

如果计算机只能处理存储在主内存中的数据，则程序的适用范围和多样性就会受到相当大的限制。在编写大型复杂程序时，经常要涉及文件操作，通过文件操作进行大量数据的输入输出，因此，文件的输入/输出操作就构成了程序的重要部分。本章主要介绍文件的基本概念、文件的常用操作和一些常用的标准文件 I/O（输入/输出）函数。

10.1　问题的引入

假设我们要编写一个学生成绩管理系统，第一次运行系统时，如果需要处理的学生对象有 30 个，我们就需要输入 30 个学生的信息，这需要花费一定的时间；输入信息后，我们可以进行查询、排序、统计等操作；操作完毕后退出程序；当需要再次处理学生信息时，重新运行程序，并重新输入信息。每次运行都要重新输入大量的信息，给操作带来很多不便。如果我们编写的程序能像 Word 一样，可以随时保存输入的信息，即使退出程序，已经保存的信息也不会丢，程序再次运行后，可以方便地将这些信息加载进来，不需要重新输入，那么程序的功能就会更完善。要实现这些功能，就需要使用文件，因此为了编写功能比较完备的 C 程序，我们必须要掌握 C 语言中文件的基本操作。

10.2　文件的基本概念

文件是数据的组织形式，是存放在外部存储介质上相关数据的集合，每个文件都有一个名字，称为文件名，而且存储在一个称之为文件夹的目录中，这个名字是唯一的，计算机操作系统就是根据文件名对文件进行各种操作。本节介绍有关文件的基本概念。

1.　文本文件与二进制文件

根据文件中数据的存储形式，文件一般分为文本文件和二进制文件两种。

文本文件又称为 ASCII 文件，在这种文件中，每个字节存放一个字符的 ASCII 码值。例如，一个整数 2345，在文本文件中为了存储该整数需要 4 个字节，如图 10-1（a）所示。

二进制文件中数据的存储形式与该数据在内存中的存储形式是一致的，即采用该数据的二进制形式存储。例如，整数 2345 在内存中存储形式为二进制数 100100101001，因此，它在二进制文件中只需要占 2 个字节就够了，如图 10-1（b）所示。

ASCII 文件可以在屏幕上按字符显示，例如 C 语言的源程序文件就是 ASCII 文件，用记事本打开可显示文件的内容，由于是按字符显示，因此能读懂文件的内容；二进制文件也可以用记事本打开，但其内容无法读懂。

(a) 文本文件中按文本形式存放　　　　　　　(b) 二进制文件中按二进制形式存放

图 10-1　整数 2345 在两种文件中的存储形式

2. 缓冲区文件系统

操作系统直接管理文件时，一般是将文件作为一个整体来处理的，如复制文件、删除文件等，而编写应用程序往往要对文件内容进行处理。ANSI C 标准规定：C 语言采用缓冲区文件系统。所谓缓冲区文件系统是指操作系统自动地在用户内存区中为每一个正在被使用的文件划出一片存储单元，即开辟一个缓冲区。当向外存储器中的文件写数据时，先向缓冲区中写，缓冲区写满后，才向外存储器一次写入。当需要从外存储器中的文件读入数据进行处理时，也首先读入一批数据到缓冲区（将缓冲区充满），然后再从缓冲区中将数据逐个读出送到内存储器工作区进行处理。

在缓冲区文件系统中，对文件的读写是通过为该文件开辟的缓冲区进行的，对文件中数据的处理也是在该缓冲区中进行的。设立缓冲区的原因是外存储器的读写速度比内存的处理速度要慢很多。

3. 文件类型指针

在设有缓冲区的文件系统中，每个被使用的文件都要在内存中开辟一个区域，用来存放与文件有关的信息，包含文件名、文件状态、缓冲区状态、文件当前位置等信息。这些信息保存在一个结构体变量中，这个结构在 stdio.h 文件中声明，C 语言将该结构体类型定义为 FILE（注意，是英文大写字符），简称文件类型。对于这个结构，不同的编译器是不一样的，但均包含进行文件操作所需的各种信息。

利用 FILE 类型可以定义 FILE 类型的变量来保存文件的信息。在 C 语言程序中 FILE 类型的变量是由打开文件的 fopen 函数建立，用 fclose 函数清除，编程者不直接定义 FILE 类型的变量，而是定义一个文件类型的指针。定义文件类型指针的一般形式为：

FILE *指针变量名：

其中指针变量名是指向一个文件的指针，实际上是用于存放文件缓冲区的首地址。例如，FILE *fp;，表示 fp 是指向 FILE 结构的指针变量，通过 fp 即可找到存放某个文件信息的结构体变量，然后按结构体变量提供的信息找到该文件，实施对文件的操作。一般把 fp 称为文件指针。

10.3　内存与外存的数据交流

所谓"文件"一般是指存储在内存以外介质上的数据的集合。在程序运行时，程序本身和数据一般都存放在内存中。当程序运行结束后，存放在内存中的数据被释放。如果需要长期保存程序运行所需的原始数据，或程序运行产生的结果，就必须以文件的形式存储到外部存储介质上，这个过程是将内存的数据送到外存，即进行文件写操作；同样如果外部存储介质上有所需的固定格式的文件，程序运行时，也可以直接从文件读取所需的信息，不需从键盘重复输入数据，这个过程是将外存的数据送到内存，即进行文件读操作。

在上一节，我们已经介绍过，数据在外存主要以文本方式和二进制方式存储；数据在内存中是以二进制存储的，当发生内存与外存的数据交换时，有时需要进行格式的转换，有时直接进行即可。

如果将内存数据按文本文件存储到外存中，则 C 语言通常需要将内存数据按指定格式转换成字符形式，如图 10-2 所示。

例如：

```
int x = 126; 转换格式："%d"
```

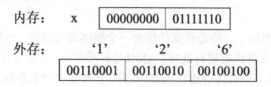

图 10-2　内存数据 126 按文本方式存储到外存

如果将外存中的文本文件数据取回到内存，则 C 语言通常需要将外存数据按指定格式转换成内存数据形式。当数据量很大时，这种转换会增加一定的开销。

如果将内存中连续多个数据按文本文件存储到外存时，在两个数据之间必须要增加间隔符号，否则在读文本文件时，无法正确完成数据转换，如图 10-3 所示，如果没有间隔符号，从文本文件读取 x，y 时，由于数据之间没有间隔符号，会得到错误的结果。

例如：

```
int x = 126, y=128; 转换格式："%d%d"
```

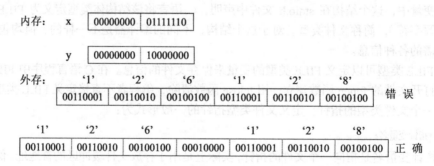

图 10-3　连续两个数据按文本方式存储到外存时需加间隔符

如果将内存数据按二进制方式存储在外存中，则 C 语言不需要转换，直接按内存数据形式存储。如果将存储在外存中的二进制文件的数据取回内存，直接取回即可，也不需要转换。

10.4　程序针对文件的基本操作

首先要打开文件，然后才能进行读写操作，操作结束后要及时关闭文件。

10.4.1　打开文件

打开文件操作是将文件的内容从磁盘上读到内存缓冲区中，实际上是建立文件的各种有关信息，并使文件指针指向该文件，以备对其进行操作。打开文件使用系统提供的文件打开函数 fopen()，其调用的一般形式为：

　　文件指针名 = fopen(文件名,使用文件方式);

　　其中，"文件指针名"必须是被说明为 FILE 类型的指针变量；"文件名"应给出要打开文件存放在磁盘中的全名，包括扩展名，必要时包括路径名；"使用文件方式"是指操作被打开文件的目的，是读还是写。"文件名"和"使用的文件方式"是以字符串常量和字符型数组名的形式出现在函数中。

　　例如，以读方式打开一个名为 test.txt 的文件，格式如下：

```
FILE *fp;
fp=fopen("test.txt","r");
```

　　即在当前目录下打开文件 test.txt，只允许进行"读"操作，并使 fp 指向该文件。使用文件的方式即文件打开方式如表 10-1 所示。

表 10-1　　　　　　　　　　　　　　　　　文件打开方式

打开方式	含义及说明
"r"	以只读方式打开一个文本文件，只允许读数据
"w"	以写方式打开或建立一个文本文件，并在文件末尾写数据
"r+"	以追加方式打开一个文本文件，并在文件末尾写数据
"w+"	以写方式打开一个文件，允许读和写
"a+"	以读写方式打开一个文本文件，允许读
"rb"	以只读方式打开一个二进制文件，只允许读数据
"wb"	以只读方式打开或建立一个二进制文件，只允许写数据
"ab"	以追加方式打开一个二进制文件，并在文件末尾写数据
"rb+"	以读写方式打开一个二进制文件，允许读和写
"wb+"	以读写方式打开或建立一个二进制文件，允许读和写
"ab+"	以读写方式打开一个二进制文件，允许读，或在文件末追加数据

说明：

（1）文件使用方式由 r、w、a、t、b、+这 6 个字符组成，各字符的含义如下：

```
r（read）:          读
w（write）:         写
a（append）:        添加
t（text）:          文本文件, 可省略不写
b（binary）:        二进制文件
+:                 读和写
```

（2）凡带有"r"的方式打开一个文件时，该文件已经存在，且只能从该文件读出。

（3）凡用带有"w"的方式打开的文件只能向该文件写入。若打开的文件不存在，则以指定的文件名建立一个新文件，若打开的文件已经存在，则将该文件删去，重建一个新文件。

（4）若要向一个文件的尾部添加新的信息，只能用带有"a"的方式打开文件。如果该文件不存在，则会建立一个新文件，然后再添加信息。

　　fopen 函数返回一个地址值，通常将该函数返回的地址值赋予一个文件指针，让这个文件指针

指向被打开的文件。当一个文件被正常打开时，fopen()函数返回非 0 的内存地址值，该地址值存放被打开文件的内存缓冲区的首地址。如果一个文件由于某种原因而打开失败，这时 fopen()函数将返回一个空指针值 NULL，因此，在执行打开文件的操作时，为了避免对文件读写操作出错，以确保对文件读写操作的正确性，常用以下方法来打开一个文件。

```
FILE *fp;
fp=fopen("test.txt","r");
if(fp==NULL)
{
  printf("file can't open!\n");
  getchar();
  exit(0);
}
```

这段程序的含义是：以 "r" 的方式打开当前目录下的 "test.txt" 文件，并把返回的指针值赋予指针变量 fp，若返回的是空指针值 NULL，则说明打开失败，需要退出程序。因此，如果 fopen 函数返回的指针为空，表示不能打开当前目录下的 test.txt，则给出提示信息"file can't open!"，下一行 getchar()的功能是等待用户从键盘输入任意字符后，程序才继续执行，因此用户可利用这个等待时间阅读错误提示。输入完成后执行 exit(0)退出程序。

10.4.2　关闭文件

文件使用完后，为确保文件中的数据不丢失，要使用文件关闭函数 fclose()进行关闭，其功能是将使用完后的文件写回到磁盘，调用形式为：

```
fclose(文件指针变量);
```

例如：fclose(fp);

在前面的例子中，把 fopen()函数返回的指针值赋予 fp，现在用 fclose()函数使文件指针 fp 与文件脱离，同时释放文件输入/输出缓冲区存储空间。

在程序设计中应养成在文件使用完后关闭文件的习惯。

10.4.3　文件的读写

文件被成功地打开后，便可以对它进行读写操作。打开文件后会返回该文件的一个文件类型指针，程序中就是通过这个指针执行对文件的读和写。一般常用的文件的读写函数如下。

fgetc()函数和 fputc()函数：字符的读写函数。

fgets()函数和 fputs()函数：字符串的读写函数。

fread()函数和 fwrite()函数：数据块的读写函数，主要针对二进制文件。

fscanf()函数和 fprintf()函数：格式化的读写函数，主要针对文本文件。

文件随机读写函数：fseek()函数、rewind()函数和 ftell()函数。

1．字符读写

（1）fputc()函数

格式：fputc(c,fp);

功能：用来将一个字符写入到文件中。

其中，fp 是已定义的文件指针变量；c 为要写入的字符，可以是字符型常量或字符型变量。该函数也有返回值。如果执行成功，返回写入的字符；否则，返回 EOF（EOF 是 C 语言编译系统定义的文本文件结束标志，其值为−1，十六进制表示为 0xff，在 stdio.h 中定义），表示写操作失败。

也可以用 putc()函数来实现字符写功能，它与 fputc()函数完全等价，调用格式为： putc(c,fp);

【例 10-1】输入 6 行字符，将其写入到 C 盘根目录的 t10-1.txt 文件中。

程序如下：

```
/*c10_1.c*/
#include <stdio.h>
#include <stdlib.h>
void main()
{
    FILE *fp;
    char c[80],*pt=c;
    if((fp=fopen("c:\\t10-1.txt","w"))==NULL)          /*打开文件失败*/
    {
        printf("Cannot open the file ,strike any key to exit!\n");
        getchar();
        exit(0);                                        /*退出程序*/
    }
    printf("Input a string:\n");
    for(int i=1; i<=6; i++)
    {
        gets(pt);                                       /*输入一行字符*/
        while(*pt!='\0')                                /*逐个字符写入文件*/
        {
          fputc(*pt,fp);
          pt++;
        }
        fputc('\n',fp);                                 /*写入换行符*/
    }
    fclose(fp);
}
```

程序运行时，先以"w"方式打开 C 盘根目录下的文件 t10-1.txt，然后循环 6 次，从键盘输入 6 行字符串并将其写入到文件中，每次循环首先通过 gets()读入一行字符串，再由 fputc()将输入的字符串逐个字符写入文件中，写完一行后，再写入一个换行符，否则各行写在一起。

（2）fgetc()函数

格式：c=fgetc(fp);

功能：用来从指定的文本文件中读取一个字符。

其中，fp 为文件指针。该函数的功能是从指定的文件中读取一个字符，并赋值给字符型变量 c。如果读取成功，返回读取的字符；如果读取错误或者遇到文件结束标志 EOF，则返回 EOF。

也可以用 getc()函数来实现字符读功能，它与 fgetc()函数完全等价，调用格式为： getc(ch,fp);

【例 10-2】从【例 10-1】建立的文件 t10-1.txt 中读出所有的字符并显示到屏幕上。

程序如下：

```
/*c10_2.c*/
#include <stdio.h>
#include <stdlib.h>
void main()
{
    FILE *fp;
```

```
    char c;
    if((fp=fopen("c:\\t10-1.txt ","r"))==NULL)            /*打开文件失败*/
    {
        printf("Cannot open the file ,strike any key to exit!\n");
        getchar();
        exit(0);                                          /*退出程序*/
    }
    c=fgetc(fp);
    while(c!=EOF)
    {
        putchar(c);
        c=fgetc(fp);
    }
    fclose(fp);
}
```

程序从文件中逐个读取字符，在屏幕上显示。程序定义了文件指针 fp，以读文本方式打开文件 c:\\ t10-1.txt，并使 fp 指向该文件。如果打开文件出错，给出提示并退出程序。只要读出的字符不是文件结束标志（每一个文件末尾都有一个结束标志 EOF），就把该字符显示在屏幕上，再读入下一字符。每读一次，文件内部的位置指针向后移动一个字符，文件结束时，该指针指向 EOF。执行本程序将显示整个文件。

2. 字符串读写

（1）fputs()函数

格式：fputs(s,fp);

功能：用来将一个字符串写入指定的文本文件。

其中，s 可以是字符型数组名、字符型指针变量或字符串常量，fp 为文件指针。该函数的功能是将字符串 s 写入由 fp 指向的文件中，字符串末尾的'\0'字符不予写入。如果函数执行成功，则返回所写的最后一个字符，否则，返回 EOF。

【例 10-3】将字符串"Beijing""Shanghai""Guangzhou""Nanjing""Hangzhou",写入文件 t10-3.txt 中。

程序如下：

```
/*c10_3.c*/
#include <stdio.h>
#include <stdlib.h>
void main()
{
    FILE *fp;
    char s[][15]={"Beijing","Shanghai","Guangzhou","Nanjing","Hangzhou"};
    if((fp=fopen("c:\\t10-3.txt ","w"))==NULL)            /*打开文件失败*/
    {
        printf("Cannot open the file ,strike any key to exit!\n");
        getchar();
        exit(0);                                          /*退出程序*/
    }
    for(int i=0;i< 6;i ++)
    {
        fputs(s[i],fp);
        fputs("\n",fp);
    }
    fclose(fp);
}
```

该程序运行时，用"w"方式打开 C 盘上的文件 t10-3.txt，然后通过循环语句将字符型数组 s 中的字符串写入文件。由于 fputs()函数并不将字符串末尾的'\0'写入文件，因此，为了使得文件能被正确写入，需要在每次写入一个字符串后，在后面写入一个换行符。

（2）fgets ()函数

格式：fgets(s,n,fp);

功能：用于从指定的文件中读一个字符串到字符数组中。

其中，s 可以是字符型数组名或字符串指针；n 是指定读入的字符个数；fp 为文件指针。n 是一个正整数，表示从文件中最多读取 $n-1$ 个字符，并将字符串指针 s 定位在读入的字符串首地址。fgets()函数从文件中读取字符直到遇到回车符或 EOF 为止，或直到读入了 $n-1$ 个字符为止，函数会在读入的最后一个字符后加上字符串结束标志'\0'；若有 EOF，则不予保留。该函数如果执行成功，则返回读取的字符串；如果失败，则返回空指针 NULL，这时，s 中的内容不确定。

【例 10-4】从由【例 10-3】建立的文本文件 t10-3.txt 中读出各个字符串并将其中第 2、4、6 号字符串显示在屏幕上。

程序如下：

```
/*c10_4.c*/
#include <stdio.h>
#include <stdlib.h>
void main( )
{
    FILE *fp;
    char s[6][15];
    if((fp=fopen("c:\\t10-3.txt ","r"))==NULL)         /*打开文件失败*/
    {
        printf("Cannot open the file ,strike any key to exit!\n");
        getchar();
        exit(0);                                        /*退出程序*/
    }
    for(int i=0;i<6;i++)
    {
        fgets(s[i],15,fp);
        if(i%2==0)
          printf("%s",s[i]);
    }
    fclose(fp);
}
```

该程序运行时，以"r"方式将文件 t10-3.txt 打开，每次循环最多读取 15 个字符，若遇到换行符或 EOF，则提前结束本次读操作。由于 t10-3.txt 中每个字符串的末尾都有换行符，最后一个字符串末尾有 EOF，因此，在用 printf()函数输出时，格式转换说明符"%s"不必另加换行符"\n"就能使每个字符串各占一行。

程序运行结果：

```
Beijing
Guangzhou
Hangzhou
```

因此，在建立文件时，每次用 fputs()写入一个字符串后，再人为地写入一个换行符，在用 fgets()读取时，可以将指定字符个数 n 设定大一些，就能在 $n-1$ 个字符前遇到换行符而使读入操作终止，这样可以提高程序的兼容性。

3. 数据块读写

（1）数据块的读函数 fread()函数。fread()函数用来从指定的文件中一次读取由若干个数据项组成的一个数据块，存放到指定的内存缓冲区中，数据块的大小取决于数据块中数据项的大小（字节数）和数据项的个数。fread()函数调用格式如下：

```
fread(char*ps,int len,int n,FILE *fp);
```

其中，ps 是用来指向存放数据块的内存缓冲区的首地址，len 是用来指出数据块中数据项大小的整型数，n 是用来表示数据块中数据项个数的整型数，fp 是一个指向被操作文件的指针。fread()函数一次读取数据块的大小等于 len 与 n 相乘的积。例如，要从 fp 指针所指向的文件中一次读取500 个整数，存放到内存的 buf 缓冲区中，可以用下列语句实现这一功能。

```
fread(buf,sizeof(int),500,fp);
```

该函数正常的返回值是实际读取的数据项数，出错时返回 NULL。

（2）数据块写函数 fwrite()函数。fwrite()函数用来将指定的内存缓冲区的数据块内的数据项写入指定的文件中。所写入的数据块的大小是由数据项的大小和数据项的个数决定的。fwrite()函数调用格式如下：

```
fwrite(char *ps,int len,int n,FILE *fp);
```

该函数参数与 fread()函数的参数相同，函数正常返回值是实际写入文件中的数据项个数。

【例 10-5】从键盘输入 3 个学生数据，然后存储在 C:\\t10-5.txt 文件中，再读出这 3 个学生的数据显示在屏幕上。

程序如下：

```
/*c10_5.c*/
#include<stdio.h>
#include<stdlib.h>
struct student
{
  char name[10];
  int ID;
  int score;
};
void main()
{
  struct student a[4],b[4],*pa,*pb;
  FILE *fp;
  pa=a;
  pb=b;
  if((fp=fopen("C:\\t10-5,txt","wb+"))==NULL)
  {
    printf("Cannot open file strike any key exit!");
    getchar();
    exit(0);
  }
  printf("\nInput data\n");
  for(int i=0;i<3;i++,pa++)
    scanf("%s%d%d",pa->name,&pa->ID,&pa->score);
  pa=a;
```

```
    fwrite(pa,sizeof(struct student),3,fp);        /*写3个学生记录*/
    rewind(fp);                                     /*内部位置指针移到文件首部*/
    fread(pb,sizeof(struct student),3,fp);          /*读3个学生记录*/
    printf("\n\nname      ID    score   \n");
    for(i=0;i<3;i++,pb++)
      printf("%-10s %-6d %-5d\n",pb->name,pb->ID,pb->score);
    fclose(fp);
}
```

4. 格式化读写

（1）fprintf()函数。fprintf()用来将输出项按指定的格式写入指定的文本文件。其中格式化的规定与 printf()函数功能相似，所不同的只是 fprintf()函数是将输出的内容写入文件中，而 printf()函数则是在屏幕输出。

fprintf()函数调用格式如下：

```
fprintf(fp, format, arg1, arg2, …, argn);
```

其中，fp 为文件指针；format 为指定的格式控制字符串；arg1 ~ argn 为输出项，可以是字符、字符串或各种类型的数值。该函数的功能是按格式控制字符串 format 给定的格式，将输出项 arg1，arg2，…，argn 值写入 fp 所指向的文件中。如果函数执行成功，返回实际写入文件的字符个数；若出现错误，返回负数。

fprintf()中格式控制的使用与 printf()相同。

例如：fprintf(fp,"r=%f, area=%f\n", r, area);

【例 10-6】随机产生 100 个[0,99]的整数，以每行 10 个数据输出到文本文件 C:\\t10-6.txt 中，要求每个数据占 5 个字符的宽度，并且数据之间用逗号分割。

程序如下：

```
/*c10_6.c*/
#include <stdio.h>
#include <stdlib.h>
void main()
{
    FILE *fp;
    int data[100];
    for(int i=0;i<100;i++)
        data[i]=(rand()%100);                       /*产生[0,99]的随机整数*/
    if((fp=fopen("c:\\t10-6.txt","w"))==NULL)       /*打开文件失败*/
    {
        printf("Cannot open the file,press any key to exit");
        getchar();
        exit(0);                                     /*退出程序*/
    }
    for(i=0;i<100;i++)
    {
        if(i%10==0)                                  /*每一行第一个数据前不用逗号*/
          fprintf(fp,"%5d",data[i]);
        else
          fprintf(fp,",%5d",data[i]);
        if((i+1)%10==0)
          fprintf(fp,"\n");
    }
```

```
        fclose(fp);
    }
```

（2）fscanf()函数。fscanf()用来按规定的格式从指定的文本文件中读数据。它与 scanf()函数的功能相似，都是按规定的格式读数据的函数，只是 fscanf()函数读的对象不是键盘缓冲区，而是文件。

fscanf()函数的调用格式如下：

```
fscanf(fp,format,arg1,arg2,…,argn);
```

其中，fp 为文件指针，format 为指定的格式控制字符串，arg1 ~ argn 为输入项的地址。该函数的功能是从文件指针 fp 所指的文本文件中读取数据，按格式控制字符串 format 给定的格式赋予输入项 arg1，arg2，…，argn 中。如果该函数执行成功，返回读取项目的个数；如果遇到文件末尾，返回 EOF；如果赋值失败，返回 0。

fscanf()中格式控制的使用与 scanf()相同。

例如：fprintf(fp,"%d,%d\n",&a,&b);

【例 10-7】将上例所建立的文本文件 t10-6.txt 的数据读出来，找出其中能够被 7 整除的数后，按同样的格式追加写入到原文件的后面，与原数据之间空 1 行。

程序如下：

```
/*c10_7.c*/
#include <stdio.h>
#include <stdlib.h>
void main()
{
    FILE *fp;
    int  data[100];
    if((fp=fopen("C:\\t10-6.txt","r+"))==NULL)           /*打开文件失败*/
    {
        printf("Cannot open the file, press any key to exit");
        getchar();                                        /*暂停*/
        exit(0);                                          /*退出程序*/
    }
    for(int i=0;i<100;i++)                                /*从文件中读出所有数据*/
    {
        if(i%10==0)
            fscanf(fp,"%5d",&data[i]);
        else
            fscanf(fp,",%5d",&data[i]);
    }
    fseek(fp,0,SEEK_END);                                 /*将文件指针移到末尾*/
    fprintf(fp,"\n\n");
    int j=0;
    for(i=0;i<100;i++)
    {
        if(data[i]%7==0)                                  /*找所有能被 7 整除的数*/
        {
            if(j%10==0)
                fprintf(fp,"%5d",data[i]);
            else
                fprintf(fp,",%5d",data[i]);
```

```
            if((j+1)%10==0)  fprintf(fp,"\n");              /*每10个数一行*/
            j++;
        }
    }
    fclose(fp);
}
```

5.　文件随机读写

C 语言的文件不仅可以顺序读写，也可以随机读写，关键在于控制文件的位置指针。如果位置指针按字节位置顺序移动，就是顺序读写。如果能将位置指针按需要移动到任意位置，就可以实现随机读写，所谓随机读写。是在读写完一个字节后，并不一定要读写其后续字符，而是可以读写文件中任意所需的字符。为了使文件可以随机读写，系统提供了一组对文件读写位置指针（以下简称文件指针）进行定位的函数。

下面是有关文件指针定位函数的一般形式。

（1）读写指针定位函数 fseek()。该函数的功能是将某个指定文件的读写指针从某个位置移动到另一个位置。函数调用格式如下：

```
fseek(FILE *fp,long n,int mode);
```

函数有 3 个参数，fp 是文件指针，该指针指向被操作的文件。n 是一个 long int 类型的偏移量，其单位是字节个数，用来表示移动后的位置相对于移动前位置的字节数，该值可正可负，正数表示从当前位置向文件末尾方向移动，负数表示从当前位置向文件头方向移动。mode 是一个 int 类型整数，表示移动的方式，该参数的取值有 3 种情况：

A.　相对于文件头部移动时，取值为 0 或 SEEK_SET；

B.　相对于文件尾部移动时，取值为 2 或 SEEK_END;

C.　相对于当前位置移动时，取值为 1 或 SEEK_CUR。

例如，将读写指针移至距文件头 100 个字节处，使用下述语句：

```
fseek(fp,100L,0);
```

或者

```
fseek(fp,100L,SEEK_SET);
```

将文件读写指针移至距文件尾 100 个字节，可使用下述语句：

```
fseek(fp,-100L,SEEK_END);
```

将读写指针从当前位置向文件头方向移 50 个字节，可使用下述语句：

```
fseek(fp,-50L,1);
```

或者

```
fseek(fp,-50L,SEEK_CUR);
```

（2）读写归位函数 rewind()。该函数的功能是将指定文件的读写指针移至文件头。函数调用格式如下：

```
rewind(FILE *fp)
```

（3）读写指针位置函数 ftell()。该函数的功能是返回指定文件的当前文件指针的字节数。其返回值为一个 long int 型整数。函数调用格式如下：

```
ftell(FILE *fp)
```

使用该函数可以确定某个文件的长度，其方法如下：

```
fseek(fp,0L,2);
printf("%ld\n",ftell(fp));
```

在移动文件指针之后，即可以用前面介绍的几种读写函数进行读写。常用函数有 fread()和 fwrite()。

【例 10-8】输入 N 个学生的记录，写入数据文件 C:\\t10-8.txt，用第 3 个学生的记录代替第 5 个学生的记录。

程序如下：

```
/*c10_8.c*/
#include <stdio.h>
#include <stdlib.h>
#define N 10
struct student
{
  char name[15];
   int ID;
   int age;
};
void main( )
{
  struct student data[N];
  FILE *fp;
  if((fp=fopen("C:\\t10-8.txt","wb"))==NULL)
  {
    printf("Cannot open file strike any key exit!");
    getchar();
    exit(0);
  }
  for(int i=0;i<N;i++)
  {
    printf("Input name:");
    gets(data[i].name);
    printf("Input ID:");
    scanf("%d",&data[i].ID);
    printf("Input age:");
    scanf("%d",&data[i].age);
    fwrite(&data[i],sizeof(struct student),1,fp);
    getchar();
  }
  fclose(fp);

  if ((fp=fopen("C:\\t10-8.txt","rb+"))==NULL)
  {
    printf("Cannot open file strike any key exit!");
    getchar();
    exit(0);
  }
  printf("-----------------------------------\n");
  printf("%-15s%-7s%-7s\n","name","ID","age");
  printf("-----------------------------------\n");
  for(i=0;i<N;i++)                              /*显示全部文件内容*/
```

```
{
    fread(&data[i],sizeof(struct student),1,fp);
    printf("%-15s%-7d%7d%\n",data[i].name,data[i].ID,data[i].age);
}
/*以下进行文件的随机读写*/
fseek(fp,4*sizeof(struct student),0);                 /*定位文件指针指向第 4 条记录*/
fwrite(&data[2],sizeof(struct student),1,fp);         /*在第 4 条记录处写入第 2 条记录*/
rewind(fp);                                            /*移动文件指针到文件头*/
printf("------------------------------------\n");
printf("%-15s%-7s%-7s\n","name","ID","age");
printf("------------------------------------\n");
for(i=0;i<N;i++)                                       /*重新输出文件内容*/
{
    fread(&data[i],sizeof(struct student),1,fp);
    printf("%-15s%-7d%7d\n",data[i].name,data[i].ID,data[i].age);
}
fclose(fp);
}
```

10.4.4　文件检测函数

下面介绍两个 C 语言中常用的文件检测函数。

1. 文件结束检测函数 feof()

该函数的功能是用来确定某个文件的读写指针是否到达文件末尾。

函数格式如下：

```
feof(FILE *fp)
```

如果读写指针到文件末尾，该函数返回值为非 0，否则返回值为 0。

2. 文件读写出错检测函数 ferror()

该函数的功能是检测被操作文件最近一次的操作（包括读写、定位等）是否发生错误。函数格式如下：

```
ferror(FILE* fp)
```

如果发现操作错误，该函数返回值为非 0，否则返回 0。

10.5　程序调试与数据测试文件

　　程序编译通过以后，通常我们还需要进行调试，以便查看程序编写是否正确。在 VC 的调试环境中运行程序，输入测试数据，看能否得到正确运行结果；由于调试往往不能一次成功，每次运行时，都要重新输入一遍测试数据，对于有大量输入数据的程序，输入数据需要花费大量时间，使用 freopen 函数可以解决测试数据输入问题，避免重复输入。

1. freopen()函数说明

　　freopen()函数用来实现重定向，把预定义的标准流文件定向到指定的文件中。标准流文件具体是指 stdin、stdout 和 stderr。其中 stdin 是标准输入流，默认为键盘；stdout 是标准输出流，默认为屏幕；stderr 是标准错误流，一般把屏幕设为默认。

freopen()函数声明如下：

```
FILE *freopen( const char *path, const char *mode, FILE *stream );
```

其中 path 为文件名，用于存储输入输出的自定义文件名；mode 为文件打开的模式，和 fopen 函数中的模式相同；stream 为一个文件，通常使用标准流文件。如果函数执行成功，返回一个 path 所指定文件的指针；若出现失败，返回 NULL。（一般可以不使用它的返回值）。

2. freopen()函数使用方法

因为文件指针使用的是标准流文件，在 stdio.h 头文件中已经有声明，因此只要包含了 stdio.h 文件，在程序中就可以不定义文件指针。假定测试数据放在 data.in 文件中，测试运行的结果放在 data.out 文件中。

使用 freopen()函数以只读方式 r(read)打开输入文件 data.in：

```
freopen("data.in", "r", stdin);
```

然后使用 freopen()函数以写入方式 w(write)打开输出文件 data.out：

```
freopen("slyar.out", "w", stdout);
```

最后只要使用 fclose 关闭输入文件和输出文件即可：

```
fclose(stdin);
fclose(stdout);
```

3. 应用举例

以第 8 章的【例 8-4】程序为例，在程序不能得到正确结果之前，我们每次调试都需要输入 10 个学生的信息，为了方便调试，我们对程序进行改写。

【例 10-9】使用 freopen 函数改写【例 8-4】程序。

```
/*c10_9.c*/
#include <stdio.h>
#define NUM 10
struct student
{
    int num;
    char name[10];
    int age;
    float score[3];
};
void main()
{
    struct student stu[NUM];
    int i,number;
    freopen("debug\\data.in","r",stdin);    //输入重定向，输入数据将从 data.in.txt 文件中读取
    freopen("debug\\data.out","w",stdout);   //输出重定向，输出数据将保存 data.在 out.txt 文件中
    for(i=0;i<NUM;i++)                           /*输入学生信息*/
    {
        printf("Input num,name,age,score:\n");
        scanf("%d%s%d%f%f%f",&stu[i].num,stu[i].name,&stu[i].age,
&stu[i].score[0],&stu[i].score[1], &stu[i].score[2]);
    }
    printf("Input student's number \n");
    scanf("%d", &number);
    for(i=0;i<NUM;i++)                           /*查询信息*/
    {
        if(number==stu[i].num)
```

```
    {
        printf("name=%s\nage=%d\nChinese=%6.2f\nMath=%6.2f\nEnglish=%6.2f\n",
    stu[i].name,stu[i].age,stu[i].score[0],stu[i].score[1],stu[i].score[2]);
        break;
    }
  }
  fclose(stdin);                           //关闭文件
  fclose(stdout);                          //关闭文件
}
```

freopen("debug\\data.in","r",stdin)的作用就是把标准输入流 stdin 重定向到 debug\\data.in 文件中，这样在用 scanf 输入时便不会从标准输入流即键盘读取数据，而是从 data.in 文件中获取输入。只要把输入数据事先粘贴到 data.in 文件中，就不需要每次调试都重新输入大量数据；freopen("debug\\data.out","w",stdout)的作用就是把 stdout 重定向到 debug\\data.out 文件中，所有的 printf 输出的内容均保存在 data.out 文件中，可以打开 data.out 文件查看输出结果。

说明：

（1）data.in 和 data.out 文件均是文本文件，可以根据需要直接使用记事本编辑 data.in 中的数据，查看 data.out 中的数据。

（2）"debug\\data.in"，表示输入文件 data.in 放在文件夹 debug 中，文件夹 debug 是在 VC 中建立工程文件时自动生成的调试文件夹。如果改成 freopen("data.in","r",stdin)，则 data.in 文件将放在所建立的工程文件夹下。data.in 文件也可以放在其他的文件夹下,所在路径写正确即可。

（3）可以不使用输出重定向，仍然在控制台查看输出。

（4）程序调试成功后，需要把与重定向有关的语句删除。

思考：data.in 文件中的内容包含哪些？

10.6 程序设计举例

【例 10-10】在文件夹 D:\\中，把文件 t2.txt 的内容连接到 t1.txt 后面。

分析：在例题中，同时打开两个文件，打开文件 t2.txt 用于只读，而打开文件 t1.txt 用于追加。

程序如下：

```
/*c10_10.c*/
#include <stdio.h>
#include <stdlib.h>
void main()
{
    FILE *f1,*f2;
    char  c;
    if((f1=fopen("D: \\t1.txt","a"))==NULL)
    {
        printf("Cannot open the file,press any key to exit");
        getchar();
        exit(0);                                /*退出程序*/
    }
    if((f2=fopen("D:\\t2.txt","r"))==NULL)
    {
        printf("Cannot open the file,press any key to exit");
```

```
        getchar();
        exit(0);                                          /*退出程序*/
    }
    fputc('\n',f1);
    while(!feof(f2))                                       /*当 f2 文件没有结束*/
    {
        c=fgetc(f2);
        fputc(c,f1);
    }
    fclose(f1);                                            /*关闭文件*/
    fclose(f2);
}
```

本程序同时打开两个文件，分别用 f1 和 f2 指向它们，当 f2 指向的 t2.txt 文件没有结束时，从中逐个读出字符，追加到 f1 指向的 t1.txt 文件尾部，为了便于文件可读，在追加之前可以先在 t1.txt 文件后面写入一个回车符。

当文件 t1.txt 的内容为：

zhong	Nanjing
huo	Tianjing
liang	wuhan

文件 t2.txt 的内容为：

li	Taiwan
lu	Aomei
yang	chengdou

则连接后的 t1.txt 文件为：

zhong	Nanjing
huo	Tianjing
liang	wuhan
li	Taiwan
lu	Aomei
yang	chengdou

【例 10-11】输入学生数据（每个数据包含学号、姓名、成绩），建立学生数据文件 student.dat，然后根据文件中的记录统计不及格的人数。

分析：用结构体类型组织学生的信息，输入时可以不按学号的顺序输入，程序能够自动将记录写到文件相应的位置上。

程序如下：

```
/*c10_11.c*/
#include <stdio.h>
#include <stdlib.h>
struct student
{
        int num;
        char name[10];
        int score;
}std;
void main()
{
    int j, fail=0;
```

```
    FILE *fp;
    if((fp=fopen("C:\\student.dat","w+b"))==NULL)
    {
        printf("Cannot open the file,press any key to exit");
        getchar();
        exit(0);                                    /*退出程序*/
    }
    while(1)
    {
        printf("input number(0 to terminate):");
        scanf("%d",&std.num);                        /*输入学号*/
        if(std.num==0) break;
        printf("input name:");
        scanf("%s",std.name);                        /*输入姓名*/
        printf("input score:");
        scanf("%d",&std.score);                      /*输入分数*/
        j=std.num-1;                                 /*计算记录号*/
        fseek(fp,(long)j*sizeof(std),0);
        if(fwrite(&std,sizeof(struct student),1,fp)!=1)    /*写入*/
        {
          puts("Write file error.\n");
          exit(0);
        }
    }
    fseek(fp,0,0);
    while(!feof(fp))                                 /*顺序查询分数记录*/
    {
        if(fread(&std,sizeof(std),1,fp)!=1)          /*读入一条记录*/
          break;
        if(std.score<60)    fail++;
    }
    printf("不及格的学生有%d 人\n",fail);
    fclose(fp);                                     /*关闭文件*/
}
```

【例 10-12】设计一个对指定文件进行加密和解密的程序，密码和文件名由用户输入。

加密方法：以二进制方式打开文件，将密码中每个字符的 ASCII 码值与文件的每个字节进行异或运算，然后写回原文件原位置即可。这种加密方法是可逆的，即对明文进行加密得到密文，用相同的密码对密文进行解密就得到明文。此方法适合各种类型的文件加密解密。

下面给出一种对文件加密所解密的方法。

分析：由于涉及文件的读和写，采用从原文件中逐个字节读出，加密后写入一个新建的临时文件，最后删除原文件，把临时文件改名为原来的文件名，完成操作。

程序代码如下：

```
/*c10_12.c*/
#include <stdio.h>
#include <stdlib.h>
#include <string.h>
char encrypt(char f,char c)                         /*字符加密函数*/
{
    return f^c;                                     /*返回两字符ASCII 码按位做异或运算的结果*/
}
```

```
void main()
{
    FILE *fp,*fp1;
    char fn[40],*p=fn,ps[10],*s=ps;
    char ch;
    char *tm="C:\\temp.temp";                /*临时文件名*/
    printf("Input the path and filename");
    gets(p);                                 /*输入文件名*/
    if((fp=fopen(p,"rb"))==NULL||(fp1=fopen(tm,"wb"))==NULL)
    {
      printf("Cannot open the file,strike any key to exit!");
      getchar();
      exit(0);
    }
    printf("Input the password:");
    gets(s);                                 /*输入密码*/
    ch=fgetc(fp);
    while(!feof(fp))
    {
        s=ps;                                /*原文件没有结束时*/
        while(*s!='\0')
        ch=encrypt(ch,*s++);                 /*调用函数加密,让 s 指向下一个密码字符*/
        fputc(ch,fp1);                       /*把加密后的字节写入临时文件*/
        ch=fgetc(fp);                        /*读入一个字节*/
    }
    fclose(fp);
    fclose(fp1);
    remove(p);                               /*删除原文件*/
    rename(tm,p);                            /*把临时文件改名为原文件*/
}
```

该程序运行时,先提示用户输入文件名及密码,输入后就对文件用给定的密码进行加密,若再执行一次相同的操作,就是对原文件进行解密。

小　结

本章讨论了内存储器缓冲区文件系统的文件读写,重点介绍了文件读写函数的使用。对于 C 语言的文件系统,以下几点内容读者应该认真理解,并应用到实际的编程中。

（1）C 语言系统把文件当作一个“流”,按字节进行处理。C 文件按编码方式分为二进制文件和 ASCII 文件。

（2）在 C 语言中,用文件指针标识文件,当一个文件被打开时,可取得该文件指针。文件在读写之前必须打开,读写结束必须关闭。

（3）文件可按只读、只写、读写、追加 4 种操作方式打开,同时还必须指定文件的类型是二进制文件还是文本文件。

（4）文件可按字节、字符串、数据块为单位读写,文件也可按指定的格式进行读写。

（5）文件内部的位置指针可指示当前的读写位置,移动该指针可以对文件实现随机读写。

习 题

10.1 什么是文件类型指针？文件类型指针有什么作用？

10.2 将字符 A、B、C 和 EOF 写入 C 盘根目录下的文件中。

10.3 用函数 fgetc 从 10.2 题建立的文件中读取所有的字符并显示在屏幕上。

10.4 从键盘输入一个字符串，将小写字母全部转换为大写字母，然后输出到 C 盘根目录下的 test 文件中保存。

10.5 有两个磁盘文件 file1 和 file2，各存放一行字母，要求把这两个文件中的信息合并（按字母顺序排列），将合并后的结果输出到一个新文件 file3 中。

10.6 从键盘输入一些字符，逐个把它们送到磁盘文件中去，直到输入一个"#"为止。

10.7 在文件 stud.dat 中，按顺序存放着 10 个学生的数据，读出后 5 个学生的数据，在屏幕上显示出来。

10.8 有 5 个学生，每个学生有 3 门课的成绩，从键盘输入以上数据（包括学生学号、姓名、3 门课成绩），计算出平均成绩，将原来的数据和计算出的平均成绩存放在磁盘文件"stud"中。

10.9 将 10.8 题"stud"文件中的学生数据按平均成绩的降序排序，将排序后的数据存入新的文件"stud_sort"中。

10.10 将上题已排序的学生成绩进行插入处理。输入要插入的学生的数据，计算该学生的平均成绩，将该学生的数据按顺序插入到适当的位置，最后把所有数据写入到原来的文件中。

10.11 在 C 盘下新建的 employee.dat 文件中，输入 10 个职工的数据，包括职工号、姓名、年龄和电话号码，再读出文件中年龄大于等于 50 的职工数据，把他们的姓名和电话号码显示在屏幕上。

10.12 编写程序，统计某个文本文件中字符串的单词数，路径和文件名由用户输入。已知字符串头尾无空格，且单词仅以一个空格作为分隔。

10.13 编写程序实现将磁盘中的一个文件复制到另一个文件中，两个文件名在命令行中给出。

10.14 已知在文件 IN.DAT 中存有 10 个产品销售记录，每个产品销售记录都由产品代码 dm（字符型 4 位）、产品名称 mc（字符型 10 位）、单价 dj（整型）、数量 sl（整型）、金额 je（长整型）5 部分组成。其中，金额由单价×数量计算得出。编写函数 ReadDat()读取这 10 个销售记录并存入结构体数组 sell 中。编制函数 SortDat()，其功能是按产品代码从小到大进行排列，若产品代码相等，则按金额从大到小进行排列，最终排列结果仍存入结构体数组 sell 中，最后调用函数 WriteDat()把结果输出到文件 OUT9.DAT 中。

第11章
数据结构和数据抽象

数据结构是在整个计算机科学与技术领域中被广泛使用的术语，它用来反映一个数据的内部构成。数据抽象把系统中需要处理的数据和这些数据上的操作结合在一起，根据其功能、性质、作用等因素抽象成不同的抽象数据类型（abstract data type，ADT）。抽象数据类型是用户进行软件设计时从问题的数学模型中抽象出来的逻辑数据结构和逻辑上的一组操作，而不考虑计算机的具体存储结构和操作的具体实现。抽象数据类型的表示和实现都可以封装起来，便于移植和重用。本章主要介绍线性表、堆栈、队列等几种数据结构。

11.1 数 据 抽 象

数据结构与数据类型是密切相关的概念，容易引起混淆。本节介绍两者间的区别，以及抽象数据类型的概念。

11.1.1 数据结构和数据类型

数据结构反映数据的内部构成，即数据由哪些成分构成，以什么方式构成，以及数据元素之间呈现什么结构。数据结构是数据存在的形式。具有相同数据结构的数据归为一类，可以用数据类型来定义。

数据结构有逻辑上的数据结构和物理上的数据结构之分。逻辑上的数据结构反映各数据之间的逻辑关系；物理上的数据结构反映各数据在计算机内的存储安排。

数据类型是高级程序设计语言中的一个概念，它是数据分类的抽象。数据类型是一个值的集合和定义在此集合上的一组操作的总称。可以认为，数据类型是在程序设计语言中已经实现了的数据结构。

数据类型可分为简单类型和构造类型。简单类型中的每个数据都是无法再分割的整体，如一个整数、实数、字符等都是无法再分割的整体，所以它们所属的类型均为简单类型。在构造类型中，允许各数据本身具有复杂的数据结构，允许复合嵌套，如由若干个整数构成的整型数组。

数据类型也可以被定义为是一种数据结构和对该数据结构允许进行的运算集。对于简单类型，其数据结构就是相应取值范围内的所有数据，每一个数据值都是不可再分的独立整体，因而数据值内部无结构可言。对于构造类型，其数据结构就是相应元素的集合和元素之间所含关系的集合。

可以这样理解，数据结构是指计算机处理的数据元素的组织形式和相互关系，数据类型是某种程序设计语言中已实现的数据结构。在程序设计语言提供的数据类型支持下，可以根据从问题中抽象出各种数据模型，再逐步构造出描述这些数据模型的各种新的数据结构。

11.1.2　抽象数据类型

抽象数据类型（abstract data type，ADT）是用户进行软件设计时，从问题的数学模型中抽象出来的逻辑数据结构和逻辑数据结构上的一组操作，而不考虑计算机的具体存储结构和操作的具体实现算法。

抽象数据类型包含一般数据类型的概念，但含义比一般数据类型更广、更抽象。一般数据类型由具体语言系统内部定义，直接提供给编程者定义用户数据，因此称它们为预定义数据类型。抽象数据类型通常由编程者定义，包括定义它所使用的数据、数据结构以及所进行的操作。抽象数据类型可理解为对数据类型的进一步抽象，即把数据类型和数据类型上的运算捆绑在一起，进行封装。

在定义抽象数据类型中的数据部分（含数据结构在内）和操作部分时，可以只定义数据的逻辑结构和操作说明，不考虑具体的存储结构和操作的具体实现，这样能够为用户提供一个简明的使用接口，然后再另外给出具体的存储结构和操作的具体实现。引入抽象数据类型的目的是把数据类型的表示和数据类型上运算的实现与这些数据类型和运算在程序中的引用隔开，使它们相互独立。使用抽象数据类型可以更方便地描述现实世界，如用线性表描述学生成绩表，用树或图描述遗传关系。

抽象数据类型的定义通常采用简洁、严谨的文字描述。一般包括数据对象即数据元素、数据关系和基本运算三方面的内容。抽象数据类型可用（D，S，P）三元组表示。其中，D 是数据对象；S 是 D 上的关系集；P 是 D 中数据运算的基本运算集。其基本格式如下：

```
ADT 抽象数据类型名
{
    数据对象: <数据对象的定义>
    数据关系: <数据关系的定义>
    基本运算: <基本运算的定义>
} ADT 抽象数据类型名
```

11.2　线　性　表

线性表是最简单、最基本、也是最常用的一种线性结构。它有两种存储方法：顺序存储和链式存储，它的主要基本操作是插入、删除和检索。

11.2.1　线性表的定义

线性表是具有相同特性的 n（$n \geq 0$）个数据元素的有限序列，通常记为：

$(a_1, a_2, ..., a_{i-1}, a_i, a_{i+1}, ..., a_n)$

其中 n 为表长，$n=0$ 时称为空表。

表中相邻元素之间存在着顺序关系。将 a_{i-1} 称为 a_i 的直接前趋，a_{i+1} 称为 a_i 的直接后继。就是说：对于 a_i，当 $i=2$，$\cdots$，n 时，有且仅有一个直接前趋 a_{i-1}，当 $i=1$，2，$\cdots$，$n-1$ 时，有且仅有一个直接后继 a_{i+1}，而 a_1 是表中第一个元素，它没有前趋，a_n 是最后一个元素，它没有后继。

需要说明的是：a_i 为序号为 i 的数据元素（$i=1,2,\cdots,n$），通常将它的数据类型抽象为 elemtype，elemtype 根据具体问题而定，如学生情况信息表是一个线性表，表中数据元素的类型为预先定义好的学生类型；一个字符串也是一个线性表，表中数据元素的类型为字符型，等等。

线性表具有以下两个特点。

均匀性：同一线性表的各数据元素必定有相同的数据类型和长度。

有序性：有唯一的"第一个"和"最后一个"元素，每个元素只有一个直接前趋和一个直接后继。

11.2.2　线性表的基本操作

数据结构的运算是定义在逻辑结构层次上的，而运算的具体实现是建立在存储结构上的，因此下面定义的线性表的基本运算是作为逻辑结构的一部分，每一个运算的具体实现只有在确定了线性表的存储结构之后才能完成。

线性表上的基本操作介绍如下。

（1）线性表初始化：InitList()

初始条件：线性表 L 不存在。

操作结果：构造一个空的线性表 L。

（2）求线性表的长度：ListLength (L)

初始条件：表 L 存在。

操作结果：返回线性表中的所含元素的个数。

（3）求线性表中某个数据元素值：GetElem(L,i,&x)

初始条件：表 L 存在且 1≤i≤ListLength(L)。

操作结果：用 x 返回线性表 L 中的第 i 个元素的值。

（4）按元素值查找：LocateElem(L,x)

初始条件：表 L 存在。

操作结果：查找线性表 L 中第 1 个值与 x 相等的元素的位序。若这样的元素不存在，则返回一特殊值表示查找失败。

（5）插入操作：InsertList(&L,i,x)

初始条件：表 L 存在且 1≤i≤ListLength (L)+1。

操作结果：在线性表 L 的第 i 个位置上插入一个值为 x 的新元素，插入后表长=原表长+1；如果 i 值不正确，则显示相应错误信息。

（6）删除操作：DeleteList(&L,i,&x)

初始条件：表 L 存在且 1≤i≤ListLength(L)。

操作结果：在线性表 L 中删除序号为 i 的元素，并用 x 返回其值。删除后表长=原表长−1；若 i 值不正确，则显示相应错误信息。

需要说明以下几点。

（1）某数据结构上的基本运算，不是它的全部运算，而是一些常用的基本的运算，而每一个基本运算在实现时也可能根据不同的存储结构派生出一系列相关的运算来。比如线性表的查找在链式存储结构中不会又按序号查找；再如插入运算，也可能是将新元素 x 插入到适当位置上等。因此，不可能也没有必要全部定义出线性表的运算集，读者掌握了某一数据结构上的基本运算后，其他的运算可以通过基本运算来实现，也可以直接去实现。

（2）在上面各操作中定义的线性表 L 仅仅是一个抽象在逻辑结构层次的线性表，尚未涉及它的存储结构，因此每个操作在逻辑结构层次上尚不能用具体的某种程序语言写出具体的算法，而只有在存储结构确立之后才能具体实现。

11.2.3　线性表的顺序存储

线性表的顺序存储是指在内存中用地址连续的一块存储空间顺序存放线性表的各元素，用这种存储形式存储的线性表称为顺序表，图 11-1 所示为线性表的顺序存储示意图。因为内存中的地址空间是线性的，因此，用物理上的相邻实现数据元素之间的逻辑相邻关系既简单又自然。设 a_1 的存储地址为 Loc（a_1），每个数据元素占 d 个存储单元，则第 i 个数据元素的地址为：

$$Loc(a_i) = Loc(a_1) + (i-1) * d \qquad 1 \leqslant i \leqslant n$$

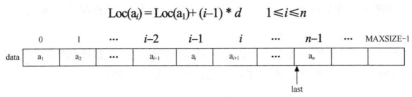

图 11-1　线性表的顺序存储示意图

这就是说，只要知道顺序表首地址和每个数据元素所占存储单元的大小就可求出第 i 个数据元素的地址，这也是顺序表具有按数据元素的序号随机存取的特点。

在程序设计语言中，一维数组在内存中占用的存储空间就是一片连续的存储区域。因此，用一维数组来表示顺序表的数据存储区域是再合适不过的。考虑到线性表的运算有插入、删除等操作，因此，数组的容量需设计得足够大。设用 data[MAXSIZE] 来表示数组，其中 MAXSIZE 是一个根据实际问题定义的足够大的整数，如估计一个线性表不会超过 50 个元素，则可以把 MAXSIZE 定义为：

```
#define MAXSIZE 50
```

顺序表中的数据从 data[0] 开始依次顺序存放，但当前顺序表中的实际元素个数可能未达到 MAXSIZE，因此需用一个变量 length 记录线性表的实际长度，表空时 length=0。从结构上考虑，通常顺序表的存储类型可以描述如下：

```
typedef struct
{
  elemtype data[MAXSIZE];
  int length;
} SeqList;
```

定义一个顺序表：SeqList　L;
顺序表中的数据元素 $a_1 \sim a_n$ 分别存放在 L.data[0] ~ L.data[L.length-1] 中，如图 11-2（a）所示。

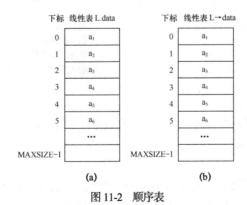

图 11-2　顺序表

由于后面的算法用 C 语言描述，根据 C 语言中的一些规则，有时定义一个指向 SeqList 类型的指针更为方便：

```
SeqList *L;
```

L 是一个指针变量，指向 SeqList 类型的数据，顺序表的存储空间通过如下语句获得：

```
L=(SeqList *)malloc(sizeof(SeqList));
```

L 中存放的是顺序表的地址，这样表示的线性表如图 11-2（b）所示。表长表示为(*L). length 或 L->length，顺序表的存储区域首地址为 L->data，表中数据元素的存储空间为：

```
L->data[0] ~ L->data[L->length-1]
```

在以后的算法中多用这种方法表示，读者在阅读时要注意相关数据结构的类型说明，并且还要注意数组的下标是从 0 开始的，而顺序表元素位序是从 1 开始的。

11.2.4 线性表上基本运算的实现

1. 顺序表的初始化

顺序表的初始化即构造一个空表。设 L 为指针参数，首先动态分配存储空间，然后，将表中 last 指针置为-1，表示表中没有数据元素。

【例 11-1】顺序表的初始化。

```
SeqList *Init_SeqList()
{
    SeqList *L;
    L=(SeqList *)malloc(sizeof(SeqList));
    L->length=0;
    return L;
}
```

2. 插入运算

该运算在顺序表 L 的第 $i(1 \leqslant i \leqslant$ L->length+1)个位置上插入新的元素 x。如果 i 值不正确，则显示相应错误信息；否则将顺序表原来第 i 个元素及以后元素均后移一个位置，腾出一个空位置插入新元素，长度增加 1。

【例 11-2】插入。

```
int Insert_SeqList(SeqList *L,int i,elemtype x)
{
    int j ;
    if(i<1||i>L->length+1) return(0) ;         /*检查插入位置的正确性*/
    for(j=L->length;j>=i;j--)
      L->data[j]=L->data[j-1] ;                /*向后移动*/
    L->data[i]=x ;                             /*新元素插入*/
    L->length++ ;                              /*顺序表长度增加1*/
    return (1) ;                               /*插入成功，返回*/
}
```

本算法中注意以下问题。

（1）需要检验插入位置的有效性，这里 i 的有效范围是 $1 \leqslant i \leqslant$ L->length +1。

（2）注意数据的移动方向。

3. 删除运算

该运算删除顺序表 L 的第 i（$1 \leqslant i \leqslant$ L->length）个元素。如果 i 值不正确，则显示相应错误信息；否则将顺序表原来第 i 个元素以后元素均前移一个位置，这样覆盖了原来的第 i 个元素，最后顺序表长度减 1。

【例 11-3】删除。

```
int Delete_SeqList(SeqList *L,int i)
```

```
{
    int j;
    if(i<1||i>L->length)                    /*检查空表及删除位置的合法性*/
        return(0);
    for(j=i;j<=L->length-1;j++)
        L->data[j-1]=L->data[j];            /*向前移动*/
    L->length--;                            /*顺序表长度减 1*/
    return(1);
}
```

本算法注意以下问题。

（1）删除第 i 个元素，i 的取值为 $1 \leq i \leq$ L->length，否则第 i 个元素不存在，因此，要检查删除位置的有效性。

（2）当表空时不能做删除，因表空时 L->length 的值为 0，条件（$i < 1\|i>$ L->length）也包括了对空表的检查。

（3）删除 a_i 之后，该数据已不存在；如果需要，可先保存 a_i 的值，再做删除。

4. 按值查找

该运算顺序查找第 1 个值域与 x 相等的元素的位序。若这样的元素不存在，则返回值 0。

【例 11-4】按值查找。

```
int Location_SeqList(SeqList *L, elemtype x)
{
    int i=0;
    while(i< L->length && L->data[i]!= x)
        i++;
    if (i>=L->length)
        return 0;
    else
        return i+1;                        /*返回该元素的位序*/
}
```

11.3　堆　　栈

堆栈是一种最常用的数据结构之一，用途十分广泛。从数据结构的定义上看，堆栈也是一种线性表。堆栈数据结构是通过对线性表的插入和删除操作进行限制而得到的，堆栈要求插入和删除操作都必须在表的同一端完成，因此，堆栈是一个后进先出（Last In First Out，LIFO）的数据结构。

11.3.1　抽象栈的定义及基本操作

堆栈（也称为栈，stack）是一个线性表，其插入（也称为添加）和删除操作都在表的同一端进行。其中允许插入和删除的一端称为栈顶（top），另一端称为栈底（bottom）。图 11-3 所示为 n 个元素的堆栈。

抽象堆栈类型的操作如下。

（1）构造空栈：InitStack(&S)。

（2）判断栈是否为空：StackEmpty(S)，如果堆栈为空，则返回 true，否则返回 false。

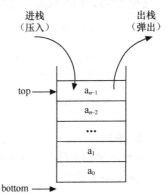

图 11-3　n 个元素的堆栈

（3）判断栈是否为满：StackFull(S)，如果堆栈满，则返回 true，否则返回 false。

（4）进栈：Push(&S, x)，将元素 x 插入到栈 S 中作为栈顶元素。

（5）出栈：Pop(&S, &x)，从栈 S 中退出栈顶元素，并将其值赋予 x。可形象地理解为弹出，弹出后栈中就无此元素了。

（6）取栈顶元素：GetTop(S, &x)，返回当前的栈顶元素，并将其值赋予 x。此操作不同于出栈，只是使用栈顶元素的值，该元素仍在栈顶不会改变。

11.3.2　抽象栈的定义

由于堆栈是一个受限的线性表，因此可以参考线性表描述，用顺序的方式存储，分配一块连续的存储区域存放栈中元素。假设栈的元素个数最大不超过正整数 MAXSIZE，所有的元素都具有同一数据类型，即 elemtype，令栈顶元素存储在 data[length-1]中，栈底元素存储在 data[0]中。如果规定一个线性表只能在表尾添加和删除元素，这时这个线性表就称为一个栈。通常还用一个变量指向当前的栈顶以方便操作。下面抽象的栈的实现正是基于顺序表完成的。

通常，栈类型可以描述如下：

```
typedef struct
{
  elemtype data[MAXSIZE];
  int top;
} SeqStack;
```

11.3.3　顺序栈的基本运算的实现

1.　栈的初始化

建立一个新的空栈 S，实际就是将栈顶指向−1 即可。

【例 11-5】栈的初始化。

```
SeqStack *Init_SeqStack()
{
  SeqStack *S;
  S=(SeqStack *)malloc(sizeof(SeqStack));
  S->top=-1;
  return S;
}
```

2.　判断栈是否为空

栈 S 为空的条件是 S->top==-1。

【例 11-6】判断栈是否为空。

```
int Stack_Empty(SeqStack S)
{
  if (s->top>=0)
    return FALSE;
  else
    return TRUE;
}
```

3.　进栈

在栈不满的条件下，先将栈指针增 1，然后在该位置上插入元素 x。

【例 11-7】进栈。

```
int Push(SeqStack *S,elemtype x)
```

```
{
    if (s->top==MAXSIZE-1) return 0;              /*栈满的情况，即栈上溢出*/
    s->top++;
    s->data[s->top]=x;
    return 1;
}
```

4. 出栈

在栈不为空的条件下，先将栈顶元素赋予 x，再将栈指针减 1。

【例 11-8】出栈。

```
int Pop(SeqStack *S, elemtype &x)
{
    if (s->top==-1) return 0;                     /*栈空的情况，即栈下溢出*/
    x=s->data[s->top];
    s->top--;
    return 1;
}
```

5. 取栈顶元素

在栈不为空的条件下，将栈顶元素赋予 x。

【例 11-9】取栈顶元素。

```
int GetTop(SeqStack S, elemtype &x)
{
    if (s->top==-1) return 0;                     /*栈空的情况，即栈下溢出*/
    x=s->data[s->top];
    return 1;
}
```

11.4 队　　列

从数据结构的定义上看，队列也是一种运算受限的线性表，其限制仅允许在表的一端进行插入，而在另一端进行删除。队列具有广泛的应用，如操作系统资源分配。队列的操作原则是先进先出的，所以队列又称作 FIFO 表（First In First Out）。

11.4.1 队列的定义

队列是一种先进先出的线性表，它只允许在表的一端进行插入，而在另一端删除元素。像日常生活中的排队，最早入队的最早离开。在队列中，允许插入的一端叫队尾（rear），允许删除的一端则称为队头（front）。如图 11-4 所示，头指针 front 指向队头元素的前一个位置，尾指针 rear 指向队尾元素。

图 11-4 队列示意图

抽象数据类型队列：

```
ADT Queue
{
  数据对象：
```

D={a_i| a_i∈ElemSet, i=1,2,…,n,n>=0}

数据关系：

R1={<a_{i-1},a_i> | a_{i-1},a_i∈D, i=2,…,n}

基本操作：

InitQueue(&Q) 构造一个空队列 Q。

Destroyqueue(&Q) 队列 Q 存在则销毁 Q。

ClearQueue(&Q) 队列 Q 存在则将 Q 清为空队列。

QueueEmpty(Q) 队列 Q 存在，若 Q 为空队列则返回 TRUE，否则返回 FALSE。

QueueLenght(Q) 队列 Q 存在，返回 Q 的元素个数，即队列的长度。

QueueFront(Q,&e) Q 为非空队列，用 e 返回 Q 的队头元素。

EnQueue(&Q,e) 队列 Q 存在，插入元素 e 为 Q 的队尾元素。

DeQueue(&Q,&e) Q 为非空队列，删除 Q 的队头元素，并用 e 返回其值。

QueueTraverse(Q,visit()) Q 存在且非空，从队头到队尾，依次对 Q 的每个数据元素调用函数 visit()。一旦 visit()失败，则操作失败。

}ADT Queue

11.4.2 队列的存储结构及其相关算法

队列的顺序实现与栈类似，队列通常有两种实现方法，即顺序存储和链式存储。

队列的顺序存储结构称为顺序队列，它由一个一维数组（用于存储队列中元素）及两个分别指示队头和队尾的变量组成，这两个变量分别称为"队头指针"和"队尾指针"（注意它们并非指针型变量）。通常约定队尾指针指示队尾元素在一维数组中的当前位置，队头指针指示队头元素在一维数组中的当前位置的前一个位置，如图 11-5 所示。由此可见，顺序队列实际上就是运算受限制的顺序表，因为在操作过程中，队头位置和队尾位置经常变化，所以设置了头、尾两个指针。

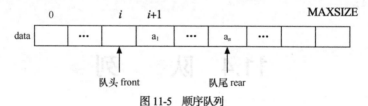

图 11-5 顺序队列

假设队列的元素个数最大不超过正整数 MAXSIZE，所有的元素都具有同一数据类型，即 elemtype，则顺序队列类型 SqQueue 定义如下：

```
typedef struct
{
  elemtype data[MAXSIZE];
  int front,rear;                    /* "队头指针"与"队尾指针" */
} SqQueue;
```

初看起来，入队操作可用两条语句实现，出队操作可用一条语句实现，但实际上这不是一个好办法。图 11-6 所示为一个队列的动态示意图，说明了顺序队列实现入队、出队运算时顺序队列及队头、队尾指针的变化情况。

设有循环队列 sq，从图 11-6 中看到，图 11-6（a）所示为队列的初始状态，有 sq.front==sq.rear 成立，该条件可以作为判断队列空的条件。但是，不能用 sq.rear==MAXSIZE-1 作为判断队满的条件，如图 11-6（d）所示，队列为空，但满足该条件。显然按上述方法不能再进行入队运算。但数组仍有空闲位置，即顺序队列的存储空间并没有被占满，因此，这是一种"假溢出"。为了克服这种现象造成的空间浪费，设想将数组的首尾相连，形成一个环形的顺序表，即把存储队列元素的表从逻辑上看成一个环，称为循环队列。

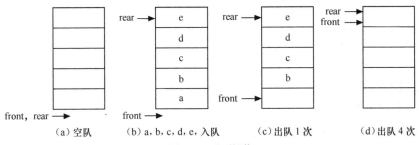

图 11-6　队列操作

循环队列首尾相连，当队首指针 sq.front=MAXZISE-1 后，再前进一个位置就自动到 0，根据上述想法，循环队列队首指针进 1 可以用以下方法实现：

```
sq.rear=(sq.rear+1)%MAXSIZE;
```

队尾指针进 1 可用以下方法实现：

```
sq.front=(sq.front+1)%MAXSIZE;
```

循环队列在初始化时，队首和队尾指针都置为 0，即 front=rear=0。在入队和出队时，指针都按逆时针方向进 1。

接下来必须解决的一个问题是，循环队列队满和队空的条件是什么？也就是说，如何判断一个循环队列是满的或空的？

显然，判断队空的条件是 sq.front==sq.rear。如果入队元素的速度快于出队元素的速度，队尾指针很快就赶上了队首指针，此时可以看出队满条件是 sq.rear==sq.front。

怎样区分两者之间的差别呢？这里介绍一种较简单的判断方法。入队时少用一个数据元素空间，以队尾指针加 1 等于队首指针判断队满，即队满条件为：

```
(sq.rear+1)%MAXSIZE==sq.front
```

相应地，队空条件仍为：

```
sq.rear==sq.front
```

循环队列队空、队满示例如图 11-7 所示。

下面给出队列基本运算在循环队列上的实现。

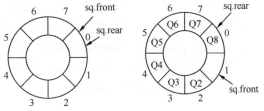

图 11-7　循环队列队空、队满示例

1. 循环队列初始化

【例 11-10】循环队列初始化。

```
void InitQueue(SqQueue *q)
 {
   q=(SqQueue *)malloc(sizeof(SqQueue));
   q->front=q->rear=0;
 }
```

2. 入队列

【例 11-11】入队列。

```
/*如果队满返回0，否则 x 入队并返回1*/
```

```
    int InQueue(SqQueue *q,elemtype x)
    {
     if ((q->rear+1)%MAXSIZE==q->front) return 0;    /*队满*/
     q->rear=(q->rear+1)%MAXSIZE;
     q->data[q->rear]=x;
     return 1;
    }
```

3. 出队列

【例 11-12】出队列。

```
/*如果队空则给出出错信息；否则删除队头元素*/
  void OutQueue(SqQueue *q,elemtype &x)
  {
   if(q->front==q->rear) return 0;                 /*队空*/
   q->front=(q->front+1)%maxsize;
   x=q->data[q->front];
   return 1;
  }
```

4. 判队空

【例 11-13】判队空。

```
/*判别队列是否为空，若为空返回1，否则返回0*/
  int empty(SqQueue q)
  {
   if(q->rear==q->front)
     return 1;
   else
     return 0;
  }
```

由于队列的操作满足先进先出原则，因而具有先进先出特性的问题均可利用队列作为数据结构。这类问题很多，比如操作系统里，在允许多道程序运行的计算机系统中，同时有几个作业运行。如果运行的结果都需要通过通道输出，那么就可以按请求输出的先后次序，将这些作业排成一个队列。每当通道传输完毕可以接受新的输出任务时，将队头的作业出队，作输出操作。凡是申请输出的作业都是从队尾入队列。

小　结

数据抽象把系统中需要处理的数据和这些数据上的操作结合在一起，根据其功能、性质、作用等因素抽象成不同的抽象数据类型。抽象数据类型是用户进行软件设计时从问题的数学模型中抽象出来的逻辑数据结构和逻辑上的一组操作，而不考虑计算机的具体存储结构和操作的具体实现算法。引入抽象数据类型的目的是把数据类型的表示和数据类型上运算的实现独立起来。算法顶层的设计与底层的实现分离，使得在进行顶层设计时不考虑它所用到的数据和运算将分别如何表示和实现；反过来，在进行数据表示和底层运算实现时，只要定义清楚抽象数据类型而不必考虑它将在什么场合被引用。这样做，算法和程序设计的复杂性降低了，条理性增强了，既有助于迅速开发出程序的原型，又有助于在开发过程中少出差错，保证程序有较高的可靠性。

线性表是一种抽象的数据结构，是具有相同数据类型的 n（$n \geq 0$）个数据元素的有限序列。线性表的顺序存储是指在内存中用地址连续的一块存储空间顺序存放线性表的各元素，可以在顺序表上实现查找、插入、删除等基本运算。

抽象堆栈和抽象队列是使用频率最高的数据结构，二者都来自于线性表数据结构（经过某种限制以后）。堆栈是一个线性表，其插入和删除操作都在表的同一端进行，其中允许插入和删除的一端称为栈顶（top），另一端称为栈底（bottom）。它是一个后进先出的数据结构，在顺序栈中可以进行入栈、出栈、取栈顶元素等基本运算。

抽象队列是一种先进先出的线性表，它只允许在表的一端进行插入，而在另一端删除元素。在队列中，允许插入的一端叫队尾（rear），允许删除的一端则称为队头（front）。队列的操作原则是先进先出，所以队列又称作 FIFO 表。

在顺序队列中反复进行入队、出队操作可能出现"假溢出"现象，即存储空间并没有被占满，但又不能进行入队列操作。为了克服这种现象造成的空间浪费，引入循环队列的概念，即设想数组的首尾相连，利用"取余运算（mod）"，实现头、尾指针在循环意义下的加 1 操作。

习　题

11.1　编写算法，将两个递增有序的顺序表合并成一个有序表，并删除重复的元素。

11.2　已知线性表中的元素以递增的顺序排列并以数组作存储结构，试编写算法，删除表中所有值大于 mink 且小于 maxk 的元素（mink 和 maxk 是给定的两个参数）。

11.3　对于顺序表，写出下面的每一个算法。

（1）从表中删除具有最小值的元素并由函数返回，空出的位置由最后一个元素填补，若表为空则显示错误信息并退出运行。

（2）删除表中值为 x 的节点并由函数返回。

（3）向表中第 i 个元素之后插入一个值为 x 的元素。

（4）从表中删除值在 x～y 的所有元素。

（5）将表中元素排成一个有序序列。

11.4　设有一个栈，元素进栈的次序为 a，b，c。进栈过程中允许出栈，试写出各种可能的出栈元素序列。

11.5　假设已定义入栈 PUSH、出栈 POP 及判断栈空 EMPTY 等基本操作，增加以下函数：

（1）确定堆栈的大小（即堆栈中元素的数目）；

（2）输入一个堆栈；

（3）输出一个堆栈。

11.6　从键盘输入以"@"作为结束标志的字符串，设计一个算法，利用栈的基本操作将字符串逆序输出。

11.7　编制程序解决问题：输入一组两位数，如 73，35，46，67，18，29，82，15，49，54，按从大到小的顺序排列输出（要求用队列实现）。

11.8　试设计算法：求出循环队列中当前元素的个数。

附录 A
ASCII 代码对照表

表 A-1

ASCII 代码对照表

低位 b₃b₂b₁b₀(B/H) \ 高位 b₆b₅b₄(B/H)		0	1	2	3	4	5	6	7
		000	001	010	011	100	101	110	111
0000	0	NUL	DLE	SP	0	@	P	、	p
0001	1	SOH	DC1	!	1	A	Q	a	q
0010	2	STX	DC2	"	2	B	R	b	r
0011	3	ETX	DC3	#	3	C	S	c	s
0100	4	EOT	DC4	$	4	D	T	d	t
0101	5	ENQ	NAK	%	5	E	U	e	u
0110	6	ACK	SYN	&	6	F	V	f	v
0111	7	BEL	ETB	'	7	G	W	g	w
1000	8	BS	CAN	(	8	H	X	h	x
1001	9	HT	EM	)	9	I	Y	i	y
1010	A	LF	SUB	*	:	J	Z	j	z
1011	B	VT	ESC	+	;	K	[	k	{
1100	C	FF	FS	,	<	L	\	l	|
1101	D	CR	GS	-	=	M	]	m	}
1110	E	SO	RS	.	>	N	^	n	~
1111	F	SI	US	/	?	O	_	o	DEL

附录 B
C 库函数

1. 数学函数

调用数学函数时，应在该源文件中使用：

```
#include<math.h>
```

表 B–1   数学函数

函数名	原型说明	功　能	返回值	说　明
acos	double acos(double x);	计算 $\cos^{-1}(x)$ 的值	计算结果	x 应在 $-1 \sim 1$ 范围内
asin	double asin(double x);	计算 $\sin^{-1}(x)$ 的值	计算结果	x 应在 $-1 \sim 1$ 范围内
atan	double atan(double x);	计算 $\tan^{-1}(x)$ 的值	计算结果	
atan2	double atan2(double x,double y);	计算 $\tan^{-1}(x/y)$ 的值	计算结果	
cos	double cos(double x);	计算 $\cos(x)$ 的值	计算结果	x 的单位为弧度
cosh	double acosh(double x);	计算 x 的双曲余弦函数 $\cosh(x)$ 的值	计算结果	
exp	double exp(double x);	求 e^x	计算结果	
fabs	double fabs(double x);	求 x 的绝对值	计算结果	
floor	double floor(double x);	求不大于 x 的最大整数	该整数的双精度实型值	
fmod	double fmod(double x,double y);	求整除 x/y 的余数	返回余数的双精度数	
frexp	double frexp(double val,double *iptr);	把双精度 val 分解为数字部分（尾数）x 和以 2 为底的指数 n，即 val$=x\times 2^n$，n 存放在 eptr 指向的变量中	返回数字部分 x，$0.5 \leqslant x < 1$	
log	double log(double x);	求 x 的自然对数 $\ln x$	计算结果	
log10	double log10(double x);	求 x 的常用对数 $\log_{10} x$	计算结果	
modf	double modf(double val,double *iptr);	把双精度 val 分解为整数部分和小数部分，把整数部分存放在 iptr 指向的变量中	val 的小数部分	
pow	double pow(double x,double y);	计算 x^y 的值	计算结果	
sin	double sin(double x);	计算 $\sin(x)$ 的值	计算结果	x 的单位为弧度
sinh	double sinh(double x);	计算 x 的双曲正弦函数 $\sinh(x)$ 的值	计算结果	

函数名	原型说明	功　能	返回值	说　明
sqrt	double sqrt(double x);	计算 $\sqrt{x}$	计算结果	$x \geq 0$
tan	double tan(double x);	计算 tan(x) 的值	计算结果	x 的单位为弧度
tanh	double tanh(double x);	计算 x 的双曲正切函数 tanh(x) 的值	计算结果	

2. 字符型函数

调用字符型函数时，在该源文件中使用：

```
#include<ctype.h>
```

表 B-2　　　　　　　　　　　字符型函数

函数名	原型说明	功　能	返回值
isalnum	int isalnum(int ch);	检查 ch 是否为字母或数字	是，返回 1；不是，返回 0
isalpha	int isalpha(int ch);	检查 ch 是否为字母	是，返回 1；不是，返回 0
iscntrl	int iscntrl(int ch);	检查 ch 是否为控制字符（其 ASCII 码在 0 到 0x1F 之间）	是，返回 1；不是，返回 0
isdigit	int isdigit(int ch);	检查 ch 是否为数字（0~9）	是，返回 1；不是，返回 0
isgraph	int isgraph(int ch);	检查 ch 是否为可打印字符（其 ASCII 码在 0x21 到 0x7E 之间），不包括空格	是，返回 1；不是，返回 0
islower	int islower(int ch);	检查 ch 是否为小写字母（a~z）	是，返回 1；不是，返回 0
isprint	int isprint(int ch);	检查 ch 是否为可打印字符（其 ASCII 码在 0x21 到 0x7E 之间），包括空格	是，返回 1；不是，返回 0
ispunct	int ispunct(int ch);	检查 ch 是否为标点字符（不包括空格），即除字母、数字和空格以外的所有可打印字符	是，返回 1；不是，返回 0
isspace	int isspace(int ch);	检查 ch 是否为空格、跳格符（制表符）或换行符	是，返回 1；不是，返回 0
isupper	int isupper(int ch);	检查 ch 是否为大写字母（A~Z）	是，返回 1；不是，返回 0
isxdigit	int isxdigit(int ch);	检查 ch 是否为十六进制数学字符（0~9，或 A~F，或 a~f）	是，返回 1；不是，返回 0
tolower	int tolowe(int ch);	将 ch 字符转换成小写字母	返回 ch 所代表字符的小写字母
toupper	int toupper(int ch);	将 ch 字符转换成大写字母	返回 ch 所代表字符的大写字母

3. 字符串函数

调用字符串函数时，在该源文件中使用：

```
#include<string.h>
```

表 B-3　　　　　　　　　　　字符串函数

函数名	原型说明	功　能	返回值
strcat	char* strcat(char *str1,char *str2);	把字符串 str2 连接到 str1 后面，原 str1 最后的 \0 被取消	str1
strchr	char* strchr(char *str,int ch);	找出 str 所指向的字符串中第一次出现字符 ch 的位置	返回指向该位置的指针，如找不到，则返回空指针
strcmp	char* strcmp(char *str1,char *str2);	比较两个字符串 str1 和 str2	str1>str2，返回正数 str1=str2，返回 0 str1<str2，返回负数

函数名	原型说明	功　　能	返回值
strcpy	char* strcpy(char *str1,char *str2);	把 str2 指向的字符串复制到 str1 中去	返回 str1
strlen	unsigned int strlen(char *str);	统计字符串 str 中字符的个数（不包括'\0'）	返回字符个数
strstr	char* strstr(char *str1,char *str2);	找出 str2 字符串在 str1 字符串中第一次出现的位置（不包括 str2 的串结束符）	返回指向该位置的指针，如找不到，则返回空指针

4. 输入/输出函数

调用输入/输出函数时，在该源文件中使用：

```
#include<stdio.h>
```

表 B-4　　　　　　　　　　　　　　　　输入/输出函数

函数名	原型说明	功　　能	返回值	说　　明
clearerr	void clearer(FILE *fp);	清除文件指针错误指示器	无	
close	int close(int fp);	关闭文件	关闭成功返回 0，不成功返回-1	非 ANSI 标准函数
creat	int creat(char *filename,int mode);	以 mode 所指定的方式建立文件	成功返回正数，否则返回-1	非 ANSI 标准函数
eof	int eof(int fd);	检查文件是否结束	遇文件结束返回 1，否则返回 0	非 ANSI 标准函数
fclose	int fclose(FILE *fp);	关闭 fp 所指的文件，释放文件缓冲区	有错误返回非 0，否则返回 0	
feof	int feof(FILE *fp);	检查文件是否结束	遇文件结束符返回非 0，否则返回 0	
fgetc	int fgetc(FILE *fp);	从 fp 所指定的文件中读取下一个字符	返回所读得的字符。若读入出错则返回 EOF	
fgets	char *fgets(char *buf,int n,FILE *fp);	从 fp 所指定的文件中读取一个长度为（n-1）的字符串，存入起始地址为 buf 的空间	返回地址 buf。如遇文件结束或出错，则返回 NULL	
fopen	FILE *fopen(char *filename, char *mode);	以 mode 所指定的方式打开名为 filename 的文件	成功则返回文件指针（文件信息区的起始地址），否则返回 0	
fprint	int fprint(FILE *fp,char *format,args,…);	把 args 的值以 format 指定的格式输出到 fp 指定的文件	实际输出的字符数	
fputc	int fputc(char ch,FILE *fp);	将字符 ch 输出到 fp 所指定的文件中	成功则返回该字符，否则返回 EOF	
fputs	int fputs(char str,FILE *fp);	将 str 所指向的字符串输出到 fp 所指定的文件中	成功返回 0，否则返回非零	
fread	int fread(char *pt,unsigned size,unsined n,FILE *fp);	从 fp 所指定的文件中读取长度为 size 的 n 个数据项，存到 pt 所指向的内存区	返回所读的数据项个数。如遇文件结束或出错，则返回 0	
fscanf	int fscanf(FILE *fp,char *format,args,…);	从 fp 所指定的文件中按 format 给定的格式将输入数据送到 args 所指向的内存单元（args 是指针）	已输入的数据个数	

函数名	原型说明	功　能	返回值	说　明
fseek	int fseek(FILE *fp,long offset,int base);	将 fp 所指定的文件的位置指针移到以 base 所指出的位置为基准，以 offset 为位移量的位置	返回当前位置，如出错则返回-1	
ftell	long ftell(FILE *fp);	求指定文件的读写位置	返回 fp 所指定文件的读写位置	
fwrite	int fwrite(char *ptr,unsigned size,unsined n,FILE *fp);	把 ptr 所指向的 n*size 个字节输出到 fp 所指定的文件中	写到文件中的数据项的个数	
getc	int getc(FILE *fp);	从 fp 所指定的文件中读入一个字符	成功则返回所读字符，如遇文件结束或出错则返回 EOF	
getchar	int getchar();	从标准输入设备读取下一个字符	成功则返回所读字符，如遇文件结束或出错则返回-1	
gets	char *gets(char *str);	从标准输入设备读取一个字符串，并把它们存入 str 所指向的字符型数组中	成功则返回 str 的值，否则返回 NULL	
getw	int getw(FILE *fp);	从 fp 所指定的文件中读取下一个字（整数）	成功则返回所读整数，如遇文件结束或出错则返回-1	非 ANSI 标准函数
open	int open(char *filename,int mode);	以 mode 所指定的方式打开已存在的名为 filename 的文件	返回文件号（正数）。如打开失败则返回-1	非 ANSI 标准函数
printf	int printf(char *format, args,…);	将输出表列 args…的值输出到标准输出设备	返回输出字符的个数，如出错则返回负数	Format 可以是一个字符串或字符型数组的起始地址
putc	int putc(int ch,FILE *fp);	把字符 ch 输出到 fp 所指定的文件中	返回输出字符，如出错则返回 EOF	
putchar	int putchar(char ch);	把字符 ch 输出到标准输出设备	返回输出字符，如出错则返回 EOF	
puts	int puts(char *str);	把 str 所指向的字符串输出到标准输出设备，将'\0'转换为回车换行符	返回换行符，如失败则返回 EOF	
putw	int putw(int w,FILE *fp);	将一个字（整数）输出到 fp 所指定的文件中	成功则返回所输出的整数，如出错则返回 EOF	非 ANSI 标准函数
read	int read(int fd,char *buf,unsigned count);	从文件号 fd 所指的文件中读 count 个字节到由 buf 所指的缓冲区中	返回实际读入字节数，如遇文件结束则返回 0，出错则返回-1	非 ANSI 标准函数
rename	int rename(char *oldname, char * newname);	把由 oldname 所指向的文件名改为由 newname 所指向的文件名	成功则返回 0，否则返回-1	
rewind	void rewind(FILE *fp);	将 fp 所指定文件的位置指针置于文件开头位置，并清除文件结束标志和错误标志	无	

续表

函数名	原型说明	功　能	返回值	说　明
scanf	int scanf(char *format, args,…);	从标准输入设备按 format 指定的格式输入数据给 args 所指向的单元	返回读入并赋给 args 的数据个数，如遇文件结束，则返回 EOF，出错则返回 0	args 为指针
write	int write(int fd,char *buf, unsigned count);	从 buf 所指的缓冲区中输出 count 个字符到 fd 所标志的文件中	返回实际输出的字节数，如出错，则返回-1	非 ANSI 标准函数

5. 动态存储分配函数

调用动态存储分配函数时，在该源文件中使用：

```
#include<stdlib.h>
```

但有些 C 编译系统要求使用#include<malloc.h>，读者在使用某编译系统时，应查阅有关手册。这类函数返回的指针为 void 类型（有些编译系统为 char 类型），在程序中使用这些指针时，应进行强制类型转换。

表 B-5　　　　　　　　　　　　　　　动态存储分配函数

函数名	原型说明	功　能	返回值
calloc	void(或 char) *calloc(unsigned n,unsigned size);	分配 n 个数据项的连续内存空间，每个数据项的大小为 size	内存单元的起始地址，如不成功则返回 0
free	void free(void(或 char) *p);	释放 p 所指的内存区	无
malloc	void(或 char) malloc(unsigned size);	分配 size 字节的存储区	所分配内存区的首地址，如内存不够则返回 0
realloc	void(或 char) realloc(void(或 char) *p, unsigned size);	将 p 所指的已分配内存区的大小改为 size，size 可以比原来分配的空间大或小	指向该内存区的指针

6. 其他函数

调用下列函数时，在该源文件中使用：

```
#include<stdlib.h>
```

表 B-6　　　　　　　　　　　　　　　其他函数

函数名	原型说明	功　能	返回值
abs	int abs(int num);	计算整数 num 的绝对值	num 的绝对值
atof	double atof(char *str);	将 str 所指的字符串转换为 double 型数值	双精度值
atoi	int atoi(char *str);	将 str 所指的字符串转换为整型数值	整数
atol	long atol(char *str);	将 str 所指的字符串转换为长整型数值	长整数
exit	void exit(int statua);	使程序立即正常终止，status 的值传给调用函数	无
labs	long labs(long num);	计算长整型的绝对值	num 的绝对值
rand	int rand();	产生一个伪随机数	0 到 RAND_MAX 之间的一个整数。RAND_MAX 是在头文件中定义的随机数最大值

附录 C
Debugger 调试器使用简介

在程序开发过程中，可能会遇到各种各样的错误。一般来说，可以分为四种类型：语法错误、连接错误、运行错误和逻辑错误。

语法错误是指在编译期间出现的错误；连接错误是指在用于建立可执行文件的连接处理过程中发生的错误；运行错误是指程序运行时发生的错误；逻辑错误是指应用程序可以运行，但产生的结果不正确。

在四类错误中，语法错误是最常见的，即程序中有违反 C 语法规则的语句。但实际上，这种错误最容易处理，编译程序在编译时将自动检测出来。

当一个应用程序经过编译后没有错误，并不能肯定它"成功"了。对于初学者，往往出现编译正确后不能得到预期结果的现象，此时就要考虑程序中含有其他类型的错误，特别是逻辑错误，这是最难查找一种错误，因为这种错误来自于对问题的解决方案的错误理解。对于这种错误，通常利用调试工具来帮助解决。

1. 什么是 Debugger

在开发程序的过程中，利用调试工具可以帮助程序员查找程序中的错误。Debugger 是 Microsoft Visual C++开发环境提供的调试工具，允许快速有效地跟踪源代码和程序组件中的错误。Debugger 的可视化界面包含有独特的菜单、窗口、对话框等，功能非常强大。

Visual C++建立工程(Project)有两个版本：Release 版本和 Debug 版本。Release 版本是当程序完成后，准备发行时用来编译的版本，而 Debug 版本是用在开发过程中进行调试时所用的版本。

运行 Debugger 之前，需要保证应用程序有 Debug 版本，这种版本会使编译器在目标文件中插入额外的符号调试信息。建立应用程序时 Visual C++的缺省模式是建立 Debug 版本，但如果上一次建立过 Release 版本的应用程序，则需要重新选择调试目标。

2. 启动 Debugger

当一个应用程序处于打开状态，且编译后是 0 个错误的情况下，Debugger 才可以使用。注意，可以在带有警告消息而不是错误消息的情况下运行 Debugger。从 Visual C++主 Build 菜单中选择一个选项，启动 Debugger。

选择 Build 菜单下的 Start Debug 选项，会打开含有四个选项的列表。选择这四个选项中的任何一个，将使 Visual C++改变 Build 菜单为 Debug 菜单，在 Debugger 运行期间，该菜单出现在菜单栏中。Start Debug 选项功能及相关的组合热键如表 C-1 所示。

还有一个组合热键 F10 没有在初始菜单中列出，F10 表示的是 Step Over。通过按 F10 同样可以启动 Debugger 并/或执行应用程序。

Start Debug 选项	动　　作	热　　键
Go	启动 Debugger 并/或执行应用程序，直到遇到一个断点或程序结束，或直到应用程序暂停等待用户输入。与工具栏上的 Go 按钮类似	F5
Step Into	启动 Debugger 并/或逐行单步执行源文件。当所跟踪的语句包含一个函数调用时，Step Into 进入所调用的函数中	F11
Run to Cursor	启动 Debugger 并/或执行直到包含插入点光标的行。这一选项可以作为在插入点光标处设置常规断点的一种选择	Ctrl+F10
Attach to Process	附加 Debugger 到一个正在执行的程序，然后调试者可以进入该程序，如平常一样执行调试操作（这一选项为高级用户准备）	

表 C-1　　　　　　　　　　Start Debug 选项功能及热键

3. Debugger 工具栏主要功能

当启动 Debugger 以后，就会看到缺省的 Debugger 工具栏，如图 C-1 所示。

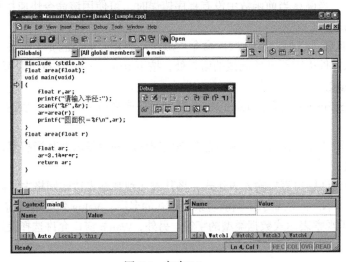

图 C-1　启动 Debugger

以下将从 Debug 工具栏第一行第一个图标开始，从左至右说明每一个图标的功能和含义。

（1）Restart

Restart 按钮（Ctrl+Shift+F5）指示 Visual C++用户需要从程序开始处调试程序，而不是从当前所跟踪的位置开始调试。即重新开始调试。

（2）Stop Debugging

在调试阶段的任何点上都可以根据需要使用 Stop Debugging 中断调试。

（3）Break Execution

使用 Break Execution 按钮可以在当前点上挂起程序的执行。

（4）Apply Code Changes

使用 Apply Code Changes（Alt+F10），可以在程序正在调试时修改源代码。用户可以在程序正在 Debugger 下运行或挂起时应用修改的代码。如果要应用修改的代码到正在调试的程序，单击 Debug 菜单的 Apply Code Changes 即可。

（5）Show Next Statement

Show Next Statement（Alt+NUM*）显示程序代码中的下一条语句，即代码窗口左侧黄色箭头指示的语句。

（6）Step Into

单步调试。若即将调试的是一条函数调用语句，按下 Step Into（F11）将会进入所调用的函数内部。

（7）Step Over

单步调试。若即将调试的是一条函数调用语句，按下 Step Over（F10）将单步执行完所调用的函数。

对于初学者而言，进行调试时使用得最多的就是 F10 与 F11。F10 和 F11 之间的区别仅在于，假如即将要被执行的是一个函数调用语句，此时若按下 F10， Debugger 将全速执行完被调函数，并暂停在调用语句后的下一条语句处；若按下 F11，Debugger 将跟踪到被调用函数内部，并暂停在被调函数内的第一条语句处。

（8）Step Out

Step Out（Shift+F11）使 Debugger 切换回全速执行到被调用函数结束并停留在调用该函数后面的下一条指令上。当确认当前函数中没有程序错误时，可使用该命令快速执行该被调函数。

（9）Run to Cursor

Run to Cursor 按钮（Ctrl+F10）与 Go 命令类似，只是 Run to Cursor 不需要事先定义断点。只要将光标移动到源文件中需要开始调试的语句处，按下 Run to Cursor 按钮即可。

（10）QuickWatch

QuickWatch（Shift+F9）打开 QuickWatch 窗口，在该窗口中可以计算表达式的值。

（11）Watch

Watch 按钮打开 Watch 窗口，该窗口包含该应用程序的变量名及其当前值，以及所有选择的表达式的名字和值。

Watch 窗口中允许用户直接输入表达式，将其添加到观察表达式网格中，以便调试过程中随时监控其值的变化。Name 栏显示了当前观察表达式的名字，Value 列显示当前观察表达式的值。可以使用 Type 分类观察表达式数据类型的字符。另外，Watch 窗口允许选择表达式、删除表达式或在表达式添加断点。

（12）Variables

Variables 按钮打开 Variables 窗口，该窗口包含关于当前和前面的语句中所使用的变量和返回值（Auto 标签）、当前函数的局部变量（Local 标签）以及由 this 所指的对象信息（this 标签）。

（13）Registers

Registers 按钮打开 Registers 窗口，显示一般用途寄存器和 CPU 状态寄存器的当前内容。

（14）Memory

Memory 按钮打开 Memory 窗口，显示该应用程序的当前内存内容。

（15）Call Stack

Call Stack 按钮打开 Call Stack 窗口，显示所有尚未返回的函数调用的堆栈。

（16）Disassembly

Disassembly 打开 Disassembly 窗口，显示来自编译后程序的反汇编语言代码。

4. 调试具体操作方法与技巧

虽然 Debugger 的功能很强大，但经常使用的只是很小的子集。以下针对一个具体 Win32 Console Application（控制台应用程序）实例 sample.cpp 向初学者介绍一部分有意义的 Debugger 命令，以便快速了解并使用这些命令。

```
//***************************
```

```
//        sample.cpp
//************************
#include <stdio.h>
 float area(float);
 void main(void)
 {
        float r,ar;
        printf("请输入半径:");
        scanf("%f",&r);
        ar=area(r);
        printf("圆面积=%f\n",ar);
 }
 float area(float r)
 {
        float ar;
        ar=3.14*r*r;
        return ar;

 }
```

编译/建立完成之后，显示 0 个错误，即可开始调试。

（1）按 F10 启动 Debugger，启动后会出现 Debugger 工具栏，屏幕左下是 Variables 窗口，右下是 Watch 窗口，并且会出现一个最小化的控制台窗口。编辑窗口会出现黄色的跟踪箭头，指示下一次单步执行时将要执行的代码行。此时跟踪箭头停在 main 函数的"{"处。如图 C-2 所示。

当然也可以通过如前所述的其他的方法启动 Debugger，程序员可以根据自己的喜好来选择。

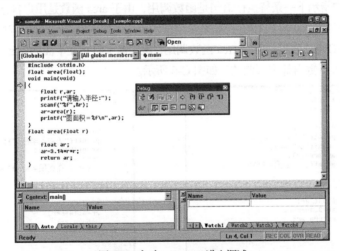

图 C-2　启动 Debugger 进入调试

（2）再一次按下 F10，跟踪箭头会跳过变量的声明部分而直接停放在第一条"可执行的"语句——printf 函数调用处。此时程序员可以在 Variables 窗口观察到所有变量的初始化情况。如图 C-3 所示。

（3）继续按下 F10，这条待执行的语句是 printf 函数调用语句。前面已经提过，对于函数调用语句，可以选择按 F10 或 F11，但由于 printf 函数是系统提供的标准函数，所以此处应该按 F10 执行整个调用过程但不进入函数内部调试。（请初学者记住，对于标准函数应该按 F10 而不是 F11，以避免 Debugger 去调试系统提供的代码。）

（4）继续按下 F10。因为待执行的语句是 sacnf 函数调用，同理，此处应按下 F10 而不是 F11。

但此时跟踪箭头还停留在 scanf 语句上，如图 C-4 所示。

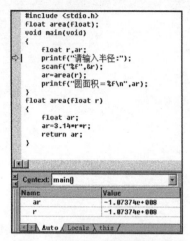

图 C-3　调试状态

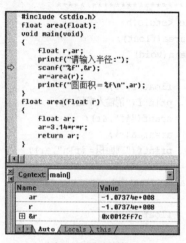

图 C-4　调试状态

（5）在图 C-4 所示的状态下再按下 F10，跟踪箭头不会再指向下一条语句，重复按下 F10，系统会发出警告声。此时要注意，当前箭头所指的语句是标准输入语句，系统在等待用户输入数据。此时应打开处于最小化状态的控制台窗口，输入数据。假如在控制台输入 3，并按下回车后，跟踪箭头即指向下一条语句，并且，Variables 窗口中变量 r 的值显示为红色的 3.00000，如图 C-5 所示。

（6）在图 C-5 中指示下一条待执行语句是函数调用，由于 area 函数是用户自己定义而非系统提供的标准函数，因此此时按 F10 与 F11 均可。如果希望进入 area 函数内部进行调试，应按下 F11（Step Into）；否则按下 F10（Step Over）直接执行完 area 函数调用，跟踪箭头将指在下面的 printf 语句处。此例中选择按下 F11 进入 area 函数内部进行调试，如图 C-6 所示。

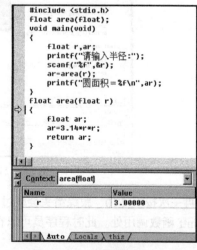

图 C-5　调试状态　　　　　　　　　　　图 C-6　调试状态

（7）继续按下 2 次 F10，如图 C-7 所示。此时跟踪箭头停留在 area 函数的末尾，Variables 窗口中 ar 的值显示为红色的 28.26，此时说明 area 函数已经执行完毕，即将返回主调函数。

（8）再按一次 F10，跟踪箭头回到 ar = area(r) 语句处，表明函数调用已经结束，即将要执行的是将

area 函数带回的返回值赋给变量 ar，如图 C-8 所示。

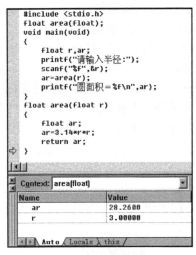

图 C-7　调试状态

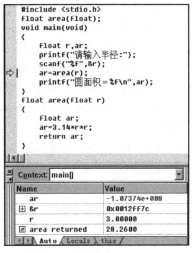

图 C-8　调试状态

（9）按下 F10，Variables 窗口中可以看到 ar 的值已经发生了变化，表明赋值成功。跟踪箭头指向下面的 printf 语句处，如图 C-9 所示。

（10）按下 F10，此时可以观察控制台窗口查看运行结果，如图 C-10 所示。

图 C-9　调试状态　　　　　　　　　图 C-10　调试状态

（11）按下 "Shift+F5" 组合键，结束调试。

调试的目的就是在程序的运行过程的某一阶段观测程序的状态。程序是连续运行的，所以通常要使程序在某一地点停下来。

有时选择 F10（Step Over）或 F11（Step Into）很浪费时间，因为通常情况下，程序员并不需要对应用程序的每一条语句都进行单步执行。例如，对于许多重用了以前编写和调试好的算法的程序，单步调试老的算法将是浪费时间。在这些情况下，可选择 Go（F5）选项。Go 全速执行程序直到遇到第一个断点，或重复按 F5 所遇到的下一个断点，或到程序结束。

通常在某些容易出错的关键点设立断点，如循环语句或某个算法处；然后再运行程序；当程序在设立断点处停下来时，可以利用各种工具观察程序的状态。

设置断点的方法是：

（1）把光标移到要设断点的位置，这一行必须包含一条有效语句；

（2）然后按工具栏上的 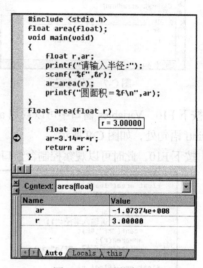Insert/Remove Breakpoint 按钮或按快捷键 F9。

屏幕上会看到在这一行的左边出现一个红色的圆点，即表示这一行设立了一个断点。若要取消断点，再按一次 Insert/Remove Breakpoint 按钮即可。

还是针对上例 sample.cpp，如果只想从 ar=3.14*r*r 开始调试，则应该先在将光标置于此句，再按下工具栏上的 Insert/Remove Breakpoint（F9），在该语句上设置断点。如图 C-11 所示。

然后再按下工具栏上的 Go（F5）按钮，直接让程序运行到第一个断点处，本例中，按下 Go 按钮后，会启动 Debugger，打开控制台，等待用户输入半径 r 的值后，一直运行到 ar=3.14*r*r 处停止，跟踪箭头会停在此句上，如图 C-12 所示。

图 C-11　调试状态　　　　图 C-12　调试状态

接下来就可以按照前面讲述的调试方法进行有选择的单步执行。

在调试的过程中，要注意以下几点：

（1）区分选择 F10 与 F11。F10 与 F11 的功能是相同的，除非跟踪箭头处于一个函数调用语句上。

（2）调试过程中多设置和利用断点，节省调试时间。

（3）调试过程中，鼠标悬浮于源代码中变量的名字上，可快速查看变量的当前内容。

（4）调试过程中要多注意观察 Variables 窗口和 Watch 窗口，监视某些关键变量和对象的变化，以快速定位错误位置。

在调试阶段使用 Watch 窗口，可以查看需要的变量或表达式的值。在 Watch 窗口中双击 Name 栏的某一空行，可以输入想要查看的变量名或表达式，回车后即可会看到对应的值。Watch 窗口可有多页，分别对应于标签 Watch1、Watch2、Watch3 和 Watch4。假如输入的表达式是一个数组或对象，可以用鼠标点取表达式旁边的 "+"，以进一步观察其中的成员变量的值。

关于 Debugger 的更多功能，请查阅相关手册。